KB177016

빅데이터 분석과 메타분석

김계수 지음

한나래
아카데미

빅데이터 분석과 메타분석

2015년 1월 30일 1판 1쇄 펴냄
2017년 2월 28일 1판 2쇄 펴냄

지은이 | 김계수
펴낸이 | 한기철

펴낸곳 | 한나래출판사
등록 | 1991. 2. 25 제22-80호
주소 | 서울시 마포구 토정로 222, 한국출판콘텐츠센터 309호
전화 | 02-738-5637 · 팩스 | 02-363-5637 · e-mail | hannarae91@naver.com
www.hannarae.net

ⓒ 2015 김계수
ISBN 978-89-5566-177-4 94310
ISBN 978-89-5566-051-7 (세트)

* 이 도서의 국립중앙도서관 출판시도서목록(CIP)은 서지정보유통지원시스템 홈페이지(http://seoji.nl.go.kr)와
국가자료공동목록시스템(http://www.nl.go.kr/kolisnet)에서 이용하실 수 있습니다.
(CIP제어번호: CIP2015001587)
* 불법 복사는 지적 재산을 훔치는 범죄 행위입니다. 이 책의 무단 전재 또는 복제 행위는
저작권법에 따라 5년 이하의 징역 또는 5000만 원 이하의 벌금에 처하거나 이를 병과할 수 있습니다.

"김 교수님! 요즘 빅데이터 분석과 메타분석이 대세라고 하는데, 쉬운 책을 한번 써보는 게 어떠세요?" 전화통화 중에 지인이 한 이야기다. "교수님! 후배들이 엑셀의 피벗 테이블 기능이라도 제대로 다룰 수 있도록 쉽게 접근할 수 있는 책이 있으면 좋겠어요." 컨설팅업계에 종사하는 제자를 만나면 가끔 하는 이야기다.

고민 끝에 빅데이터와 메타분석 관련 책을 한번 써봐야겠다고 결심하고 그간 다양한 분야 사람들의 의견을 들어보았다. 대학생들은 빅데이터 분석용 기본서를 필요로 하고, 실무 종사자들은 거창한 이야기보다는 빅데이터와 관련하여 손에 잡히는 안내서의 필요성을 언급했다. 그리고, 교수님들은 관련 연구에 메타분석을 적용할 수 있는 개념 설명과 적용 사례를 담으면 좋겠다는 의견을 주었다.

이러한 여러 의견들을 반영하여 구성한 이 책은 1부에는 빅데이터 분석을, 2부에는 CMA를 이용한 메타분석을 담았다.

빅데이터 분석은 질적 자료와 양적 자료로 구성된 복합자료를 효과적으로 분석하여 의사결정과정에 적용할 수 있도록 시각화하는 방법이다. 빅데이터 분석은 반드시 개인이나 조직에 가치창출과 연계되어야 한다. 아무리 고급기법을 적용하더라도 전략 수립에 도움을 줄 수 없거나 고객에게 가치창출을 가져다줄 수 없다면 모두 허사가 된다. 대부분의 사람들은 빅데이터라고 하면 겁부터 먹고, 어디서부터 시작해야 할지 두려워한다. 하지만 통계의 기본지식과 엑셀의 기초기능만 쌓아도 빅데이터 분석은 수월하게 할 수 있다.

기본이 무너지면 고객에게 미치는 영향은 걷잡을 수 없다. 이 책에서는 통계의 기본을 강조하는 차원에서 Excel과 SPSS 프로그램을 통해서 자료를 시각화하는 방법에 대하여 집중적으로 다룬다.

메타분석은 동일 주제에 대한 다양한 연구결과를 종합하여 분석하는 기법으로, 분석의 분석(analysis of analysis)이라 불린다. 이는 간호학·교육학·사회복지학·심리학·의학 등에서 많이 이용된다. 메타분석에 이용되는 프로그램은 다양하지만 이 책에서는 메타분석과 관련하여 전 세계적으로 가장 많이 사용되고 있는 CMA(Comprehensive Meta Analysis) 프로그램을 이용한다. 메타분석 사이트(http://www.meta-analysis.com)에서 평가판을 내려받아서 사용할 수 있다.

'리더는 시각화를 통해서 보여줄 수 있어야 한다.'고 생각한다. 백 마디 말보다 한 장의 그림으로 비전과 공유가치를 보여주어야 한다. 동 시대를 살고 있는 우리 모두는 '셀프-리더(self-leader)'다. 자신의 분석능력과 전략을 타인에게 소통할 수 있는 역량을 키워야 한다. 아무쪼록 이 책이 관심분야에서 가치창출의 원천이 되기를 간절히 바란다.

이 책을 저술하는 데 도움을 주신 분들이 많다. 우선 많은 저작물로 도움을 주신 선배 교수님들께 감사인사를 전하고, 아울러 부족한 원고를 멋진 책으로 출간할 수 있도록 도움을 주신 한나래출판사 한기철 사장님과 임직원 여러분께 진심으로 감사드린다.

이 책을 저술하는 데 가족의 사랑과 기도가 큰 힘이 되었다. 가까운 사람들의 사랑과 기도는 삶의 원동력임을 다시금 깨닫게 된다.

2015. 1.

저자 김계수

차례 Contents

Part Ⅰ 빅데이터 분석

9장 대응일치분석   213

Part Ⅱ CMA 이용 메타분석

10장 메타분석의 기본 이해   225

11장 CMA 이용 메타분석   243

일러두기

- 이 책에 사용된 모든 데이터 파일은 한나래출판사 홈페이지(http://www.hannarae.net) 자료실에서 내려받을 수 있다.
- IBM SPSS 평가판은 (주)데이타솔루션 홈페이지(http://www.datasolution. kr/trial/trial.asp)를 방문하여 정회원 가입 후 설치할 수 있다.
- 메타분석 관련 CMA(Comprehensive Meta Analysis) 평가판은 Meta Analysis 홈페이지(http://www.meta-analysis.com)에서 내려받을 수 있다.

빅데이터
분석

1장

빅데이터 개념과
분석의 필요성

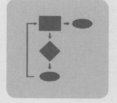
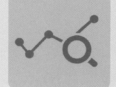

1. 빅데이터 개념을 이해한다.
2. 빅데이터 분석 절차를 이해한다.
3. 빅데이터 분석을 이용한 전략수립방법을 이해한다.

1.1 빅데이터 개념

　우리는 사람과 사람의 연결을 통해 부가가치를 창출하는 시대에 살고 있다. 그리하여 시간과 거리 공간을 극복할 수 있는 역량, 일대일 마케팅 역량이 개인과 조직의 필수 생존역량으로 자리매김하고 있다. 이와 같이 정보기술 발전에 따라 축적된 빅데이터를 분석할 수 있는 능력이 중요해지면서 빅데이터를 기반으로 한 일대일 고객에 대한 가치창출 능력이 조직의 경쟁력으로 떠오르고 있다. 즉 한 명의 고객에게 맞춤식 서비스를 제공할 수 있는 능력이 핵심 경쟁력이 되었다.

　인간의 삶은 데이터의 축적을 가져온다. 사람들의 일상은 모두 데이터로 저장된다. CCTV는 사람들의 움직임을 영상물로 기록하고 저장한다. 휴대전화의 통화는 기지국의 위치와 상대방의 전화번호를 로그데이터로 저장한다. 병원의 진찰 및 진료기록은 진료 로그로 쌓인다. 일상생활에서 신용카드 결제정보도 카드사의 서버에 저장된다. 마찬가지로 지하철역의 교통카드 이용실적도 서버에 고스란히 저장된다. 자동차의 엔진에 부착된 센서데이터는 실시간으로 제조사 데이터베이스에 차곡차곡 쌓인다. 이러한 것을 가능하게 하는 동인은 클라우드 서비스, 빅데이터 등의 정보기술 발전에 있다. 바야흐로 IT업계 간의 경쟁과 변화 바람이 거세다. 한때 클라우드 컴퓨팅 바람이 불어오더니, 이제는 빅데이터 열풍으로 옮겨 붙었다.

　국내외적으로 2012년은 빅데이터의 원년이라고 할 수 있다. 소셜 네트워크 서비스 (SNS; Social Network Service) 시대를 맞이하여 데이터 이용량이 기하급수적으로 증가하기 시작하였다. 스마트폰의 보급으로 인한 데이터 생성량의 증가는 빅데이터에 대한 관심을 고조시켰다. 기업들은 스마트폰에 내장되는 각종 센서를 이용하여 개인의 활동은 물론 각종 거래내역에 이르기까지 다양한 데이터 확보가 가능해졌다.

　디지털 세계의 데이터 증가량은 가히 폭발적이다. 시장조사기관 IDC에 따르면, 매일 미국 전역에 있는 도서관 정보를 합친 것보다 8배나 많은 데이터가 새롭게 만들어진다. IDC는 지난해에만 총 1.8제타바이트에 이르는 새 데이터가 생성된 것으로 추산했다 (http://www.idc.com/). 1제타바이트는 1조 기가바이트(GB)이다. 인간의 머리로는 가늠하기 어려운 속도로 데이터가 폭증하고 있다. 이렇게 다양한 데이터, 많은 양, 저장속도 등이 기존과 완전히 다른 새로운 정보환경을 '빅데이터'라고 부른다.

　빅데이터는 기업의 주요 자산이다. 빅데이터의 중요성을 일찍이 감지한 글로벌 기업들은 합법적인 방법으로 빅데이터를 수집하기 시작하였다. 대표적인 기업이 구글, 아마존,

페이스북, 애플, 트위터 등이다. 이들 글로벌 기업들은 빅데이터 분석을 통하여 가치를 창출하기 위해서 끊임없이 노력하고 있다. 아마존의 경우는 구매고객의 이력 내용과 연관성이 있는 정보를 생성할 수 있는 능력을 가지고 있으며, 고객들에게 정보를 제공하여 지속적인 수익을 창출하고 있다. 인터넷 사업을 선도하는 구글, 아마존, 페이스북, 애플, 트위터 이외에도 IBM, MS, SAS 등 IT기업의 강자들과 HP, 후지츠, 도시바 등도 빅데이터 사업영역에 본격적으로 진출하고 있다.

경쟁이 날로 치열해지는 산업현장에서 빅데이터의 잠재가치는 무궁무진하며 경영혁신의 원천이 될 수 있다. 2011년 5월 매킨지글로벌연구소(MGI)는 빅데이터를 '혁신과 경쟁의 넥스트 프런티어(next frontier)'라고 선언하였다(http://www.mckinsey.com/Insights/MGI).

최근 국내 기업들도 빅데이터에 대해 깊은 관심을 가지고 점에 지나지 않는 정보자료를 꿰어서 유용하게 이용할 수 있음을 터득하기 시작하였다. 앞으로는 개인과 집단행동의 패턴을 미리 읽어내는 기업이 시장을 지배하게 될 것이다. 경쟁자보다 고객들을 더 세세하게 이해하고 이들에게 고객지향적인 서비스를 제공할 수 있는 역량이 경쟁우위 요소가 되었다. 빅데이터의 가치를 인지한 기업들은 빅데이터를 확보하기 위해서 하드웨어나 소프트웨어를 전면 개방하기도 한다.

빅데이터를 분석하면 정교하고 세밀하게 한 사람에 대한 성향을 파악할 수 있고, 급변하는 거대 트랜드를 따라잡을 수 있다. 카톡, 페이스북, 트위터, 블로그 등에서 거래되고 있는 데이터를 모아서 분석하면 개인의 성향, 관계망, 관심분야, 심리상태 등을 분석할 수 있다.

글로벌 IT기업들이 빅데이터 관련 시장에 발빠르게 진입하는 것과 달리, 국내 기업의 빅데이터 수준은 매우 미흡한 수준이라고 할 수 있다. 우리나라는 상대적으로 IT인프라 수준이 좋고 기술 수용성이 높은 국가임에도 불구하고, 빅데이터 부분의 연구와 실행력에서 열세를 면치 못하고 있다(채승병, 안신현, 전상인, 2012). 경영현장에서도 빅데이터가 수집되지 않고 있으며, 분석역량이 축적되지 않아서 소규모 데이터만 활용되고 있는 실정이다. 실제 가트너그룹은 Fortune 500기업 중 85% 이상이 빅데이터 활용에 실패할 것이라고 예측한 바 있다(http://www.gartner.com). 이와 같이 빅데이터의 분석역량과 관리를 위한 지식시스템 구축이 전무한 상태다.

데이터를 분석하거나 문제점을 곱씹어보는 개인과 조직은 성공한다. 항상 데이터에 근거하여 개선점을 찾는 조직은 성공할 수밖에 없다. 다음은 <비즈니스 위크>에 실린 내용으로, 델의 성공 중심에는 지속적인 평가가 있음을 확인할 수 있다.

델 성공의 중심에는 현재 상태는 언제나 만족스럽지 않다는 인식이 깔려 있다. 비록 그것이 델 본인의 고통스러운 변화를 의미할지라도 말이다. 델에서는 성공하면 5초간 칭찬하고 곧바로 5시간 동안 미진했던 점에 대한 사후평가가 이어진다. 마이클 델은 '0.1초간 축하하고 넘어간다.'고 말한다.

_<비즈니스 위크>

빅데이터와 관련하여 대부분의 전문가들은 긍정적인 전망을 내놓고 있다. 빅데이터를 기반으로 새로운 비즈니스 모델을 만들 수 있다고 확신하기 때문이다. 그러나 한편에서는 기업의 이윤 증가나 수익성 향상으로 연결되기는 쉽지 않을 것이라고 보는 견해도 있다. 빅데이터를 이용하여 기업의 경쟁력을 높이기 위해서는 우선 산업의 특성과 비즈니스의 특성을 고려해야 한다. 아울러 빅데이터 분석의 주된 목적을 명확하게 설정할 필요가 있다. 원재료 자체인 빅데이터를 정보화하고 이를 기업경영에 제대로 반영할 수 있느냐의 여부가 경쟁력의 원천이기 때문이다.

경쟁력의 원천

빅데이터를 정보화하고 이를 통해서 가치창출로 연계시킬 수 있는 것이 진정한 경쟁력의 원천이다.

 1.2 빅데이터의 정의와 운영방법

1.2.1 빅데이터의 정의

데이터는 분석의 원석이다. 데이터가 정교하게 정리되면 정보(information)가 되고, 이 정보는 삶에 적용되는 지식(knowledge)으로 발전한다. 지식은 삶에 혜안을 가져다주고 삶을 보다 윤택하게 하는 지혜(wisdom)로 승화된다. 지혜는 다시 초월경지라고 할 수 있는 해탈(nirvana)의 경지에 도달하게 되는데, 데이터는 해탈로 가는 출발점이다. 데이터에는 정보량이 가장 많은데, 이를 식으로 나타내면 다음과 같다.

$$\text{data} \rightarrow \text{information} \rightarrow \text{knowledge} \rightarrow \text{wisdom} \rightarrow \text{nirvana} \qquad (1.1)$$

빅데이터는 단순하고 거대하기보다는 형식이 다양하고 순환속도가 매우 빨라서 기존

방식으로는 관리·분석이 어려운 데이터를 의미한다. 즉 기존의 데이터베이스와는 다르며, 관리도구인 데이터 수집·저장·관리·분석역량을 뛰어넘는 대량의 정형 데이터와 비정형 데이터를 말한다. 또한 빅데이터는 데이터 자체뿐만 아니라 데이터를 분석하고 의미 있는 가치를 발견하는 기술을 통칭한다. 날로 발전하는 빅데이터 관리기술은 다변화된 현대사회를 좀더 효율적으로 읽어내게 하는 경영패러다임이다.

빅데이터는 한마디로 용량(volume)과 상상을 초월하는 속도(velocity)로 증가하는 다양성(variety) 있는 자료(채승병·안신현·전상인, 2012)라고 설명할 수 있다. 빅데이터를 양·속도·형태의 측면에서 기존 데이터와 비교하여 정리하면 다음과 같다.

- **용량**: 일반기업의 경우에도 테라바이트(TB)~페타바이트(PB)*급 규모의 데이터
- **속도**: 데이터 생성 후 유통 및 활용되기까지 소요되는 시간이 수시간~수주 단위에서 분, 초 이하로 단축
- **다양성**: 데이터마다 크기와 내용이 제각각이어서 통일된 구조로 정리하기 어려운 비정형 데이터가 90% 이상 차지

기존 데이터와 빅데이터의 차이점을 표와 그림으로 다시 정리하면 다음과 같다.

[표 1-1] 기존 데이터와 빅데이터의 차이점

내용	기존 데이터	빅데이터
용량(volume)	소량	엄청난 양
속도(velocity)	느린 속도로 데이터량 축적	빠른 속도로 데이터량 축적
다양성(variety)	양적 데이터 위주	다양한 형태 (양적 데이터, 질적 데이터)

---

* 1페타바이트=1,000테라바이트=100만 GB=10억 MB를 의미하며, 빅데이터 시대에는 그 이상의 엑사바이트(EB=1조 MB), 제타바이트(ZB=1,000조 MB) 단위까지 통용된다.

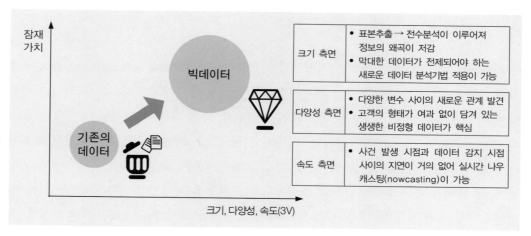

[그림 1-1] 기존 데이터와 빅데이터의 차이점

[표 1-2] 빅데이터와 가치

구분	과거	현재
데이터 형태	특정 양식에 맞춰 분류	형식이 없고 다양함
데이터 속도	배치(batch)	근 실시간(near real-time)
데이터 처리 목적	과거 분석	최적화 또는 예측
데이터 처리 비용	국가·정부 수준	개별 기업 수준

앞에서 언급한 것처럼, 빅데이터 분석은 인사이트 발견(knowledge discovery)을 넘어, 정교한 정보를 넘어 구체적인 의사결정과 실행계획이 이루어져야 경영성과로 이어질 수 있다. 빅데이터 분석과정에는 구체적인 실행계획이 포함된다. 즉 빅데이터 수집관리(IT기술), 데이터 분석(기존 통계방식과 기계학습법과 같은 데이터마이닝), 의사결정단계(방대한 데이터를 바탕으로 수학적 알고리즘을 통해 최적의 의사결정을 내리는 기술) 등이 포함된다.

빅데이터를 제대로 분석하기 위해서는 인문학, 사회학, 사회과학, 수사학, 철학, 윤리학에 더 많은 시간을 쏟아야 한다. 다양한 기본 지식을 갖추면 빅데이터 분석에서 중요한 맥락(context)을 찾는 데 도움을 주며 확증편향과 인과오류를 피할 수 있다. 여기서 확증편향은 신념과 일치하는 정보만 받아들이는 경향을 말하고, 인과관계 오류는 단순 선후관계 사건을 인과관계로 잘못 해석하는 것을 말한다.

1.2.2 빅데이터 운영 사례

스마트폰 보급에 따른 새로운 사업모델이 SNS(Social Netwrok Service)이다. SNS 사용자의 증가로 인해 트윗량과 문자 메시지량이 급속도로 증가하고 있다. 한 개인이 온라인 상에서 상거래를 하거나, 스마트폰으로 위치정보를 보낼 때마다 생성되는 막대한 양의 자료는 어딘가의 저장소에 저장된다. 빅데이터 분석가는 소셜미디어 서비스에서 유통되는 내용을 통해서 거대담론을 읽을 수가 있고, 전문가들은 소셜미디어 서비스에서 오가는 글을 통해서 대중의 심리변화와 소비자의 요구사항을 파악할 수 있다. 즉 소셜미디어 서비스에서 오가는 문맥, 내용, 정보를 통해서 트랜드를 파악할 수 있고, 전략 방향을 결정할 수 있다.

볼보는 빅데이터를 활용해 특정 자동차 모델이 1,000대만 출고되어도 이 차가 안전한지, 리콜이 필요한지를 파악했다. 또 '픽업하기'라는 해외 사이트에서는 SNS를 통해 카풀(자동차 같이 타기)을 하고 싶은 사람들을 연결해주며 인기를 끌었다.

영국의 한 은행에서 체포된 이슬람 테러 용의자 100명에게서 일정한 패턴을 찾아낼 수 있었는데, 이는 이슬람 테러 용의자의 과거 기록과 실시간 데이터의 연관성 분석에 의해서 가능하였다.

2012년 2월 중순 <뉴욕타임스> 선데이 매거진에는 대형 잡화 체인인 타깃(Target)이 한 여고생에게 보낸 아기용품 광고전단 얘기가 실렸다(Duhigg, 2012). 미니애폴리스에 사는 이 학생의 아버지는 "학생더러 임신하라고 부추기느냐."라고 항의했지만, 실은 자기 딸이 8월 출산 예정이라는 사실을 알지 못했다. 타깃은 어떻게 부모보다 먼저 딸의 임신을 알아차린 것일까. 여성들은 보통 한 매장에서 필요한 용품을 모두 사지 않는다. 그런데 평소와 달리 한 매장에서 모두 샀다면 임신 때문에 '불편한 몸'임을 짐작할 수 있다. 이후 칼슘·마그네슘·아연보충제 외에도 편안한 옷, 무취의 대용량 로션같이 통상 임신 4~6개월의 임산부가 보이는 구매행태를 보이는 경우 임신을 확신한다고 한다.

1.3 빅데이터 활용 경영전략

1.3.1 빅데이터 이용

빅데이터를 제대로 활용하려면 일련의 과정이 원활하게 이루어져야 한다. 빅데이터 활용 절차는 수집, 저장, 처리, 분석, 시사점 도출(구체적인 전략 수립) 과정을 거친다.

빅데이터 활용 절차

수집 → 저장 → 처리 → 분석 → 시사점 도출/전략 수립

이를 그림으로 나타내면 다음과 같다.

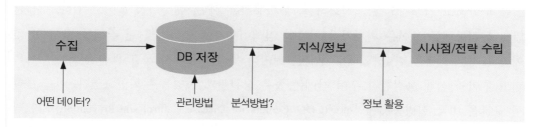

[그림 1-2] 빅데이터 활용 절차

빅데이터는 소비자들의 심리와 행동양식을 평가하는 데 유용한 자료이다. 빅데이터를 제대로 분석하면 정확한 의사결정에 도움이 되는 각종 정보와 통찰력을 얻을 수 있다. 기업들은 빅데이터 분석을 통해 고객의 잠재적 욕구를 파악해 신제품 개발에 이용할 수 있다. 또한 주요 고객의 이동경로를 발견해 적재적소에 마케팅 활동을 펼칠 수 있다.

이와 같이 빅데이터 시대에는 데이터 속에 숨겨진 패턴을 파악하고 사업기회를 찾아낼 수 있다. 또한 향후에 다가올 상황을 예측하도록 돕는 분석의 중요성은 아무리 강조해도 지나침이 없다. 2011년 MIT Sloan Management Review와 IBM이 공동 진행한 연구결과에 따르면, 분석을 이용하는 조직들이 더 나은 경영성과를 낼 확률이 2.2배 정도 높다고 밝혔다(http://www-05.ibm.com/de/solutions/asc/pdfs/analytics-path-to-value.pdf).

빅데이터가 이슈가 되기 전에 기업들은 CRM(고객관계관리), DW(데이터웨어하우스), BI(비즈니스 인텔리전스) 등의 이름으로 데이터를 관리하고 분석하였다. 빅데이터 선도기업들은 이러한 과거현상을 파악하는 것에서 벗어나는 모습을 보인다. 이들은 엄청난 데이터 더미에서 예상치 못한 패턴을 찾아내어 미래를 예측하고, 비즈니스 혁신 아이디어를 발굴한다.

1.3.2 구글의 빅데이터 이용 예측

"데이터를 얻는 능력, 즉 데이터를 이해하는 능력, 처리하는 능력, 가치를 뽑아내는 능력, 시각화하는 능력, 전달하는 능력이야말로 앞으로 10년간 엄청나게 중요한 능력이 될 것이다."

_구글 수석 경제학자 할 베리언

구글은 빅데이터를 창조적으로 활용하는 기업으로 잘 알려져 있다. 이 기업은 이용자들의 검색 키워드를 핵심자산으로 인식하고 이 검색 키워드를 이용하여 검색사용자의 성향을 파악하고 검색광고를 최적화하는 데 활용하는 한편, 예측력을 높이고 있다. 구글은 만일 독감증세를 보이는 환자가 늘어나면 검색이용자들은 독감 관련 검색을 많이 할 것이라고 기본 가정을 한다. 실제로 구글은 데이터 분석을 통해서 독감 관련 검색 키워드의 빈도 추이와 실제 독감환자 추이 간에는 높은 상관관계가 있음을 확인하였다. 이를 통해서 구글은 미국 질병통제예방센터(CDC; Centers for Disease Control and Prevention)보다 앞서 독감을 예측할 수 있다. 이런 독감 예측기능을 하나의 콘텐츠로서 '구글 독감 트랜드'라는 서비스를 마련하여 구글 이용자는 전세계 독감확산현황을 쉽게 확인할 수 있다. 이렇게 구글은 검색키워드라는 빅데이터 자산을 창조적으로 활용하여 비즈니스 혁신을 이끌어낸 대표적인 기업이라고 할 수 있다.

[그림 1-3] 구글이 빅데이터를 창조적으로 활용한 예(독감 예측 기능)

1.3.3 트위터 데이터를 활용한 주가 예측

트위터에 올라오는 글을 통해서 주가를 예측할 수 있다. 기본 가정은 단순하다. 트위터에서 특정회사에 대해 부정적인 내용이 올라오는 빈도가 향후 주가에 영향을 줄 것이라고 보는 것이다.

인디애나 대학과 맨체스터 대학의 연구진(Bollen et al., 2011)은 트위터의 내용과 주가 간에 관계가 있음을 가정하고, 이에 대한 연구를 시작하여 10개월 동안 1,000만 개의 트윗 내용을 조사하였다. 트위터상의 분위기와 다우지수 변화 추이의 상관관계를 분석한 결과, 트위터상의 분위기와 다우지수 변화 간의 관련성은 87.6%라는 연구결과를 발표하였다. 또한 2~6일 이후의 주가지수 방향을 예측해내었다. 트위터상에서 조용한 분위기는 주가가 올라가는 것을 예측할 수 있고, 반면에 트위터상에 상당수의 글이 올라가면 주가가 떨어지는 것을 알 수 있다.

영국의 DCM 캐피털 투자회사는 트위터의 데이터 분석으로 투자 방향을 결정하는 헤지펀드회사를 설립하기도 하였다(http://www.dcm.com/).

1.3.4 볼보의 품질경영 사례

기업이 보유한 데이터를 창조적으로 이용하는 것으로 정평이 나 있는 볼보는 축적되는 볼보자동차 사용자들의 데이터를 이용하여 품질경쟁력 확보를 위해서 노력하고 있다 (http://www.volvocars.com).

볼보는 차량에 부착된 수백 개 센서의 데이터를 중앙 클라우드에 수집하여 패턴을 분석한다. 이 분석을 통해서 특정 부품의 결함을 조기에 파악하고 고객에게 결함이 노출되기 전에 리콜을 실시함으로써 막대한 비용을 절감할 수 있다.

또한 안전뿐만 아니라 내구성 등 차량의 안전과 품질 경쟁력 확보에 주력하고 있다. 볼보자동차는 경쟁 프리미엄 브랜드 대비 보유하고 있는 모델의 종류는 적지만, 품질과 역사를 강조하는 브랜드답게 내구성이 뛰어난 제품을 생산하기 위해 지속적으로 노력을 기울여 왔다.

1.4 빅데이터 운영분석방법

1.4.1 빅데이터 운영방법

빅데이터를 운영하는 통계분석방법은 다양하다. 빅데이터는 다변량 통계분석방법을 통해서 체계적으로 관리할 수 있는데 대표적인 다변량분석방법(강병서·김계수, 2010)을 소개하면 다음과 같다.

● 상관분석(correlation analysis): 변수와 변수 사이의 관련성을 나타내는 분석방법으로, 연관성 분석(associating)이라고도 한다. 이 분석방법은 데이터의 전반적인 추이를 확인하는 데 이용한다. 상관분석에서 상관계수(correlation coefficient)는 공분산자료를 각각의 표준편차로 나눈 것으로, -1과 1 사이에 존재한다. 상관계수를 통해서 변수 간의 관련성과 힘의 크기, 방향성을 파악할 수 있다.

● 요인분석(factor analysis): 요인분석은 유사한 변수의 특성을 고려하여 자료손실을 최소화하면서 정보를 요약하는 분석방법이다. 분석자는 요인분석을 통해서 자료를 설명하는

공통요인을 발견할 수 있으며, 발견한 요인과 2차 분석을 실시할 수 있다. 2차 분석의 대표적인 분석방법으로 회귀분석과 판별분석이 있다.

• **군집분석(cluster analysis):** 군집분석은 개체 간의 유사성 및 동질성을 토대로 군집을 묶는 통계적인 분석방법이다. 군집분석에서 유사성과 동질성은 거리 개념으로 계산할 수 있는데, 주로 유클리디안 거리를 이용한다. 여기서 A와 B라는 사람이 있다고 가정하자. 이들이 SNS상에 글을 올린다고 할 때 이들의 거리를 계산해낼 수 있다. A라는 사람의 좌표는 (x_1, y_1)이고, B라는 사람의 좌표는 (x_2, y_2)이다. A와 B의 유클리디안 거리는 다음과 같이 식으로 계산할 수 있다.

$$유클리디안\ 거리 = \sqrt{(x_2 - x_1)^2 + (y_2 - y_1)^2} \tag{1.2}$$

분석자는 유클리디안 거리를 통해서 A와 B의 유사성 및 동질성을 계산할 수 있다. 이런 방법으로 하나의 플랫폼에서 거래되는 자료를 통해서 참여자들의 거리를 계산할 수 있으며, 동질적인 집단으로 묶인 집단에 대해서도 그 집단 성격에 맞는 경영전략을 구사할 수 있다.

• **다차원척도법(MDS; Multidimensional Scaling):** 다차원척도법은 앞에서 설명한 군집분석과 유사한 방법이다. 속성과 속성의 거리개념을 통해서 고객이 인지하는 이미지를 시각적으로 표현할 수 있는 통계분석방법이다. MDS의 방법은 여러 종류가 있는데, 분석자는 MDS 분석방법을 통해서 속성과 속성의 어느 위치에 놓이는지, 소위 포지셔닝을 확인할 수 있다. 분석자는 각 포지셔닝에 맞는 적합하고 효과적인 경영전략을 구사할 수 있다.

• **판별분석(discriminant analysis):** 판별분석은 양적인 독립변수와 질적인 종속변수로 판별함수를 계산하는 방법이다. 판별함수는 다음과 같이 나타낼 수 있다.

$$D = w_1 X_1 + w_2 X_2 + \cdots + w_n X_n \tag{1.3}$$

분석자는 데이터를 통해서 판별함수를 계산하여 새로운 유보집단이 어느 집단에 속하는지 확인할 수 있다. 또한 이 판별식을 결정하는 데 유의한 영향을 미치는 변수는 어느 것인지를 찾아낼 수도 있다.

● 대응일치분석법(correspondence analysis): 행(row)과 열(column)로 배열된 데이터를 통해서 관련성을 파악하고 시각적인 도표로 나타내는 방법이다. 최근 통계분석의 흐름은 시각적인 도표로 나타내는 것이 하나의 추세인데 이러한 추세에 맞는 분석방법이라고 할 수 있다. 개체 입장에서 보면 서비스 속성과 서비스 제공자가 어느 사상공간에 위치하는지를 시각적으로 파악할 수 있는 장점이 있다. 따라서, 대응일치분석법은 전략적인 포지셔닝을 고려할 때 유용하게 사용할 수 있는 방법이다.

● 리타게팅(retargeting): 리타게팅은 사용자의 인터넷 접속 정보를 기억하는 파일인 '쿠키'를 추적해서 사용자에게 맞는 광고를 보여주는 새로운 방법을 말한다. 이 기법은 빅데이터 속에서 의미 있는 정보를 찾아내는 데이터마이닝 기법 중 하나다. 리타게팅을 통해서 끊임없이 고객과 지속적인 관계를 유지하는 기업으로는 구글이 대표적이다. 구글은 이용자를 면밀히 분석하여 이용자에 적합한 정보를 끊임없이 제공하고 있다. 다음 그림은 구글의 리타게팅 전략 관련 화면이다.

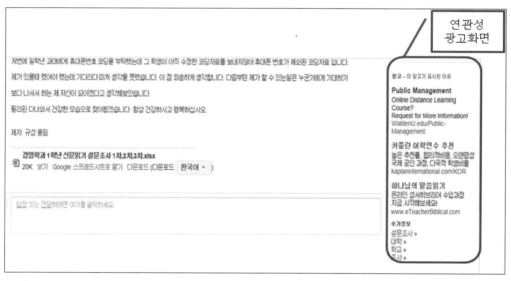

[그림 1-4] 구글 이메일 화면을 캡처한 이미지(연관성 매칭 화면)

● 데이터마이닝(data mining): 소비자들이 자주 사용하는 포인트 카드 사용내역은 데이터마이닝의 주요 정보원이다. 유통기업은 포인트 카드를 통해서 누가, 언제, 어디서, 어떤 제품을 사는지 분석할 수 있으며, 어느 매장에 어느 시간대에 물건을 집중배치할 것인지를 결정한다. 또한 페이스북 같은 SNS에 올린 글을 분석해서 그 사람의 성향과 친구는

누구인지, 어떤 제품의 잠재적인 소비자인지를 파악할 수 있다.

• 앵커링(anchoring): 소비자들은 머릿속에 어떤 숫자가 심어지면 그 숫자를 기준으로 삼아 제품의 가격이 싼지 비싼지를 판단하는 경향이 있다. 앵커링은 그 효과가 강력해서 많은 기업들이 자주 사용하는 방법이다. 이렇게 소비자들의 머릿속에 어떤 숫자를 미리 심어두면 소비자들은 그 숫자를 기준으로 가격이 싼지 비싼지를 판단한다. 여기서 미리 심어두는 숫자가 앵커링(anchoring)이다.

예를 들어 A홈쇼핑이 김치냉장고에 대해 '정상가격'인 229만 원을 먼저 제시한 뒤 할인가격을 제시하면 소비자들은 '할인가'인 158만 9,000원이 적정한 가격인지 아닌지 정확히 판단할 수 없지만, 229만 원이라는 숫자를 먼저 본 뒤에는 왠지 횡재했다는 기분을 느낀다.

1.4.2 빅데이터 분석 시 고려사항

급변하는 환경 속에서 빅데이터 분석을 통해 미래를 예측하고 새로운 사업 기회를 찾는 것이 생존을 위한 필수요소가 되는 시대가 도래하였다. 모바일 혁명으로 데이터가 폭발적으로 증가하는 추세와 맞물려, 빅데이터를 저장하고 처리할 수 있는 다양한 분석기술이 개발되면서 빅데이터는 기업경영의 새로운 화두로 떠올랐다.

최근 스마트폰의 보급이 보편화되고, SNS 이용자가 증가하면서 데이터가 폭주하고 있다. 이러한 데이터의 폭주는 데이터망의 병목현상을 가져온다. 기업들은 SNS상에서 제품 및 서비스 개발 아이디어를 확보하기도 하고, 품질혁신의 개선점을 발견하기도 한다. 어느 기업은 SNS 플랫폼을 적극 이용하여 경영성과를 올리기도 한다. 점차 늘어나는 빅데이터를 어떻게 관리하느냐가 미래 잠재역량 확보의 관건이 되었다.

빅데이터에 대해 기업들의 관심이 급증하는 것은 사실이나 이를 효과적으로 사용하거나 활용방법을 정확하게 이해하는 기업은 드물다. 빅데이터 활용은 산업의 특성, 비즈니스 모델의 형태에 따른 수익창출 방안, 가치제공 대상에 의해서 좌우된다. 기업들은 빅데이터를 이용하여 소비자 불만사항 예측, 여론조사, 선거 결과 예측, 마케팅 사전예비조사, 영화수익 예측 등 다양한 방면에서 창조적으로 이용할 수 있다.

빅데이터가 증가하는 시대에 빅데이터의 운영 경쟁력은 하루아침에 길러지는 것이 아니다. 장시간에 걸친 노력의 산물이므로 빅데이터의 운영역량을 키우기 위해서는 다음 몇 가지를 고려해야 한다.

첫째, 범정부적인 차원에서 빅데이터와 관련한 마스터플랜을 마련해야 한다. 매킨지, 가트너와 같은 유수한 미래 예측기관들은 빅데이터의 분석과 활용을 정부 및 민간부문의 새로운 경쟁력 도구로 간주한다. 2012년 3월에 미국 정부는 빅데이터 분야에 2억 달러(한화 2,260억 원)의 예산을 투입한다고 발표했다(http://zdnet.co.kr/). 미국 정부는 빅데이터를 인터넷, 수퍼컴퓨터처럼 21세기 과학과 안보에 획기적인 발전을 가져올 것으로 보고 있다. 빅데이터는 민간부문뿐만 아니라 공공분야에서도 중요하다. 때에 따라서는 감각에 의한 의사결정도 의미가 있을 수 있지만, 데이터에 기반한 공공부문의 정책결정이 시급한 실정이다. 빅데이터와 관련한 공공부문의 일자리, 교육, 리스크 관리, 공공 서비스 정책 등은 매우 다양하다. 빅데이터는 날로 발전하는 정보기술과 결합하여 민간부문과 공공부문에 새로운 가치를 제공하는 원천으로 자리잡을 수 있다.

둘째, 조직의 의사결정자의 강력한 리더십이 있어야 한다. 리더는 하부조직 구성원과의 공유비전(core value)을 통해서 빅데이터의 중요성을 인식할 필요가 있다. 특히 조직에서 최고경영자가 빅데이터에 대한 데이터 관리와 분석의 중요성에 관심을 가져야 한다. 소위 빅데이터 아티스트(big data artist)를 양성해야 한다. 빅데이터 아티스트는 분석한 데이터를 가지고 사업화하고 경영전략과 연계시킬 수 있는 사람을 말하는데, 빅데이터를 활용하면 효율성을 높이는 데 기여할 것이다. 그러나 빅데이터가 기업의 이윤 증가나 수익성 향상에 곧바로 연결되지 않을 수 있으므로 리더는 인내심을 가지고 빅데이터와 관련한 프로세스, 조직, 인적 혁신에 주력해야 한다.

셋째, 기업은 소셜미디어를 통해 고객들과 커뮤니케이션을 잘할 수 있는 플랫폼 구축을 서둘러야 한다. 빅데이터와 관련한 플랫폼의 요소는 자원, 기술, 인력의 세 가지로 구성된다. 빅데이터 플랫폼은 특정 영역만이 아닌, 기업의 생산과 기획, 판매, 고객만족 등 모든 가치창조활동에 필수적이다.

넷째, 고객의 다양한 요구에 대응하기 위해서 빅데이터 활용에 적극 나서야 한다. 빅데이터를 분석하면 한 사람의 성향을 정밀하게 파악할 수 있고, 트랜드 변화를 읽을 수 있다. 체계적인 빅데이터 분석을 위해서는 실무 데이터 관리자들의 의식이 개선되어야 한다. 실무종사자들은 기존의 CRM이나 BI시스템과 상호보완적으로 운용될 수 있음을 이해할 필요가 있다. 이를 통해 통합적인 데이터 거버넌스 전략으로 고객서비스 만족도를 높여야 한다.

다섯째, 조직구조 개편을 고려해야 한다. 고객들의 데이터를 분석하는 데는 핵심을 파악하는 것이 중요하다. 고객과 함께 하는 비전을 실행에 옮기고 고객의 요구에 신속하게 응대하기 위해서 조직구조 개편을 고려해 볼 필요가 있다.

여섯째, 테크놀로지와 데이터를 적극적으로 받아들여야 한다. 질문을 치열하게 던지고 해석하면서 창조적 사고를 이끌어 내야 한다. 데이터의 바다에서 사진, 글, 영상, 음성 등 다양한 데이터를 통합해서 분류하고 맥락을 파악하는 작업이 필요하다. 데이터의 개수를 세기보다는 이해하는 것이 중요하다.

빅데이터를 통해서 가시적인 성과를 내는 것은 생각처럼 쉽지 않다. 이것은 빅데이터를 통해서 개인 요구수준에 맞는 제품과 서비스를 제공하기 위한 기업의 욕망이다. 그러나 개인의 요구수준을 정확하게 파악했다고 하더라도 경영성과가 반드시 좋아지는 것은 아니다. 개인의 이력이나 취향, 그리고 위치정보 등 개인정보를 활용하는 것에 대해서는 비판적인 여론이 상존하기 때문이다.

이러한 우려에도 불구하고 빅데이터의 중요성을 인지하고 사회적인 통념을 거스르지 않는 선에서 빅데이터 활용을 심도 있게 고민해보아야 한다. 빅데이터를 기업경영에 활용하는 기업만이 현재와 미래의 경쟁력을 확보할 수 있을 것이다.

 요점정리

빅데이터는 고객관련 데이터를 분석하고 새로운 비즈니스 기회를 발굴하는 계획을 수립하는 데 주된 목적이 있다.

중세시대 가톨릭 성직자들은 라틴어로 된 성경을 여러 국가 말로 번역하는 것을 거부했다. 라틴어를 모르는 사람은 성경을 읽을 수 없도록 진입 장벽을 쳐놓고 성경 해석 능력을 독점해 소수 성직자가 누리는 위엄을 유지하려는 욕망 때문이었다. 반면 현존하는 모든 언어로 성경이 번역된 지금은 누구나 자유롭게 성경을 접하고 나름대로 해석을 할 수 있다.

빅데이터가 화두로 떠오른 21세기에는 데이터를 읽고 분석할 수 있는 능력이 중세 라틴어 기능을 하고 있다. 쏟아지는 데이터에서 옥석을 가려내 꼭 필요한 정보를 캐낼 수 있는지가 생존 여부와 직결되는 시대가 왔다는 얘기다. 데이터를 분석하고 활용하는 능력인 '데이터 리터러시' 중요성이 부각되는 것이다.

이 같은 현상은 이미 전 세계에서 관측되고 있다. 구글은 미국 전역에서 검색창에 입력하는 단어를 토대로 미국 정부보다 빨리 독감 유행 추이를 짚어내고 있다. 세계 최대 유통업체 아마존은 이용자가 구매한 상품 이력을 면밀히 분석해 입맛에 딱 맞는 최신 상품을 소개하는 식으로 매출을 올린다.

반면 국내 기업들은 아직 걸음마 단계에 그치고 있다는 평가다. '데이터 리터러시' 중요성은 깨닫고 있지만 어디서부터 손을 대야 할지 갈팡질팡하는 모양새다.

글로벌 빅 플레이어가 유창한 라틴어로 무장해 세계를 호령하는 사이 국내 기업들은 이제 막 라틴어 기초 문법을 배우고 있다는 것이다.

매경미디어그룹이 2014년 M클린 운동에서 '데이터 리터러시'를 전면에 내세운 것은 이 같은 문제의식을 읽었기 때문이다. 전 국민이 데이터를 자유자재로 다루는 능력을 높여 '빅데이터'를 주도해야 한다는 얘기다.

유럽연합(EU)에서는 데이터가 만드는 상업적 부가가치를 연간 400억 유로(약 61조 원)로 추정하고 있다. 이에 발맞춰 국내 정부와 기업도 빅데이터를 위한 첩경인 '데이터 리터러시' 역량을 급속히 끌어올려야 한다는 얘기다.

여기서 한 단계 더 나아가 한국형 빅데이터 산업을 육성하는 '라틴어 번역'에도 힘써야 한다고 M클린은 주장한다.

_홍장원 기자, '왜, 데이터 리터러시'인가?, 매일경제신문(2014. 3. 17)

1. 빅데이터 개념을 설명하여라.

2. 빅데이터 이용 사례를 조사하고 공유해 보자.

3. 빅데이터 분석 시 고려사항에 대해 이야기해 보자.

2장

데이터와
가설검정

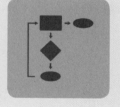
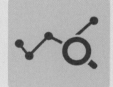

1. 변수 개념을 이해한다.
2. 척도 개념을 이해하고 척도에 따른 변수의 종류를 구분할 수 있다.
3. 자료 수집방법을 이해한다.
4. 자료 수집방법의 장단점을 확인한다.
5. 가설검정의 개념과 가설검정방법을 정확하게 이해한다.

연구는 문제해결을 하기 위하여 진행하는데, 이를 위해서는 데이터의 수집과 분석단계를 거친다. 연구의 신빙성을 입증하려면 반드시 데이터를 통해야 하는데, 데이터는 어떤 대상에 대한 실험 또는 관찰의 결과로 얻어진 기본적인 사실들로 이루어져 있다. 데이터를 체계적으로 수집하려면 이에 관련된 개념을 잘 알고 있어야 한다.

연구대상이 되는 개체(item 혹은 case)는 특성을 가지고 있다. 이 특성을 나타내는 방법은 여러 가지가 있지만, 연구자가 특별히 더 많은 관심을 가지는 것이 있다. 예컨대, 서울과 도쿄의 대학 신입생들의 체격을 비교하기 위하여 연구자는 체격을 나타내는 여러 가지 속성을 생각해 볼 수 있다. 여러 가지 속성 중에서 키만을 고려하여 비교 연구할 수 있으며, 그 외에도 체중·가슴둘레·어깨너비·근육상태 등을 변수로 고려하여 데이터를 수집 분석할 수 있다.

위의 연구에서 관심대상인 대학 신입생을 관찰대상 혹은 개체라고 한다. 개체에 관한 특성 중에서 연구자가 특별히 관심을 갖는 특성을 요인(factor)이라고 하며, 이 요인을 나타내기 위하여 쓰이는 속성을 변수(variable)라고 한다. 예컨대, 신입생의 체격은 요인이 되며, 그 요인을 구성하고 있는 키·체중·가슴둘레 등은 변수가 된다. 그리고 변수는 변량(variate)이라고도 한다. 변수의 선택은 연구목적에 따라 다르며, 또한 연구자가 가장 중요하다고 생각하는 것에 따라 하나 혹은 여러 개가 있을 수 있다. 하나의 변수를 다루는 통계분석을 단변량통계분석(univariate statistical analysis), 그리고 여러 개의 변수를 다루는 경우를 다변량통계분석(multivariate statistical analysis)이라고 한다.

변수는 요인을 구성하고 설명하며 일정한 측정단위로 계량화가 가능한 것을 뜻한다. 예를 들어, 학생이라는 것은 변수가 될 수 없다. 이것은 개체이며 단순한 개념에 불과하다. 학생은 일반적인 전체 성격만을 나타내며 이를 측정하고 계량화할 수 없다. 왜냐하면 학생 그 자체는 어떤 특수한 속성을 나타내고 있지 않기 때문이다. 그러나 학생의 학업성적, 사회에 대한 태도 같은 것은 학생의 특징적인 모습, 즉 특성을 가지고 있으며, 이것을 요인이라고 부른다. 그리고 학업성적이라는 요인을 설명할 수 있는 국어·영어·수학 등은 변수가 된다.

변수는 크게 양적변수(quantitative variable)와 질적변수(qualitative variable)로 나눌 수 있다. 양적변수란 연구자의 관심대상이 되는 속성을 수치로 나타낼 수 있는 것을 말한다. 우리나라의 1인당 GNP, 학점, 몸무게 등이 이에 속한다. 한편, 성별·직업·학력 등과 같은 속성은 수치보다는 범주로 표시한다. 이와 같은 변수를 질적변수라고 한다. 그러나 질적변수는 반드시 범주로만 표시할 수 있는 것은 아니다. 성별 구분에서 남자는 1, 여자는 2로 표기할 수 있다. 이때의 숫자는 일반적인 수치라기보다는 기호에 불과하다.

한편 양적변수의 표기도 질적으로 표기할 수 있다. 권투선수의 각 체급이나 월평균 소득액을 상·중·하로 분류한다든지 하는 것은 이에 속한다. 다음의 [표 2-1]은 양적변수와 질적변수의 예를 든 것이다.

[표 2-1] 양적변수와 질적변수의 예

관찰대상	요인	변수와 자료	변수 종류
학생	학업성적	학점=3.41	양적변수
회사	수익성	당기순이익/매출액=10%	양적변수
형광등	품질	수명시간=2,000시간	양적변수
종업원	성별	남, 여	질적변수
주식	주가수익률	주가/당기순이익=12%	양적변수
종업원	의견	찬성, 반대, 모름	질적변수

한편 양적변수는 이산변수(discrete variable)와 연속변수(continuous variable)로 나눌 수 있다. 이산변수는 각 가구의 자녀 수 또는 어느 학급의 농촌출신 학생 수와 같이 정수값만 갖는 변수이다. 다시 말하면, 측정척도에서 셀 수 있는 숫자로 표현되는 변수이다.

한편, 사람의 몸무게는 연속변수이다. 사람의 몸무게는 60 kg, 60.2 kg 등으로 측정될 수 있으며, 더 정확히 하면 소수점 이하로 얼마든지 숫자를 가질 수 있다. 연속변수는 측정척도에서 어떠한 값을 취할 수 있는 것으로, 무게·길이·속도 등이 이에 속한다.

이산변수와 연속변수

이산변수는 셀 수 있는 숫자로만 값을 가지는 변수이므로 정수값을 취하고, 연속변수는 일정한 범위 내에서 어떠한 값이라도 취할 수 있다.

2.2 자료

2.2.1 자료의 의의와 종류

자료(데이터)는 통계분석의 원재료이다. 이것은 변수를 측정함으로써 결과적으로 얻어진 사실의 묶음이다. 연구자는 필요한 자료를 수집하여 그것이 정확한가 혹은 사용 가능한가에 대하여 평가해야 한다. 이를 확인하지 않은 채 실시한 통계분석은 신뢰할 만한 것이 못된다. 올바른 연구를 위해서는 적절한 자료를 수집하여야 한다. 자료에는 조직 내부에서 수집하는 일상적인 것과 정부 또는 사설기관에서 수집하는 경제 및 사회분야에 관한 것이 있다. 이와 같이 자료란 대상 또는 상황을 나타내는 상징으로서 수량·시간·금액·이름·장소 등을 표현하는 기본 사실들의 집합을 뜻한다.

자료의 종류는 변수의 종류에 따라 질적 자료와 양적 자료로 나눈다. 모든 통계분석은 자료의 특성이 어떠한가에 따라 분석기법이 달라진다. 연구자는 자료의 특성에 따라 통계분석방법이 달라지므로 이에 대한 이해가 필요하다. 먼저 질적 자료(qualitative data)는 질적변수를 기록한 자료이다. 남·녀로 구분되는 성별, 상·중·하로 나타내는 생활수준, 도시·농촌으로 나타내는 출신지역 등이 이에 속한다. 그리고 양적 자료(quantitative data)는 양적변수를 기록한 자료로서, GNP·경제성장률·매출액·몸무게·평점 등과 같이 수치로 표기할 수 있는 것을 말한다.

2.2.2 측정과 척도

적절한 자료를 얻으려면 관찰대상에 내재하는 성질을 파악하는 기술이 있어야 한다. 이를 위해서는 규칙에 따라 변수에 대하여 기술적으로 수치를 부여하게 되는데, 이것을 측정(measurement)이라고 한다. 여기서 규칙이란 어떻게 측정할 것인가를 정하는 것을 의미한다. 예를 들어, 세 종류의 자동차에 대하여 개인적인 선호도를 조사한다고 하자. 자동차에 대하여 개별적으로 좋다 – 보통이다 – 나쁘다 중에서 하나를 택하게 할 것인가, 혹은 좋아하는 순서대로 세 종류에 대하여 순위를 매길 것인가 등의 여러 가지 방법을 고려해 볼 수 있다. 이와 같이 측정이란 관찰대상이 가지는 속성의 질적 상태에 따라 값을 부여하는 것을 뜻한다.

측정규칙의 설정은 척도(scale)의 설정을 의미한다. 척도란 일정한 규칙을 가지고 관찰대상을 측정하기 위하여 그 속성을 일련의 기호 또는 숫자로 나타내는 것을 말한다. 즉, 척도는 질적인 자료를 양적인 자료로 전환시켜 주는 도구이다. 이러한 척도의 예로 온도계·자·저울 등이 있다. 척도에 의하여 관찰대상을 측정하면 그 속성을 객관화시킬 수 있으며 본질을 명백하게 파악할 수 있다. 그뿐만 아니라 관찰대상들을 서로 비교할 수 있으며 그들 사이의 일정한 관계를 알 수 있다. 관찰대상에 부여한 척도의 특성을 아는 것은 중요하다. 왜냐하면 척도의 성격에 따라서 통계분석기법이 달라질 수 있으며, 가설설정과 통계적 해석의 오류를 사전에 방지할 수 있기 때문이다.

> **측정과 척도**
>
> 측정이란 관찰대상의 속성을 질적인 상태에 따라 수치를 부여하는 것이며, 척도는 일정한 규칙을 세워 질적인 자료를 양적인 자료로 전환시켜주는 도구이다.

척도는 측정의 정밀성에 따라 명목척도·서열척도·등간척도·비율척도 등으로 분류한다. 이를 차례로 설명하면 다음과 같다.

(1) 명목척도

명목척도(nominal scale)는 관찰대상을 구분할 목적으로 사용하는 척도이다. 이 숫자는 양적인 의미는 없으며 단지 자료가 지닌 속성을 상징적으로 차별하고 있을 뿐이다. 따라서 이 척도는 관찰대상을 범주로 분류하거나 확인하기 위하여 숫자를 이용한다. 예를 들어, 회사원을 남녀로 구분한다고 하자. 남자에게는 1, 여자에게는 2를 부여한 경우에 1과 2는 단순히 사람을 분류하기 위해 사용된 것이지 여성이 남성보다 크다거나 남성이 여성보다 우선한다는 것을 의미하지는 않는다. 이와 같이 명목척도는 측정대상을 속성에 따라 상호 배타적이고 포괄적인 범주로 구분하는 데 이용한다. 이 척도에 의하여 얻어진 값은 네 가지 형태의 척도 중에서 가장 적은 양의 정보를 제공한다.

(2) 서열척도

서열척도(ordinal scale)는 관찰대상이 지닌 속성에 따라 순위를 결정한다. 이것은 순서의 특성만을 나타내는 것으로서, 그 척도 사이의 차이가 정확한 양적 의미를 나타내는 것은 아니다. 예를 들어, 좋아하는 운동종목을 순서대로 나열한다고 하자. 제1순위로 선정된 종목이 야구이고 제2순위가 축구라고 할 때, 축구보다 야구를 2배만큼 좋아한다고 할 수는 없다. 이것이 의미하는 것은 단지 축구보다 야구를 상대적으로 더 좋아한다는 것뿐이다. 이 척도는 관찰대상의 비교우위를 결정하며 각 서열 간의 차이는 문제 삼지 않는다. 이들의 차이가 같지 않더라도 단지 상대적인 순위만 구별한다. 따라서 이 척도는 정확하게 정량화하기 어려운 소비자의 선호도 같은 것을 측정하는 데 이용된다.

(3) 등간척도

등간척도(interval scale)는 관찰값이 지닌 속성 차이를 의도적으로 양적 차이로 측정하기 위해서 균일한 간격을 두고 분할하여 측정하는 척도이다. 대표적인 것으로 리커트 5점 척도와 7점 척도가 있다. 전형적인 리커트 5점 척도를 나타내면 다음과 같다.

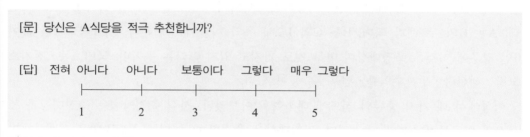

[그림 2-1] 리커트 5점 척도

이 5점 척도에서 보면, 1과 2, 2와 3, 3과 4, 4와 5 등의 간격 차이는 동일하다. 등간척도에서 구별되는 단위간격은 동일하며, 각 대상을 크고 작은 것 또는 같은 것으로 그 지위를 구별한다. 속성에 대한 순위는 부여하되 순위 사이의 간격은 동일하다. 측정대상의 위치에 따라 수치를 부여할 때 이 숫자상의 차이를 산술적으로 다루는 것은 의미가 있다. 등간척도는 관찰대상이 가지는 속성의 양적 차이를 측정할 수 있으나, 그 양의 절대적 크기는 측정할 수 없으므로 비율 계산이 곤란하다.

온도는 등간척도의 대표적인 예다. 화씨 100도는 화씨 50도에 대하여 배의 개념이 성립한다. 그러나 화씨 100도가 화씨 50도에 비해서 두 배 덥다는 절대적인 의미를 부여할 수 없다. 또한 화씨를 섭씨로 바꿔보면 화씨에서는 배의 개념이 성립하지만 섭씨에서는 성립하지 않음을 알 수 있다.

[표 2-2] 화씨와 섭씨 관계

화씨	섭씨	화씨를 섭씨로 바꾸는 방법
100	37.8	섭씨＝(화씨−32)÷1.8
50	10	

(4) 비율척도

비율척도(ratio scale)는 앞에서 설명한 각 척도의 특수성에 비율개념이 더해진 것이다. 이 척도는 거리·무게·시간·학점계산 등에 적용된다. 이것은 연구조사에서 가장 많이 사용되는 척도로서, 절대적 0을 출발점으로 하여 측정대상이 지니고 있는 속성을 양적 차이로 표현한다. 이 척도는 서열성·등간성·비율성의 세 속성을 모두 가지고 있으므로 곱하거나 나누거나 가감하는 것이 가능하며, 그 차이는 양적인 의미를 지니게 된다. 예컨 대, A는 B의 두 배가 되며, B는 C의 1/2배 등의 비율이 성립된다. 비율척도에서 값이 0인 경우에 이것은 측정대상이 아무 것도 가지고 있지 않다는 뜻이며, 국민소득·전기소 모량·생산량·투자수익률·인구 수 등이 있다.

이상에서 네 가지 종류의 척도에 대하여 알아보았다. 사실 측정방법은 측정대상과 조 사자의 연구목적에 따라 달라지며, 관찰대상을 측정할 때 어떠한 척도방법을 선택하는가 에 따라 통계작업이 영향을 받는다. 연구 또는 조사를 함에 있어서 자료가 지닌 성격을 정확히 파악하는 것도 중요한 일이지만, 그러한 속성을 고정적인 것으로 보고 그 틀에 갇힐 필요는 없다. 자료의 기본속성에서 크게 벗어나지 않는다면 연구목적을 위해서 명 목척도와 순위척도를 마치 등간척도나 비율척도처럼 사용하는 경우도 있다. 그러나 위의 네 가지 척도에서 정보의 수준을 보면 명목척도, 서열척도, 등간척도, 비율척도의 순으로 높다. 이것을 표로 나타내면 다음과 같다.

[표 2-3] 네 가지 척도의 정보량

척도＼특성	범주	순위	등간격	절대영점
명목척도	○	×	×	×
서열척도	○	○	×	×
등간척도	○	○	○	×
비율척도	○	○	○	○

명목척도와 서열척도로 측정된 자료를 비정량적 자료 또는 질적 자료라고 하며, 등간 척도와 비율척도로 측정된 자료를 정량적 자료 또는 양적 자료라고 한다. 질적 자료에는 비모수통계기법이 적용되고, 양적 자료에는 모수통계기법이 주로 이용된다. 자료의 성격에 적합한 분석기법을 선택하는 것은 중요하다. 비모수통계분석은 주로 순위자료와 명목 자료로 측정된 자료의 통계적 추론에 이용되는 분석방법이다. 그러나 주로 사용하는 통계기법은 모수통계분석인데, 이것은 주로 양적 자료를 대상으로 표본의 특성값인 통계량을 이용하여 모집단의 모수를 추정하거나 검정하는 분석방법이다.

[표 2-4] 척도별 분석방법

척도	숫자 부여방법	가능 분석방법	예
명목척도	구분, 분류	빈도분석, 교차분석, 비모수통계분석	성별, 신제품 성공과 실패, 환자의 생과 사
서열척도	순서 비교	서열상관관계(스피어만 상관계수)	제품과 서비스 선호순서, 사회계층
등간척도	간격 비교	모수통계분석	온도, 상표 선호도, 주가지수
비율척도	절대적 크기 비교	모수통계분석	학점, 매출액, 무게, 소득, 나이

 ## 2.3 자료 수집

2.3.1 자료 수집의 절차

앞에서 설명한 바와 같이 자료는 숫자나 기호로 나타내는 사실의 집합을 뜻한다. 다시 말하면, 측정대상이 가지고 있는 속성을 계량화하기 위하여 측정척도를 사용하여 기록한 숫자를 말한다. 자료는 선택된 변수를 관찰하여 얻은 수치다. 이 수치를 모으는 절차가 자료수집 과정이다. 예를 들어, 어느 대학의 경영학과 학생들에 대해 학업성적을 조사한 다고 하자. 이 조사를 위하여 자료 수집 과정을 그림으로 나타내면 다음과 같다.

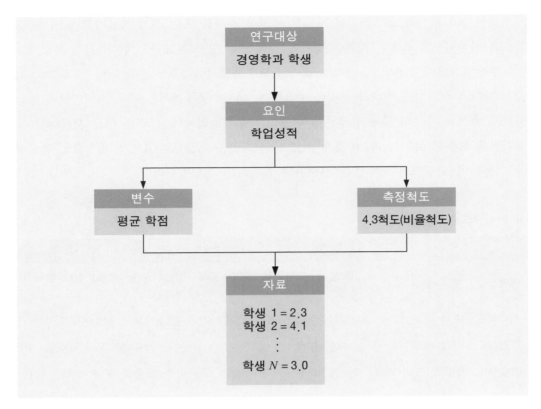

[그림 2-2] 자료 수집 과정

　위의 그림에서 보면, 경영학과 학생들은 모집단을 구성한다. 이 모집단을 대상으로 한 연구자의 관심은 이들 학생들의 학업성적이다. 학업성적을 가장 잘 나타내주는 변수는 학점이다. 학점을 계산하기 위해 이 학교에서는 4.3만점의 척도를 사용한다. 전체 N명을 대상으로 각 학생이 수강한 모든 과목의 학점을 평균하여 나열한 것이 자료이다. 연구목적이 먼저 설정되고, 이 목적을 만족시키는 변수와 자료범위가 결정되면 위와 같이 자료가 수집된다.

2.3.2 자료 수집의 원천

　자료 수집의 원천에는 1차원천과 2차원천이 있다. 1차원천은 대상물 또는 상황을 직접 관찰하거나 설문지를 이용하여 얻은 자료의 원천을 뜻한다. 2차원천은 이미 다른 사람이 수집한 자료의 원천을 의미한다. 즉, 연구에 관련된 책, 논문, 간행물 등이 이에 해당한다.

일반적으로 연구자는 우선 2차자료를 통하여 자료수집을 시도한 후에 필요하면 1차자료 원천을 이용한다. 따라서 2차자료 원천에 대하여 먼저 설명하고 그 다음에 1차자료 원천에 대하여 설명하기로 한다.

(1) 2차자료 원천

2차자료 원천은 이미 다른 사람에 의하여 이루어진 연구를 뜻한다. 이 자료는 크게 내부자료와 외부자료로 나누어 볼 수 있다. 내부자료는 조직 내부에서 여러 형태로 되어 있는 자료를 의미한다. 예를 들면 관련부서 보고서, 재무제표, 마케팅 판매보고연구서 등 여러 가지가 있다. 외부자료의 원천으로는 책, 간행물, 정부문서, 그리고 기타 참고문헌 등이 있다. 책은 일반주제나 특별주제를 위해 기본적으로 쓰이는 원천이며, 가장 많이 이용된다. 간행물은 책 다음으로 많이 이용되며, 특히 현재의 정보나 특정내용을 수집하는 데 가치가 있다. 정부, 국회 등의 문서는 세 번째로 많이 이용되고 있다. 그리고 사설기관, 대학, 참고문헌 서비스기관에 의하여 제공되는 여러 가지 참고문헌 등이 있다.

2차자료는 시간과 비용을 절약하면서 쉽게 얻을 수 있다는 장점이 있다. 개인 연구자가 많은 비용을 들여가면서 직접 인구센서스나 산업관련 통계자료를 얻는다는 것은 거의 불가능하다. 반면에, 2차자료의 결점은 연구목적에 합당하지 못한 경우가 있다. 즉, 시간단위, 측정단위, 또는 개념정의가 다를 수 있고 자료가 오래되어 적절하지 못한 경우도 있다. 따라서 2차자료를 이용할 때에는 이러한 점에 주의하여야 한다.

이와 같이 2차자료는 몇 가지 단점이 있음에도 불구하고 널리 이용되고 있다. 1970년의 서울인구, 1990년의 1인당 GNP 같은 것은 이를 통해서만 얻을 수 있는 것들이다. 그리고 현재 연구가 과거 연구의 공헌에 의한 것이고, 또한 지속적인 것이라면 2차자료는 현재 연구의 중요한 부분이 된다. 1차자료가 필요할지라도 물리적으로, 법적으로, 또는 비용제약으로 인하여 단지 2차자료를 이용할 수밖에 없는 경우가 흔히 있다.

우리나라의 경우 경영이나 경제에 관하여 2차자료를 얻을 수 있는 원천을 보면, 한국기업총람(한국생산성본부), 한국통계연감(기획재정부), 주요경제지표(기획재정부), 국가통계포털(통계청), 기업경영분석(한국은행), 회사연감(매일경제신문사), 삼성경제연구소 자료, LG경제연구원 자료 등이 있다. 국내 논문자료와 관련해서는 국가과학기술정보센터(NDSL), 누리미디어(DBpia), 한국학술정보(KISS) 등에서 유용한 자료를 찾을 수 있다. 그리고 외국의 경우에 2차자료를 얻을 수 있는 몇 가지를 소개하면 다음과 같다. The International Who's Who, International Encyclopedia of Social Science, Statistical Abstract of the United States, United States Census Bureau, Applied Science and Technology Index,

Public Affairs Information Service Bulletin, Dun & Bradstreet Reference Book of Corporate Management, Dissertation Abstracts International 등이 있다.

최근에는 연구자 자신의 노력 여하에 따라 인터넷을 통하여 필요한 자료를 직접 수집할 수 있는 길이 열렸다. 예를 들어, 위키피디아(Wikipedia), 구글(Google), 네이버(Naver) 사이트 정도면 어디에 무엇이 있는지 모두 확인할 수 있다. 다만, 쉽게 방대한 자료를 얻을 수 있는 만큼 연구자의 자료 취사선택 능력이 무엇보다 중요해지고 있다.

(2) 1차자료 원천

1차자료는 대상물 또는 상황을 직접 관찰하거나 여러 의사소통방법을 이용하여 직접 조사하여 얻은 결과이다. 2차자료 수집이 충분하지 못한 경우에는 직접 자료를 얻어야 한다. 1차자료는 연구자가 직접 조사하여 필요한 정보를 얻을 수 있으나 대체로 비용이 많이 들고 시간이 오래 걸린다. 1차자료 수집방법을 보면 개인면담, 전화면담, 우편조사, 관찰 등이 있다.

개인면담은 조사자가 연구대상을 직접 만나 정보를 얻는 방법이다. 대화를 통하여 혹은 설문지를 작성하여 자료를 수집한다. 이 방법을 이용하면 연구자는 깊이 있게 주제를 탐색할 수 있으며, 융통성을 최대한 발휘할 수 있다. 이 방법이 성공하려면 응답자는 자신의 역할을 알고 충분히 준비가 되어 있어야 한다. 면담자는 응답자와 친밀한 관계를 가지고 나서 자료를 수집하는 것이 좋다. 개인면담은 낯선 방문객의 면담을 기피하는 경향이 늘고 있어 수행하기 어려울 때가 많다. 이 방법은 비용과 시간이 많이 들 뿐만 아니라 잘못하면 면담자의 융통성이 연구를 왜곡시킬 수도 있다.

전화면담은 개인면담과는 달리 비용도 적게 들고 전화기가 널리 보급되어 있어 점차로 많이 이용되고 있다. 이 방법을 이용하는 경우 통화시간의 제약으로 인하여 얻을 수 있는 정보의 양은 제한적이다. 그리고 전화통화의 특성상 개인면담보다는 쉽게 거절될 수 있어 응답률이 떨어진다. 비록 심층조사가 어렵기는 하지만 신속하고 간편한 방법이기 때문에 많이 이용되고 있다.

우편조사는 설문지를 우송하여 회신을 받는 조사방법이다. 조사대상자가 지역적으로 광범위하게 퍼져 있는 경우에 저렴한 비용으로 이용할 수 있다. 응답자로 하여금 참여하도록 유도하는 기술이 많이 개발되어 있지만 대체로 회신 응답률은 낮은 편이다. 높은 비율의 무응답자 의견은 알 수 없기 때문에 조사가 왜곡될 수도 있다. 우편회수율을 높이는 방법으로 회신우표와 봉투는 물론, 때로는 필기구나 생활에 유용한 간단한 선물을 동봉하면 좋을 것이다. 그리고 설문지를 보내기 전에 미리 서신 또는 전화로 연락하여 협조를 구한다면 회수율을 높일 수 있을 것이다.

 2.4 가설검정

가설검정도 추정과 마찬가지로 모수의 값과 관련이 있다. 그러나 가설검정은 추정과는 달리 모수의 특성에 대한 진술을 가지고 시작한다. 그리고 나서 모집단으로부터 추출된 표본의 통계량을 이용하여 그 가설의 채택·기각 여부를 결정한다.

2.4.1 가설검정의 의의

가설검정의 첫 단계에서는 모집단에 대하여 어떤 가설을 설정한다. 추정은 관심 있는 모집단의 모수에 대하여 거의 아는 바가 없는 환경에서 이루어지는 모집단 추론이다. 반면에 가설검정은 모수에 대하여 약간의 지식을 가지고 있어서 모수에 대한 특정 가설을 세운다. 그리고 나서 표본에서 계산된 통계량을 기초로 하여 "모수는 특정한 값과 일치하는가?"라는 진술의 채택 여부를 결정하게 된다. 이러한 가설검정 과정을 의사의 진단 과정에 비유해 보자. 처음에 의사는 환자의 표면적인 증상을 관찰한 후에 어떤 병명(가설)을 생각해 낸다. 그리고 나서 세부적인 과학적 검진을 통하여 처음에 생각한 병명을 받아들일 것인지 혹은 새로운 병명을 알아낼 것인지의 과정을 가진다.

가설검정은 연구실험 또는 실제상황에서 예측한 것과 결과를 비교하는 데 이용된다. 예를 들어, 환자에게 새로 개발한 약을 투여하였을 때 그 약의 효과가 있는지의 여부를 결정한다고 하자. 이를 위해 연구자는 현재 시판되고 있는 기존의 약과 새로운 약을 비교한다. 기존의 약의 효과가 10시간 동안 지속된다고 할 때, 새로운 약의 효과가 있다는 것을 증명하려면 "새로운 약의 효과는 10시간 이상 지속된다."라는 구체적인 가설을 세우게 된다. 가설(hypothesis)이란 이와 같이 실증적인 증명에 앞서 세워지는 잠정적인 진술이며, 후에 논리적으로 검정되는 명제이다. 그런데 검정대상이 되는 가설은 반드시 확신에 근거를 두고 있는 것이 아니므로 연구 결과에 의해서 기각될 수도 있고 또는 수정될 수도 있다

연구에서 검정대상이 되는 진술을 가설이라고 한다. 이 가설은 표본을 통하여 검정된

다. 가설과 표본추출 오차와의 관계를 설명하여 보자. 예를 들어, 바둑돌을 오른손과 왼손으로 가득 움켜잡은 후에, 각각의 경우 바둑돌의 평균무게를 알아본다고 하자. 바둑돌은 품질에 따라 무게가 다르고, 고급일수록 무게가 더 나간다. 우리는 이 바둑돌들이 동일한 품질의 모집단에서 나왔는지 여부를 결정하고자 한다. 가설은 "두 경우의 평균무게는 같다."라고 세운다. 논리적으로 보아 오른손에 있는 평균무게와 왼손의 평균무게가 비슷하다면 동일한 모집단에서 나왔다고 말할 수 있다. 그러나 임의추출 과정에서 생긴 표본추출 오차(sampling error) 때문에 두 경우의 평균무게가 다를 수 있다. 우리는 무게 차이를 통계적으로 설명하여 그 바둑돌들이 동일한 모집단에서 추출되었는지를 추정할 수 있다. 즉, 평균무게에서 차이가 나더라도 이 차이가 표본추출 오차의 크기 정도라면 동일한 모집단에서 나온 것이라고 할 수 있다. 그러나 만일 그 차이가 표본추출 오차보다 더 크면 다른 모집단에서 각각 나온 것이라고 말할 수 있다.

> **가설**
>
> 가설은 실증적인 증명 이전에 잠정적으로 세우는 모집단 특성에 대한 진술이며, 이것은 후에 경험적으로 또는 논리적으로 검정되는 조건 또는 명제다.

가설에는 귀무가설(null hypothesis)과 연구가설(research hypothesis)이 있다. 귀무가설의 진술은 H_0로 표기하며, 통계적으로 나타난 차이는 단지 우연의 법칙에서 나온 표본추출 오차로 생긴 정도라고 보는 주장이다. 새로운 약의 효과를 조사하기 위한 귀무가설은 "H_0: 새로운 약의 평균지속시간은 10시간이다." 또는 "H_0: $\mu = 10$"과 같이 세울 수 있다.

연구가설은 연구목적을 위하여 설정된 진술이며, H_1으로 표기한다. 두 표본의 차이는 우연히 발생한 것이 아니라 두 표본이 대표하는 모집단의 평균값 간에 현저한 차이가 있다는 진술에 대하여 사실 여부를 확인한다. 새로운 약의 효과를 표시하기 위한 연구가설도 "H_1: 새로운 약의 평균지속시간은 10시간을 넘는다." 또는 "H_1: $\mu > 10$"이라고 세운다. 연구가설은 귀무가설을 부정하고 논리적인 대안을 받아들이기 위한 진술이므로 대립가설(alternative hypothesis)이라고도 한다.

귀무가설과 연구가설

귀무가설은 표본추출 오차 여부에 대해 검정대상이 되는 가설이며, 연구가설은 논리적 대안으로서 귀무가설이 기각될 때 채택되는 가설이다.

귀무가설과 연구가설은 관심 있는 모수의 값에 대하여 상호 배타적인 진술이다. 귀무가설은 통계값이 제공하는 확률의 측면에서 평가하는 것이며, 연구가설은 논리적 대안으로 검정하고자 하는 현상에 관한 예측이다. 따라서 이 두 가설은 모집단과 표본을 연결시켜주는 역할을 한다.

통조림을 만드는 회사의 예를 들어 귀무가설과 연구가설을 세워보도록 하자. 이 회사 정책상 통조림의 무게는 400 g이어야 한다. 품질검사관은 한 개의 통조림 무게를 재어보았을 때 표준값인 400 g에 미달되어도 안 되고 초과해도 안 된다고 믿고 있다. 미달되는 경우에는 소비자를 속이는 것이 되고, 초과하는 경우에는 회사 자원의 낭비를 가져오게 된다. 이 경우에 검사관은 귀무가설(H_0)과 연구가설(H_1)을 다음과 같이 세우게 될 것이다.

H_0: 통조림의 평균무게는 400 g이다.
H_1: 통조림의 평균무게는 400 g이 아니다.

또는

H_0: $\mu = 400$
H_1: $\mu \neq 400$

위의 두 가설은 관심 있는 모수에 대하여 상호 배타적으로 진술하고 있음을 알 수 있다.

위에서 본 바와 같이 귀무가설과 연구가설은 상반된 진술이다. 두 개의 상반된 가설 중에서 어느 것을 귀무가설로 정하고 어느 것을 연구가설로 정할 것인가 하는 문제는 일반적으로 다음과 같다. 귀무가설은 현재까지 주장되어 온 것으로 정하거나 또는 현존하는 모수값에 새로운 변화 또는 효과가 존재한다는 것을 배제하거나 완화시키는 경우에 정한다. 반면에, 기존 상태로부터 새로운 변화 또는 효과가 존재한다는 주장은 연구가설로 정하게 된다.

귀무가설과 연구가설을 쉽게 이해하려면 범죄 용의자를 체포하여 재판하는 경우를 생각해 보면 된다. 비록 그 피의자가 죄를 지었다는 심증이 가더라도 법정에서 선고공판이 있기까지는 우선 무죄로 추정한다. 따라서 귀무가설은 "당신은 무죄이다."라고 세우게 된다. 한편, 재판부의 검사는 이 귀무가설을 반증하기 위하여 가능한 한 많은 증거를 수집, 분석한 후에 연구가설로서 "당신은 유죄이다."라고 할 것이다.

이상에서 우리는 가설이란 무엇이며, 가설에는 어떠한 것이 있는가를 살펴보았다. 일단 귀무가설과 연구가설이 세워지면 검정을 통하여 둘 중의 한 가설을 선택하게 된다. 두 가설은 상호 배타적인 것이므로 귀무가설을 채택하면 연구가설을 기각하고, 귀무가설을 기각하면 연구가설을 채택한다. 그런데, 문제는 검정대상이 되는 귀무가설이 진실일 수도 있고 거짓일 수도 있다는 점이다. 진실한 가설을 채택하는 것, 또는 거짓된 가설을 기각하는 것은 당연한 것이다. 그러나 진실한 가설을 기각하거나 그릇된 가설을 채택하는 것은 오류를 범하는 일이다. 다음 소절에서 이에 대해 살펴보자.

2.4.2 가설검정의 오류

우리가 가설검정을 실시할 때에는 두 가지 오류를 범할 수 있다. 실제로 진실한 가설을 기각시키는 경우와 거짓된 가설을 채택하는 경우이다. 예를 들면, 무죄의 피의자를 유죄로 선고한다든지, 또는 유죄의 피의자를 무죄로 선고하는 경우이다. 전자의 경우를 제1종 오류(type I error)라고 하며 α로 나타낸다. 후자의 경우는 제2종 오류(type II error)라고 하며 β로 나타낸다. 이 오류를 쉽게 설명하기 위하여 귀무가설의 검정에 대해 의사결정을 하는 경우를 표로 나타내면 다음과 같다.

[표 2-5] 두 종류의 오류

실제상태 의사결정	진실한 H_0	거짓된 H_0
H_0 채택	올바른 결정	제2종 오류: β오류
H_0 기각	제1종 오류: α오류	올바른 결정

제1종 오류와 제2종 오류는 생산관리면에서도 설명될 수 있다. 품질검사를 하는 경우 만일 합격품을 불합격으로 판정한다면 검사자는 제1종 오류를 범하는 셈이다. 이때의 위험은 생산자가 부담하기 때문에 생산자 위험이라고 부른다. 이 위험의 크기는 α가 된다.

이와 반대로 불합격품을 합격으로 판정한 후에 소비자가 그 물건을 그대로 사용하게 된다면 검사자는 제2종 오류를 범하는 것이 된다. 이러한 실수로 인한 손해(위험)는 소비자 가설검정에서 제1종 오류를 범할 확률은 α이며, 제2종 오류를 범할 확률은 β이다.

$$\alpha(\text{제1종 오류})=p(H_0 \text{ 기각} \setminus H_0 \text{ 진실})$$
$$\beta(\text{제2종 오류})=p(H_0 \text{ 채택} \setminus H_0 \text{ 거짓})$$

이를 그림으로 나타내면 다음과 같다.

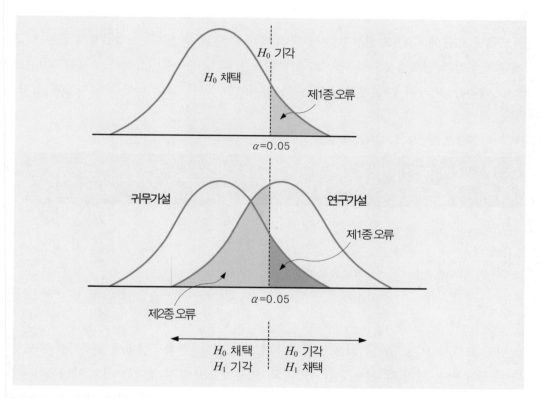

[그림 2-3] 제1종 오류와 제2종 오류

가설검정을 할 때 연구자는 자신의 연구가설을 내세우면서 기존의 귀무가설을 기각시키고 싶어할 것이다. 따라서 H_0가 거짓일 때 이를 기각하는 확률은 큰 의미를 가지며, 이를 검정력(power)이라고 한다. 거짓된 H_0를 채택할 확률은 β이므로 검정력은 $1-\beta$가 된다.

일반적으로 가설검정에서 $\alpha=0.01, 0.05, 0.10$ 등으로 정한다. 이때 α를 유의수준 (significance level)이라 한다. 유의수준이란 제1종 오류 α의 최대값을 뜻한다. '유의하다

(significant)'라고 할 때, 이것은 모수와 통계량의 차이가 현저하여 통계치의 확률이 귀무가설을 기각할 수 있을 만큼 낮은 경우를 뜻한다. 유의수준이 설정되었을 때, 가설을 채택하거나 기각하는 판단기준이 있어야 하는데, 이 값을 임계치(critical value)라 하고 p로 표기한다. $\alpha = 0.05$ 수준에서 $p < 0.05$로 표기할 수 있는데, 이것은 p로 표기된 확률수준이 0.05 이하이면 귀무가설을 기각시킨다는 의미다. 이때 우리는 "통계적으로 유의하다."라고 해석한다. 만일 $p < 0.01$이면 "매우 유의하다."라고 한다.

2.4.3 가설검정의 종류

모집단 평균에 대한 가설검정은 세 가지 형태로 나눌 수 있다. 가설검정의 종류는 크게 양측검정과 단측검정으로 나누고, 단측검정은 다시 왼쪽꼬리검정과 오른쪽꼬리검정으로 나눈다. 따라서 가설검정은 모두 세 가지이며, 이를 표로 나타내면 다음과 같다.

[표 2-6] 모평균 μ에 대한 가설검정의 종류

구분	양측검정	단측검정	
		왼쪽꼬리검정	오른쪽꼬리검정
일반적인 경우	H_0: $\mu = \mu_0$ H_1: $\mu \neq \mu_0$	H_0: $\mu \geq \mu_0$ H_1: $\mu < \mu_0$	H_0: $\mu \leq \mu_0$ H_1: $\mu > \mu_0$
통조림 무게에 대한 예제	H_0: $\mu = 400$ H_1: $\mu \neq 400$	H_0: $\mu \geq 400$ H_1: $\mu < 400$	H_0: $\mu \leq 400$ H_1: $\mu > 400$

위의 표에서 보면, 귀무가설은 언제나 등호를 가진다. 양측검정에서 귀무가설은 모집단 평균이 어떤 값과 같다는 것을 나타내고, 연구가설은 같지 않다는 것을 나타낸다. 다시 말하면 μ는 진술된 값보다 크지도 작지도 않다는 것이다. 왼쪽꼬리검정의 연구가설을 보면 μ가 진술된 값보다 작으며, 오른쪽꼬리검정의 경우에서는 μ가 진술된 값보다 크다. 귀무가설은 각각의 경우에 상호 배타적으로 진술을 설정하면 된다.

가설검정의 첫 단계는 가설을 어떻게 설정하는가이다. 가설검정은 연구자의 관심 내용에 따라 달라진다. 통조림 회사의 예를 들면 연구자가 통조림의 무게가 정확하게 400 g인지 여부를 알고 싶어한다면 양측검정을 실시한다. 그러나 평균무게에 변화가 있어 무게의 증감 방향을 밝히고 싶어한다면 단측검정을 실시한다. 표본추출된 통조림의 무게가

400 g에 미달되는 경우는 왼쪽꼬리검정을 실시한다. 그러나 이 경우 가설검정은 미달되는 부분만 밝혀내므로 초과되는 경우를 발견해내지 못한다. 반대로 오른쪽꼬리검정은 그 변화가 400 g을 넘는 경우에 해당된다. 이 경우에는 초과되는 부분은 밝혀낼 수 있으나 미달되는 통조림의 무게를 알기가 힘들다. 따라서 연구자는 자신의 연구관점에서 보아 세 가지 종류의 가설검정에서 적절한 한 가지 방법을 채택하여 실시하여야 한다.

1. 변수의 개념을 설명하여라.

2. 척도의 네 가지 종류에 대해 이야기해 보자.

3. 귀무가설과 연구가설의 개념을 설명하여라.

3장

피벗 테이블과
교차분석

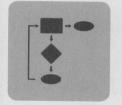
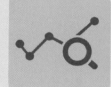

1. 피벗 테이블 개념을 이해한다.
2. 엑셀에서 피벗 테이블 작업을 숙지한다.
3. 교차분석의 개념을 암기한다.
4. SPSS상에서 교차분석을 실시할 수 있고, 자신 있게 결과물을 해석할 수 있다.

3.1 피벗 테이블 정의

　피벗 테이블(pivot table)은 복잡한 데이터 세트를 조직화할 수 있는 유용한 도구이며, 데이터를 집계하거나 분석할 때 유용한 분석방법이다. 피벗 테이블로 양적 자료(quantitative data), 질적 자료(qualitative data), 그리고 집단 자료(grouped data)를 분석할 수 있으며, 연구자는 이 기능을 통해서 합계, 개수, 평균, 최대값, 최소값, 곱, 숫자 개수, 표본 표준편차, 표본분산, 분산 등 다양한 통계를 계산할 수 있다. 또 데이터를 집계하는 방법으로 함수를 이용하기도 하지만, 많은 양은 피벗 테이블을 이용하여 보기 편하게 데이터를 정리할 수 있다.

　피벗 테이블은 상황표(contingency table)를 제공한다. 상황표는 관측자료를 설명하는 형식이다. 통계자료를 수집·분석할 때 그 자료를 어떤 분류기준에 따라 표로 만들어 정리하면 복잡한 자료를 쉽게 이해할 수 있다. 상황표는 행(row)과 열(column)로 나타낼 수 있는 이상적인 도표로, 일반적으로 행에는 r개, 열에는 c개의 범주가 있다. 이 행과 열의 분류기준에 의하여 관찰대상을 분류하여 $r \times c$ 분할표를 만들 수 있다. 이 분할표를 이용하여 여러 모집단의 성질에 대하여 설명하는 교차분석(crosstabulation analysis)에 대해서 알아보자.

　교차분석은 두 변수 간에 어떠한 관계가 있는가에 대해 분석하는 가장 기본적인 분석방법이다. 분할표로 정리된 자료를 분석하는 데는 χ^2검정(chi-square test)이 이용된다. χ^2 검정은 다음의 세 가지 목적을 가진다. 첫째, 자료를 범주에 따라 분류하였을 때 그 범주 사이에 관계가 있는지의 여부를 파악한다. 이를 독립성 검정이라고 한다. 둘째, 통계분석에서 모집단에 대한 확률분포를 이론적으로 가정하는 경우에 조사자료가 어떤 특정 분포에서 나온 것인가를 파악한다. 이를 적합성 검정이라 한다. 셋째, 두 개 이상의 다항분포가 동일한지 여부를 검정한다. 이를 동일성 검정이라고 한다.

3.2 피벗 테이블 작성법

[예제 3.1] 다음은 편의점을 이용하는 고객 20명의 성별에 따른 지불방식을 나타낸 것이다. 이에 대한 데이터는 다음과 같다.

CUSTOMER	GENDER	PAYMENT
1	Female	Cash
2	Female	Credit
3	Female	Credit
4	Male	Cash
5	Male	Debit
6	Female	Credit
7	Male	Cash
8	Female	Credit
9	Female	Debit
10	Female	Credit
11	Male	Cash
12	Male	Credit
13	Female	Cash
14	Male	Credit
15	Male	Cash
16	Female	Debit
17	Female	Credit
18	Female	Debit
19	Male	Cash
20	Female	Credit

[데이터: ch3-1.xlsx]

위의 데이터를 엑셀창에 입력하고 성별에 따른 지불방식 관련 피벗 테이블을 만들어라.

[1단계] 엑셀창에 다음과 같이 데이터를 입력한다.

[그림 3-1] 엑셀창에 데이터 입력

[데이터: ch3-1.xlsx]

[2단계] 메뉴에서 **[삽입]**을 누른 후  아이콘을 누른다.

[그림 3-2] 피벗 테이블 선택창

[3단계] 피벗 테이블 화면에서 **[피벗 테이블(T)]**을 누른다.

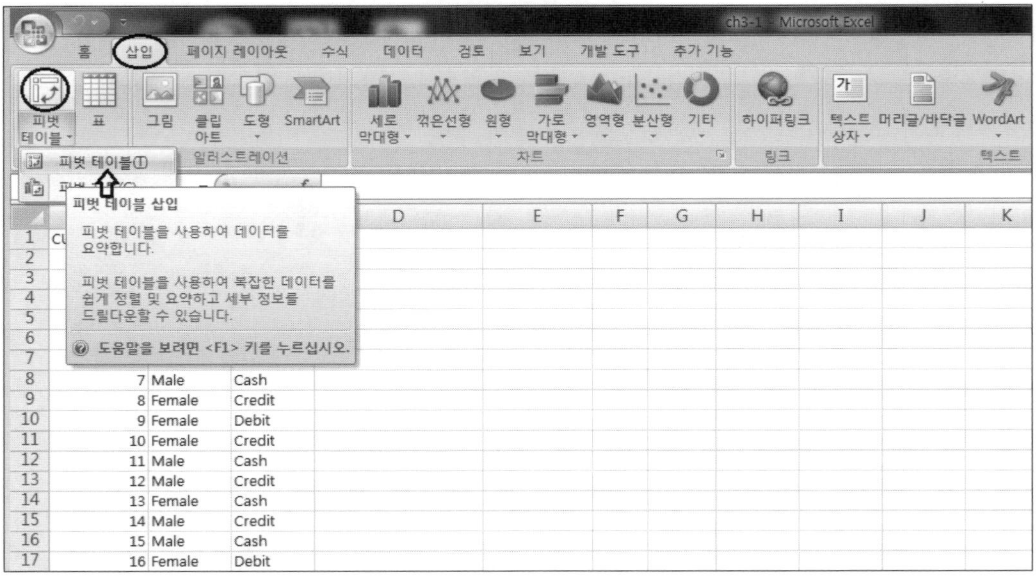

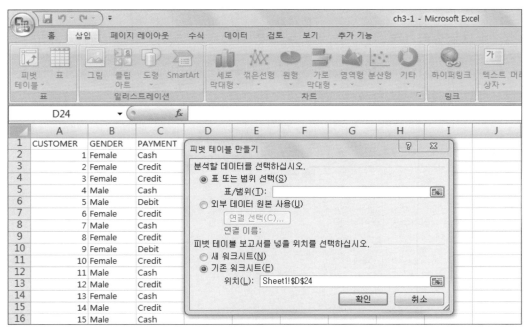

[그림 3-3] 피벗 테이블 누르기

[4단계] **[피벗 테이블 만들기]** 화면에서 데이터 범위를 선택한다.

[그림 3-4] 데이터 범위 선택하기 1

[5단계] A1 ~ C21까지 범위를 정한 후 '피벗 테이블 보고서를 넣을 위치를 선택하십시오.'에서 **[새 워크시트(N)]**를 선택한다.

[그림 3-5] 데이터 범위 선택하기 2

[6단계] 확인 버튼을 누르면 오른쪽과 같은
[피벗 테이블 필드 목록]창이 뜬다.

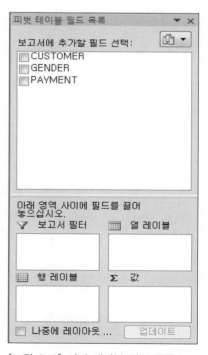

[그림 3-6] 피벗 테이블 필드 목록 1

[7단계] 행 레이블란에는 PAYMENT를, 열 레이블란에는 GENDER를, ∑값란에는 CUSTOMER 변수를 보낸다. 일반적으로 열 레이블에는 독립변수를, 행 레이블에는 종속변수에 해당하는 것을 보낸다.

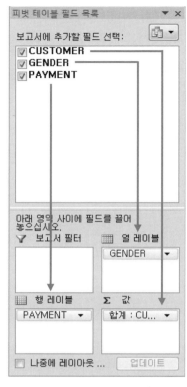

[그림 3-7] 피벗 테이블 필드 목록 2

[8단계] 위의 절차를 거치면 다음과 같은 피벗 테이블이 생성된다.

합계 : CUSTOMER	열 레이블		
행 레이블	Female	Male	총합계
Cash	14	56	70
Credit	66	26	92
Debit	43	5	48
총합계	123	87	210

[그림 3-8] 피벗 테이블 생성

[9단계] 여기서 분석자는 피벗 테이블값이 다르다고 해서 당황할 필요가 없다. 피벗 테이블에서 Customer열란에 모든 값이 합산되었기 때문이다. 따라서, 이 결과는 분석자에게 도움이 되지 않는다. 분석자는 피벗 테이블 결과물에 마우스를 올려 놓고 오른쪽 버튼을 클릭한다. 그러면 다음과 같은 화면이 나타난다.

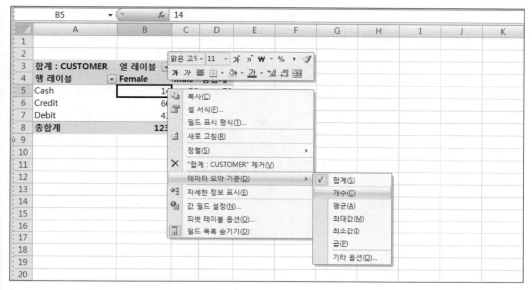

[그림 3-9] 데이터 요약 기준

[10단계] **[데이터 요약 기준(D)]**에서 **[개수(C)]**를 선택한다. 그러면 정리된 통계표를 얻을 수 있다.

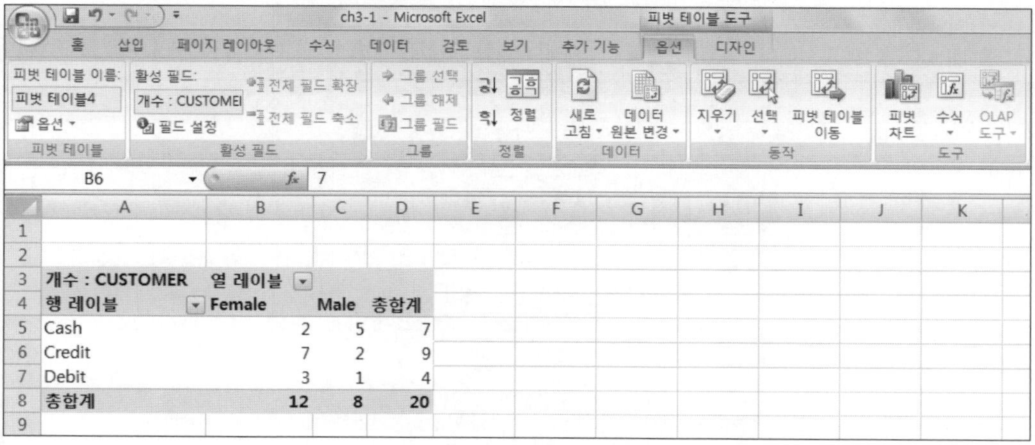

[그림 3-10] 피벗 테이블 결과

결과 해석　편의점을 이용한 고객은 모두 20명이고, 이 중 여성은 12명, 남성은 8명임을 알 수 있다. 결제방식은 현금결제(Cash)가 7명, 신용카드(Credit)가 9명, 현금카드(Debit)가 4명임을 알 수 있다. 여성고객 중 신용카드방식을 이용한 사람은 7명이고, 남성은 현금결제방식을 가장 선호하는 것으로 나타났다.

[11단계] 피벗 테이블 결과를 차트로 나타내기 위해서는 [피벗차트] 아이콘을 누른다.

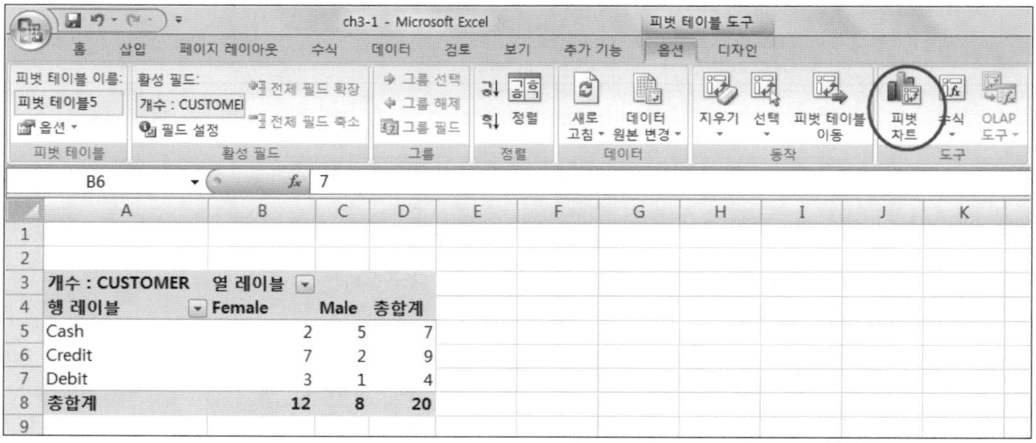

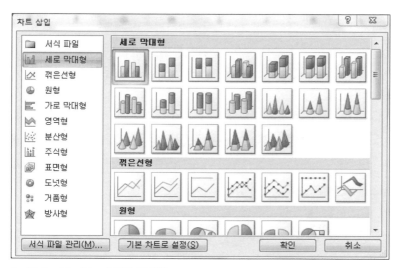

[그림 3-11] 피벗 차트 지정

[12단계] [세로 막대형]에서 [묶은 세로 막대형]을 선택한 후 [확인] 버튼을 누른다.

[그림 3-12] 세로 막대형 선택창

[13단계] 이어서 차트를 확인한다.

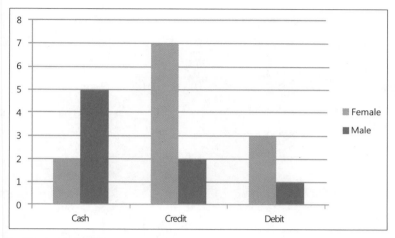

[그림 3-13] 결과창

 현금결제(Cash)방식은 남성고객이 5명이고, 신용카드(Credit)방식은 여성 고객이 7명으로 가장 많음을 알 수 있다.

3.3 SPSS 이용 교차분석

3.3.1 교차분석 정의

분석자는 관찰자료를 두 가지 분류기준으로 나눌 수 있다. 분류기준이 된 변수들이 서로 독립적인가를 알아보기 위해서는 χ^2 검정을 이용한다. 예를 들어, 어느 연구자는 월간잡지에 대한 선호도가 지리적 위치와 독립적이라고 주장한다. 이 주장의 타당성 여부를 검정하기 위하여 세 도시에 사는 사람들 중에서 임의로 아래와 같이 각각 추출한 후에 세 종류의 잡지 중에서 하나를 선택하도록 하였다.

χ^2 검정은 독립성을 검정하기 위하여 다음과 같이 가설을 세울 수 있다.

H_0: 월간지 구독은 도시종류와 독립적이다.
H_1: 월간지 구독은 도시종류와 독립적이지 않다.

3.3.2 SPSS 예제

[예제 3.2] 다음은 편의점을 이용하는 고객 20명의 성별에 따른 지불방식을 나타낸 것이다.

CUSTOMER	GENDER	PAYMENT
1	Female	Cash
2	Female	Credit
3	Female	Credit
4	Male	Cash
5	Male	Debit
6	Female	Credit
7	Male	Cash
8	Female	Credit
9	Female	Debit
10	Female	Credit
11	Male	Cash
12	Male	Credit
13	Female	Cash
14	Male	Credit
15	Male	Cash
16	Female	Debit
17	Female	Credit
18	Female	Debit
19	Male	Cash
20	Female	Credit

[데이터: ch3-1.xlsx]

χ^2 검정은 독립성을 검정하기 위하여 다음과 같이 가설을 세울 수 있다. 귀무가설의 채택 여부에 대해 설명하여라.

H_0: 결제방식은 성별과 독립적이다.

H_1: 결제방식은 성별과 독립적이지 않다.

[1단계] 앞에서 다룬 [데이터: ch3-1.xlsx]를 SPSS 프로그램에서 불러온다. SPSS 프로그램을 연 후 **[파일]→[열기]→[데이터 파일]**을 지정한다.

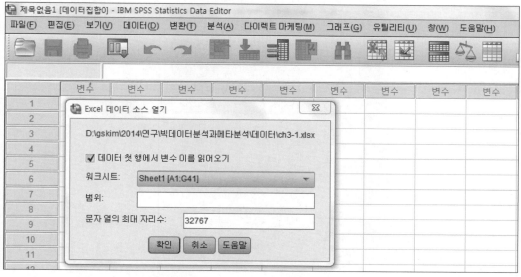

[그림 3-14] SPSS 데이터 불러오기창

[2단계] 확인 버튼을 누르면 엑셀창에서 코딩한 결과물을 그대로 불러오기를 할 수 있다.

	CUSTOMER	GENDER	PAYMENT	변수	변수	변수	변수	변수	변수	변수
1	1.0	Female	Cash							
2	2.0	Female	Credit							
3	3.0	Female	Credit							
4	4.0	Male	Cash							
5	5.0	Male	Debit							
6	6.0	Female	Credit							
7	7.0	Male	Cash							
8	8.0	Female	Credit							
9	9.0	Female	Debit							
10	10.0	Female	Credit							
11	11.0	Male	Cash							
12	12.0	Male	Credit							
13	13.0	Female	Cash							
14	14.0	Male	Credit							
15	15.0	Male	Cash							
16	16.0	Female	Debit							
17	17.0	Female	Credit							
18	18.0	Female	Debit							
19	19.0	Male	Cash							
20	20.0	Female	Credit							

[그림 3-15] 데이터창

[3단계] 메뉴에서 [분석(A)] → [기술통계량(E) ▶] → [교차분석(C)...]을 누른다. [행(W)]에는 종속변수인 PAYMENT를, [열(C)]에는 독립변수인 GENDER를 지정한다.

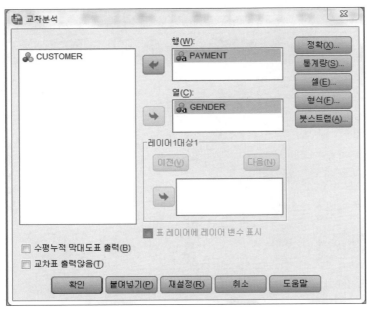

[그림 3-16] 교차분석창

[4단계] 통계량(S)... 을 누르고 ☑ 카이제곱(H) 과 ☑ 상관관계(R) 를 체크한다.

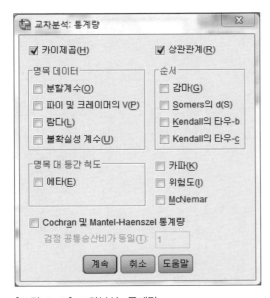

[그림 3-17] 교차분석: 통계량

[5단계] 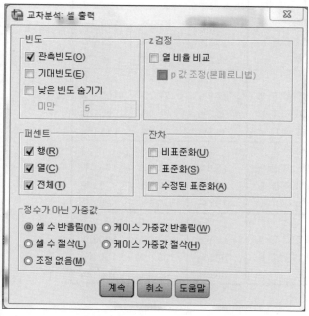 버튼을 누르면 앞의 [그림 13-16]으로 이동한다. 여기서 셀(E)... 을 누른 다음 ☑행(R), ☑열(C), ☑전체(T) 를 체크한다.

[그림 3-18] 교차분석: 셀 출력

[6단계] 계속 버튼을 누르면 앞의 [그림 3-16]으로 이동한다. 여기서 확인 버튼을 누르면 분석결과가 나타난다.

PAYMENT * GENDER 교차표

			GENDER		전체
			Female	Male	
PAYMENT	Cash	빈도	2	5	7
		PAYMENT 중 %	28.6%	71.4%	100.0%
		GENDER 중 %	16.7%	62.5%	35.0%
		전체 %	10.0%	25.0%	35.0%
	Credit	빈도	7	2	9
		PAYMENT 중 %	77.8%	22.2%	100.0%
		GENDER 중 %	58.3%	25.0%	45.0%
		전체 %	35.0%	10.0%	45.0%
	Debit	빈도	3	1	4
		PAYMENT 중 %	75.0%	25.0%	100.0%
		GENDER 중 %	25.0%	12.5%	20.0%
		전체 %	15.0%	5.0%	20.0%
전체		빈도	12	8	20
		PAYMENT 중 %	60.0%	40.0%	100.0%
		GENDER 중 %	100.0%	100.0%	100.0%
		전체 %	60.0%	40.0%	100.0%

[그림 3-19] 교차표

결과 해석 1 편의점을 이용한 고객은 모두 20명이며, 이 중 여성은 12명, 남성은 8명임을 알 수 있다. 결제방식은 현금결제(Cash)가 7명, 신용카드(Credit)가 9명, 현금카드(Debit)가 4명임을 알 수 있다. 여성고객 중 신용카드방식을 이용한 사람은 7명이고, 남성은 현금결제방식을 가장 선호하는 것으로 나타났다. 여성고객 중 현금을 사용하는 2명은 전체(7명) 현금사용자 중 28.6%(2명/7명)이고, 여성 12명 중 16.7%(2명/12명)에 해당한다. 또한 전체 20명 중 10%(2명/20명)에 해당한다. 다른 셀에 있는 수치의 해석방법은 앞에서 설명한 방법과 동일하게 진행하면 된다.

카이제곱 검정

	값	자유도	점근 유의확률 (양측검정)
Pearson 카이제곱	4.441[a]	2	.109
우도비	4.511	2	.105
유효 케이스 수	20		

a. 5 셀 (83.3%)은(는) 5보다 작은 기대 빈도를 가지는 셀입니다. 최소 기대빈도는 1.60입니다.

대칭적 측도[a]

	값
유효 케이스 수	20

a. 상관계수 통계량은 숫자 데이터에 대해서만 사용 가능합니다.

[그림 3-20] 카이제곱 검정

결과 해석 2　Pearson 카이제곱 통계량은 4.441이고 자유도(df)=2(3−1)(2−1)이다. 자유도는 $(r-1)(c-1)$이다. 여기서 r은 행의 개수, c는 열의 개수이다. 행에서 자유도의 손실이 있는 한계확률을 계산할 때 그 합이 1.0이기 때문이다. 합이 주어진 상태에서 $r-1$개의 한계확률이 독립적으로 추정되면 나머지 한 개는 자동으로 구할 수 있다. 즉, $r-1$개의 확률을 모두 더한 후에 1에서 빼면 나머지 한 개의 한계확률값을 자동으로 알 수 있다. 따라서 행의 자유도는 독립적인 추정값 개수인 $r-1$개이다. 점근 유의확률은 0.109이다.

H_0: 결제방식은 성별과 독립적이다. $p = 0.109 > \alpha = 0.05$

H_1: 결제방식은 성별과 독립적이지 않다.

$p = 0.109 > \alpha = 0.05$이므로 귀무가설이 채택됨을 알 수 있다. 즉, 성별과 결제방식은 연관이 없다는 귀무가설을 채택한 것이다. 이 결과에 따라 편의점 관계자는 성별에 따라 결제방식이 서로 다름을 확인할 수 있다.

상관계수는 성별(GENDER)과 결제방식(PAYMENT)이 질적변수이기 때문에 여기서는 계산되지 않았다.

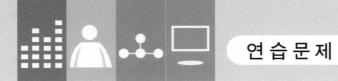

다음은 성별에 따른 학점을 나타낸 자료이다.

GRADE	GENDER	GRADE	GENDER
B	Male	C	Female
A	Female	A	Male
B	Female	A	Female
C	Male	B	Male
B	Male	B	Female
B	Female	B	Male
A	Female	C	Male
C	Female	A	Female
B	Male	B	Male
C	Male	A	Male
A	Female	B	Female
B	Male	B	Female

[데이터: ex3-1.xlsx]

1. 엑셀에서 피벗 테이블을 만들어 보아라.

2. SPSS 프로그램을 이용하여 교차분석을 실시하고 결과를 해석해 보자.

4장

평균 비교

1. 독립적인 t-검정의 검정 개념을 이해하고 분석할 수 있다.
2. 비독립적인 쌍체비교 분석을 이해하고 분석할 수 있다.
3. 일원분산분석을 실행할 수 있다.
4. 이원분산분석을 이해하고 실행할 수 있다.

4.1 두 모집단의 평균차 추론: 독립표본

4.1.1 개념 설명

두 모집단을 비교하는 데 가장 많이 사용하는 것이 두 평균 간의 차이를 추정하는 것이다. A, B 두 회사는 모두 같은 종류의 배터리를 생산하고 있다. 각 모집단은 정규분포를 보이며, 평균은 각각 μ_1, μ_2이고, 분산은 σ_1^2, σ_2^2이라고 한다.

회사	평균수명	분산
A	μ_1	σ_1^2
B	μ_2	σ_2^2

두 회사가 생산하는 배터리의 평균수명을 비교하기 위하여 표본크기 n_1, n_2를 각각 추출했을 때 그 표본의 평균을 각각 $\overline{X_1}$, $\overline{X_2}$라고 하자. A회사의 배터리 모집단에서 추출된 평균의 표본분포는 정규분포를 보이며, 평균과 분산은 다음과 같다.

$$\mu_{\overline{X_1}} = \mu_1 \tag{4.1}$$

$$\sigma_{\overline{X_1}} = \frac{\sigma_1^2}{n_1}$$

마찬가지로 B회사의 배터리 모집단에서 추출된 평균의 표본분포는 정규분포를 보이며, 평균과 분산은 다음과 같다.

$$\mu_{\overline{X_2}} = \mu_2 \tag{4.2}$$

$$\sigma_{\overline{X_2}} = \frac{\sigma_2^2}{n_2}$$

평균의 표본분포를 보면 그 평균의 모집단의 것과 같다. 그러나 표준오차는 작아지기 때문에 표본분포는 폭이 좁아지면서 위로 뾰족하다. $\overline{X_1}$와 $\overline{X_2}$의 분포가 이 그림과 같을 때 두 모집단의 평균차는 $\mu_1 - \mu_2$이다. 이 차이의 점추정량은 $\overline{X_1} - \overline{X_2}$이다. 따라서 두 모집단의 평균차 추정은 두 표본의 평균차로 주어진다.

만약 A, B 두 회사의 표본분포가 독립적인 정규분포라고 가정하면, $\overline{X_1} - \overline{X_2}$ 분포는 정규분포를 이루며 다음 세 가지 특징을 가진다.

① 평균차 분포의 기대값 또는 평균 $\mu_{\overline{X_1}} - \mu_{\overline{X_2}}$는 두 모집단의 평균차와 같다.

$$\mu_{\overline{x_1} - \overline{x_2}} = E(\overline{X_1}) - E(\overline{X_2}) = \mu_1 - \mu_2 \tag{4.3}$$

② 표본 평균차 분포의 분산 $\sigma^2_{\overline{x_1} - \overline{x_2}}$는 각 평균의 분산의 합과 같다.

$$\sigma^2_{\overline{x_1} - \overline{x_2}} = \mathrm{Var}(\overline{X_1}) + \mathrm{Var}(\overline{X_2})$$

$$= \frac{\sigma_1^2}{n_1} + \frac{\sigma_2^2}{n_2} {}^* \tag{4.4}$$

그리고 평균차의 분산의 제곱근인 표준오차 $\sigma_{\overline{x_1} - \overline{x_2}}$는

$$\sigma_{\overline{x_1} - \overline{x_2}} = \sqrt{\frac{\sigma_1^2}{n_1} + \frac{\sigma_2^2}{n_2}} \tag{4.5}$$

이다.

③ 만약 두 모집단이 모두 정규분포이면 표본 평균차의 분포도 정규분포이다. 두 모집단이 정규분포가 아니더라도 각 표본의 크기가 30 이상으로 충분히 큰 경우에는 중심극한 정리에 의하여 표본 평균차는 정규분포에 가까워진다.

따라서 두 모집단에서 각각 표본을 뽑았을 때 그 평균차의 표본분포는 다음과 같다.

---

* $\sigma^2_{\overline{X_1} - \overline{X_2}} = \mathrm{Var}(\overline{X_1} - \overline{X_2}) = E[(\overline{X_1} - \overline{X_2}) - (\mu_1 - \mu_2)]^2 = E(\overline{X_1} - \overline{X_2})^2 = E[(\overline{X_1} - \mu_1) - (\overline{X_2} - \mu_2)]^2$

$E(\overline{X_1} - \mu_1)^2 + E(\overline{X_2} - \mu_2)^2 - 2E(\overline{X_1} - \mu_1)(\overline{X_2} - \mu_2) = \sigma^2_{\overline{X_1}} + \sigma^2_{\overline{X_2}}$이다.

왜냐하면 $E(\overline{X_1} - \mu_1)(\overline{X_2} - \mu_2) = \mathrm{Cov}(\overline{X_1}, \overline{X_2})$이며, 두 변수가 서로 독립적이면 $\mathrm{Cov}(\overline{X_1}, \overline{X_2}) = 0$이 되기 때문에 $\mathrm{Cov}(\overline{X_1}, \overline{X_2})$는 공분산으로서 두 변수의 상관관계를 나타낸다.

두 평균차의 표본분포

평균: $\mu_{\overline{x_1}-\overline{x_2}} = \mu_1 - \mu_2$ (4.6)

분산: $\sigma^2_{\overline{x_1}-\overline{x_2}} = \dfrac{\sigma_1^2}{n_1} + \dfrac{\sigma_2^2}{n_2}$ (주의: +부호)

$\therefore (\overline{X_1} - \overline{X_2}) \sim N\left(\mu_1 \sim \mu_2, \dfrac{\sigma_1^2}{n_1} + \dfrac{\sigma_2^2}{n_2}\right)$

일반적으로 두 집단의 σ_1^2과 σ_2^2을 모르지만 같다고 가정하고, 소표본의 경우(각각 $n<30$)는 독립적인 t-검정을 실시하고, 대표본의 경우에는 z-검정을 실시한다. 두 모집단의 표본크기가 각각 30보다 작은 소표본의 경우 두 모집단에 대한 가정을 보면 다음과 같다. 두 모집단은 독립적이며 정규분포를 보인다. 그리고 모분산은 알려져 있지 않지만 동일하다고 가정한다. 그러면 평균차의 분포는 z분포가 아니라 t분포를 이룬다.

$\mu_1 - \mu_2$에 대한 추론에 사용될 통계량은 앞의 경우와 마찬가지로 $\overline{X_1} - \overline{X_2}$이다. $\overline{X_1} - \overline{X_2}$의 평균과 분산은 다음과 같다.

$$E(\overline{X_1} - \overline{X_2}) = \mu_1 - \mu_2$$

$$\mathrm{Var}(\overline{X_1} - \overline{X_2}) = \frac{\sigma_1^2}{n_1} + \frac{\sigma_2^2}{n_2} = \sigma^2\left(\frac{1}{n_1} + \frac{1}{n_2}\right)$$

여기서, $\sigma_1^2 = \sigma_2^2 = \sigma^2$으로 가정하였다. 공통분산인 σ^2에 대한 합동추정량(pooled estimator of variance)은 표본을 통하여 계산한다. 합동추정량은 S_P^2으로 표기하며 다음과 같다.

$$S_P^2 = \frac{\sum(X_{1i} - \overline{X_1})^2 + \sum(X_{2i} - \overline{X_2})^2}{(n_1 - 1) + (n_2 - 1)} = \frac{(n_1 - 1)S_1^2 + (n_2 - 1)_2 S_2^2}{n_1 + n_2 - 2} \tag{4.7}$$

여기서, X_{1i}와 X_{2i}는 각 집단의 관찰값을 의미한다.

평균차의 표준오차는

$$S_{\overline{X_1} - \overline{X_2}} = \sqrt{S_P^2\left(\frac{1}{n_1} + \frac{1}{n_2}\right)} = S_P\sqrt{\left(\frac{1}{n_1} + \frac{1}{n_2}\right)} \tag{4.8}$$

이다. 따라서 소표본의 t통계량은

$$t = \frac{(\overline{X_1} - \overline{X_2}) - (\mu_1 - \mu_2)}{S_{\overline{X1} - \overline{X2}}} = \frac{(\overline{X_1} - \overline{X_2}) - (\mu_1 - \mu_2)}{S_P \sqrt{\dfrac{1}{n_1} + \dfrac{1}{n_2}}} \tag{4.9}$$

이며 자유도 $df = (n_1 - 1) + (n_2 - 1) = n_1 + n_2 - 2$인 t분포를 이룬다.

두 모집단의 평균차에 대한 신뢰구간을 구하면 다음과 같다.

$\mu_1 - \mu_2$의 $100(1 - \alpha)\%$ 신뢰구간(σ_1^2과 σ_2^2은 모르지만 같다고 가정, 소표본인 경우)

$$\mu_1 - \mu_2 \in (\overline{X_1} - \overline{X_2}) \pm t_{\left(\frac{\alpha}{2}, n-1\right)} \cdot S_{\overline{X_1} - \overline{X_2}} \tag{4.10}$$

여기서, $S_{\overline{X_1} - \overline{X_2}} = \sqrt{S_P \left[\dfrac{1}{n_1} + \dfrac{1}{n_2} \right]}$

$$S_P^2 = \frac{(n_1 - 1)S_1^2 + (n_2 - 1)_2 S_2^2}{n_1 + n_2 - 2} \quad (t\text{의 자유도} = n_1 + n_2 - 2)$$

여기서, S_P^2은 합동추정량이다.

 ## 4.2 Excel을 이용한 풀이

[예제 4.1] 서로 경쟁관계에 있는 A, B 고등학교에서 수학실력을 비교하기 위하여 같은 유형의 문제로 시험을 쳤다. 두 학교의 실력 차이를 파악하기 위하여 시험성적을 표본으로 각각 10명씩 임의로 추출하였다. 유의수준 $\alpha = 0.05$에서 두 학교 학생의 수학실력 차이가 있는지 검정하여라. 두 모집단은 독립적이고 정규분포를 이룬다. 또한 두 집단은 분산이 같다고 가정한다.

A학교(1)	85	63	92	40	76	82	85	68	80	95
B학교(2)	98	92	60	83	85	89	70	75	53	80

[1단계] Excel 패키지를 이용해서 분석하려면 다음과 같이 데이터를 입력한다. 다음 그림은 자료 입력화면을 나타낸다.

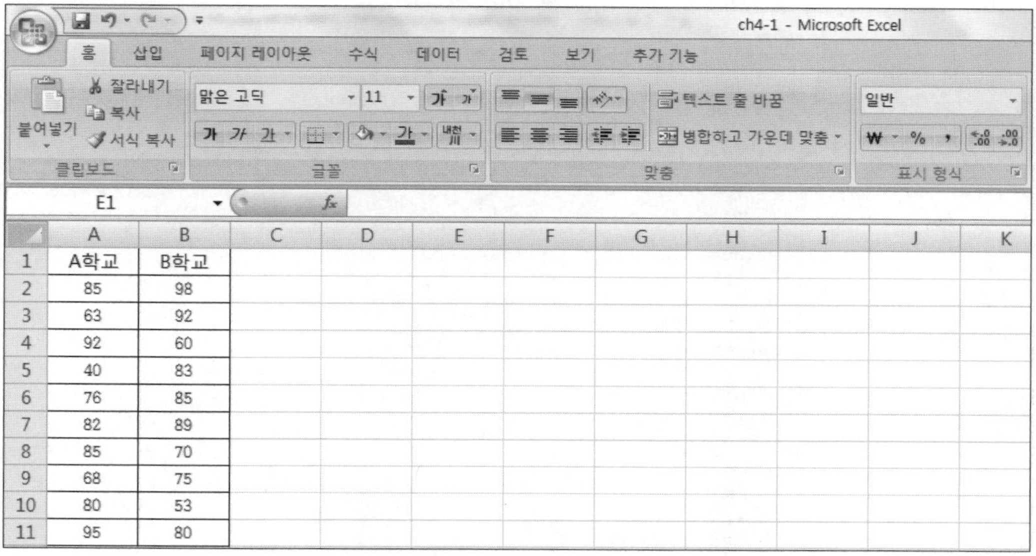

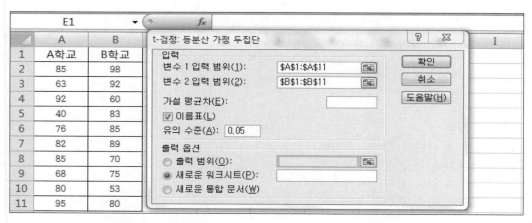

[그림 4-1] 자료 입력화면   [데이터: ch4-1.xlsx]

[2단계] 엑셀창에서 독립적인 두 표본의 평균차를 검정하기 위해서는 다음의 순서로 지정한다.

[데이터] ➡ [데이터 분석] ➡ [t-검정: 등분산 가정 두 집단]

확인 버튼을 누르면 다음 화면이 나타난다.

[그림 4-2] t-검정: 등분산 가정 두 집단

[3단계] **[변수 1 입력범위(1):]**에는 $A$1:$A$11, **[변수 2 입력범위(2):]**에는 $B$1:$B$11을 입력한다. 이름표를 지정한 것은 첫 번째 행이 숫자형 데이터가 아니라 문자열이기 때문이다. 유의수준은 $\alpha = 0.05$이므로 0.05를 입력하였다.

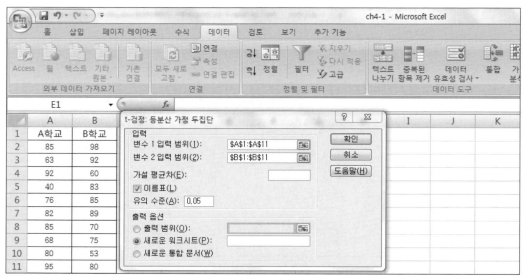

[그림 4-3] 분석 범위 지정

[4단계] 확인 버튼을 누르면 다음과 같은 결과를 얻을 수 있다.

	A	B	C
1	t-검정: 등분산 가정 두 집단		
2			
3		A학교	B학교
4	평균	76.6	78.5
5	분산	261.8222	201.6111
6	관측수	10	10
7	공동(Pooled) 분산	231.7167	
8	가설 평균차	0	
9	자유도	18	
10	t 통계량	-0.2791	
11	P(T<=t) 단측 검정	0.391675	
12	t 기각치 단측 검정	1.734064	
13	P(T<=t) 양측 검정	0.783349	
14	t 기각치 양측 검정	2.100922	

[그림 4-4] 결과창

결과 해석 분석결과 A학교의 평균은 76.6, 분산은 261.8222, 관측 수는 10, 공동분산은 231.7167로 나타났다. B학교에 대한 설명은 A학교의 설명과 동일하다.

모집단의 분산이 동일하다는 가정 아래 t-검정을 실시한 결과, $P(T <= 0.783) > \alpha = 0.05$ 이므로 두 집단 간의 평균이 동일하다는 귀무가설을 채택한다.

4.3 동일 모집단으로부터의 두 표본(쌍체비교)

4.3.1 쌍체비교 개념

앞에서 설명한 두 모집단의 추론 문제에서는 두 표본이 독립적이라고 가정하였다. 즉 한 표본의 관찰값은 다른 표본의 관찰값에 영향을 전혀 주지 않는다는 것이다. 이번에는 두 표본이 독립적이 아닌, 한 표본의 값이 다른 표본의 값과 관련이 있는 쌍체(matched pairs)를 비교하는 문제에 대해 다루기로 한다.

쌍체비교는 동일한 사람이나 사물에 대하여 일정한 시간을 두고 두 번 표본추출하는 경우를 의미한다. 이 경우에는 단순 z-검정 또는 t-검정 대신에 쌍표본 t-검정(paired samples t-test)을 사용한다.

쌍체비교는 상당히 유용한 기법이다. 일반적인 두 표본의 평균차 문제에서는 두 표본이 독립적이라는 것을 반드시 가정해야 하지만, 쌍체비교에서는 이를 가정할 필요가 없으며, 두 모분산이 같다고 가정하지 않아도 된다. 쌍체비교에서 유의할 것은 짝을 잘 맞추는 일이다. 동일한 대상을 계속해서 측정하는 경우에는 별 문제가 없으나, 짝짓는 대상이 다른 경우에는 유의하여야 한다. 예를 들어, 두 가지 치료법을 개발하여 환자를 두 집단으로 나누어 실험을 한다고 하자. 한 치료법으로 치료받은 환자 그룹의 평균값이 다른 치료법으로 치료받은 환자 그룹보다 높아서 전자의 효과가 좋다고 하자. 그러나 전자의 집단이 후자의 집단보다 더 젊거나 건강하다면 두 치료법의 효과는 명확히 판단할 수 없다. 이 경우에는 나이와 건강상태가 같은 두 사람을 한 쌍으로 하여 실험을 하여야 한다. 이렇게 여러 쌍에 대하여 실험을 계속하면 치료효과를 제외한 나이나 건강과 같은 외부효과를 제거할 수 있을 것이다.

4.3.2 쌍체비교 예

[예제 4.2] (주)희경 다이어트 프로그램은 자사가 개발한 식이요법 프로그램이 효과가 있는 지를 알아보고자 한다. 이 프로그램은 한 달 간 실시하며, 회원 중에서 10명을 선발해서 프로그램을 실시하기 전의 체중 X_1과 프로그램을 한 달 간 실시한 후의 X_2를 재어 비교해보았다. 그 결과는 다음과 같다. 식이요법을 통한 체중변화 여부를 $\alpha = 0.05$에서 가설검정하여라.

식이요법 전(X_1)	70	62	54	82	75	64	58	57	80	63
식이요법 후(X_2)	68	62	50	75	76	57	60	53	74	60

[1단계] 엑셀창에 다음과 같이 자료를 입력한다.

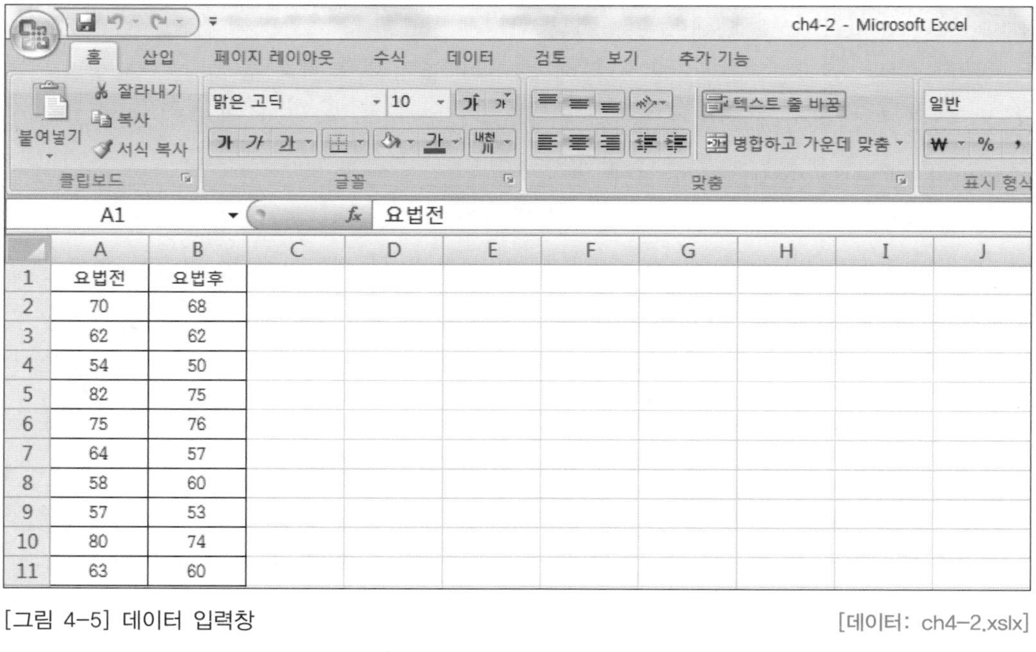

[그림 4-5] 데이터 입력창   [데이터: ch4-2.xslx]

[2단계] 엑셀창에서 독립적인 두 표본의 평균차를 검정하기 위해서는 다음 순서로 지정한다.

[확인] 버튼을 누르면 다음 화면이 나타난다.

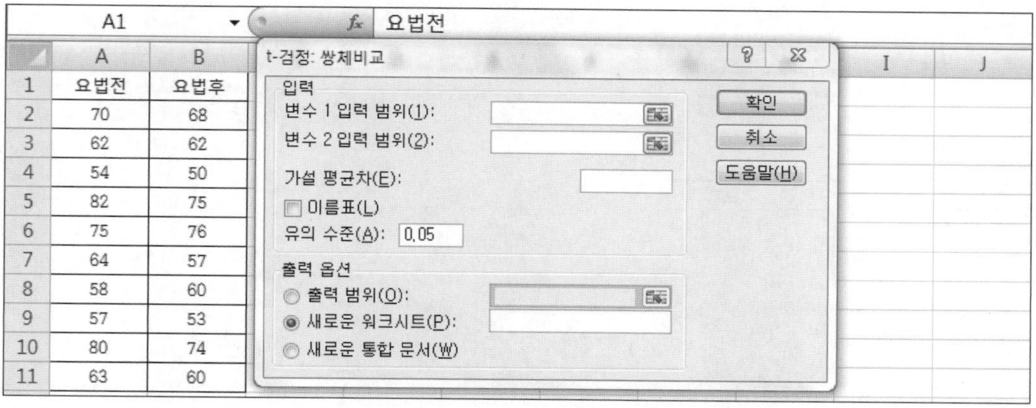

	A	B						I	J
1	요법전	요법후							
2	70	68							
3	62	62							
4	54	50							
5	82	75							
6	75	76							
7	64	57							
8	58	60							
9	57	53							
10	80	74							
11	63	60							

A1 ▾ f_x 요법전

t-검정: 쌍체비교

입력
변수 1 입력 범위(1):
변수 2 입력 범위(2):
가설 평균차(E):
☐ 이름표(L)
유의 수준(A): 0.05

출력 옵션
○ 출력 범위(O):
◉ 새로운 워크시트(P):
○ 새로운 통합 문서(W)

[확인] [취소] [도움말(H)]

[그림 4-6] 입력창

[3단계] [변수 1 입력범위(1):]에는 $A$1:$A$11, [변수 2 입력범위(2):]에는 $B$1:$B$11을 입력한다. 가설평균차(E)에는 '0'을 입력하였는데, 이는 귀무가설(H_0)이 $\mu_1 - \mu_2 = 0$이기 때문이다. 이름표를 지정한 것은 첫 번째 행이 숫자형 데이터가 아니라 문자열이기 때문이다. 유의수준은 $\alpha = 0.05$이므로 0.05를 입력하였다.

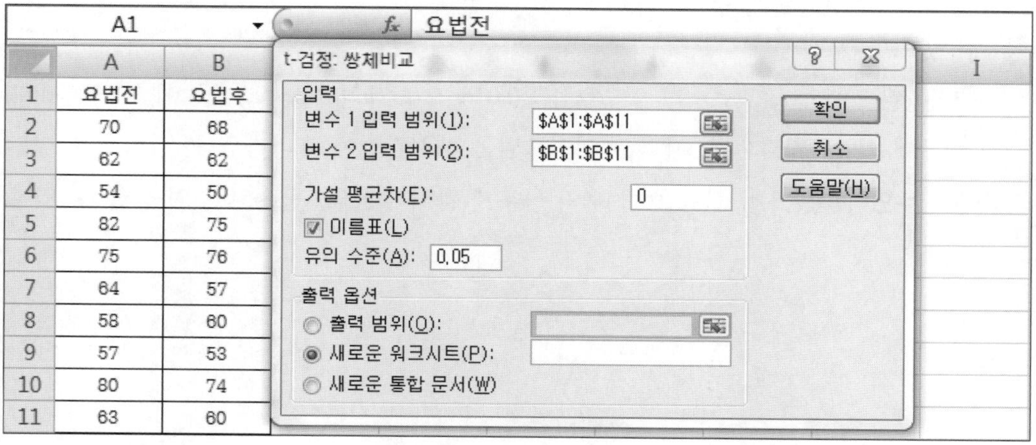

	A	B				I
1	요법전	요법후				
2	70	68				
3	62	62				
4	54	50				
5	82	75				
6	75	76				
7	64	57				
8	58	60				
9	57	53				
10	80	74				
11	63	60				

A1 ▾ f_x 요법전

t-검정: 쌍체비교

입력
변수 1 입력 범위(1): $A$1:$A$11
변수 2 입력 범위(2): $B$1:$B$11
가설 평균차(E): 0
☑ 이름표(L)
유의 수준(A): 0.05

출력 옵션
○ 출력 범위(O):
◉ 새로운 워크시트(P):
○ 새로운 통합 문서(W)

[확인] [취소] [도움말(H)]

[그림 4-7] 지정화면

[4단계] [확인] 버튼을 누르면 다음과 같은 결과를 얻을 수 있다.

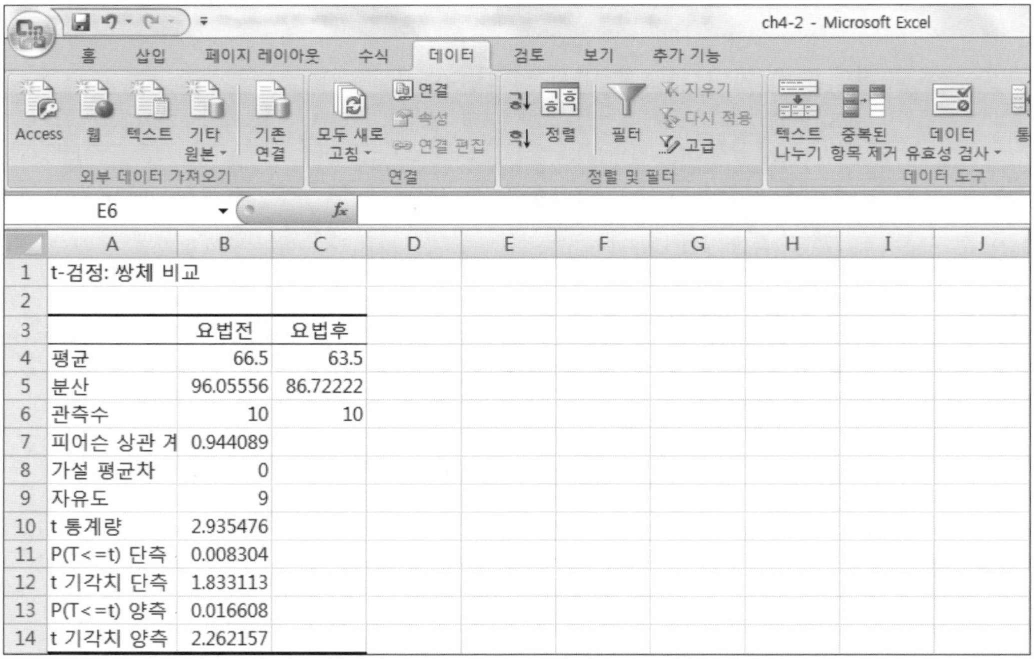

	A	B	C	D	E	F	G	H	I	J
1	t-검정: 쌍체 비교									
2										
3		요법전	요법후							
4	평균	66.5	63.5							
5	분산	96.05556	86.72222							
6	관측수	10	10							
7	피어슨 상관 겨	0.944089								
8	가설 평균차	0								
9	자유도	9								
10	t 통계량	2.935476								
11	P(T<=t) 단측	0.008304								
12	t 기각치 단측	1.833113								
13	P(T<=t) 양측	0.016608								
14	t 기각치 양측	2.262157								

[그림 4-8] 결과화면

결과 해석 분석결과 요법 전의 몸무게 평균은 66.5, 분산은 96.05, 관측 수는 10임을 알 수 있다. 요법 후의 해석은 요법 전의 해석과 동일하다.

요법 전과 요법 후의 피어슨 상관계수는 0.944로, 두 변수의 상관관계는 매우 높다고 할 수 있다.

t-통계량은 2.935, $P(T<=t)$ 양측검정은 0.0166으로 유의확률(sig.)이 $0.017 < \alpha = 0.05$ 이기 때문에 H_0를 기각한다. 따라서 식이요법은 체중감소에 효과가 있는 것으로 나타났음을 알 수 있다. 즉 요법 전과 요법 후의 몸무게 차이가 3(66.5−63.5) kg임을 알 수 있다.

4.4.1 개념

통계분석을 하다 보면 두 개 혹은 그 이상의 여러 변수 관계를 분석할 때가 있다. 이때 변수들은 서로 관계를 가지는데, 어떤 변수들은 다른 변수들에 영향을 주기도 하고 혹은 받기도 한다. 다른 변수에 영향을 주는 변수를 독립변수(independent variable 또는 predictor variable)라 하며, 반대로 영향을 받는 변수를 종속변수(dependent variable 또는 response variable)라고 한다.

앞에서 두 표본 평균차를 기초로 하여 두 모집단의 평균차에 관하여 설명하였다. 그런데 실제 생활이나 학문연구를 할 때 두 개 이상의 여러 모집단을 한꺼번에 비교하는 경우가 있다. 예를 들어, 어느 회사에서는 세 종류의 기계를 설치하여 동일한 제품을 생산한다고 한다. 이들 기계를 각각 기계 I, 기계 II, 기계 III이라고 하였을 때, 생산성을 조사하기 위하여 평균 생산량을 비교 연구하는 경우 분산분석(ANOVA; analysis of variance)기법을 이용할 수 있다. 이 기법은 두 개 이상의 모집단 평균차를 한꺼번에 검정할 수 있게 해준다. 이 예에서 보면 ANOVA는 기계종류라는 하나의 독립변수와 생산량이라는 종속변수 사이의 관계를 연구하는 기법이다.

분산분석 이론에 관하여 설명하기 전에 용어에 대해 먼저 이해하기로 하자. 분산분석은 독립변수(들)에 대한 효과를 분석하는 데 기본적으로 사용된다. 위의 경우에서 기계종류는 독립변수가 되며, 생산량은 종속변수가 된다. 그리고 독립변수를 요인(factor)이라고 부르기도 한다. 한 요인 내에서 실험 개체에 영향을 미치는 여러 가지 특별한 형태를 요인수준(factor level) 또는 처리(treatment)라고 한다. 기계종류를 요인이라고 하면 기계 I, 기계 II, 기계 III은 한 요인 내에서 요인수준 또는 처리가 된다. 위의 예에서와 같이 기계종류라는 단일 요인과 생산량 간의 관계를 분석하는 것을 일원분산분석(one-factor ANOVA)이라고 한다. 이것은 표본자료 조사에 대한 측정을 한 가지 기준으로만 구분하여 분석하는 것이다. 그런데 이 모형에 기계종류뿐만 아니라 남녀라는 성별요인을 추가하여 두 가지 요인이 생산량에 미치는 영향을 조사하게 된다면 이원분산분석(two-factor ANOVA)이 된다. 질적인 독립변수가 2개 이상, 양적인 종속변수가 2개 이상인 경우는 다변량분산분석(MANOVA; Multivariate Data Analysis)이라고 한다.

[표 4-1] 분산분석의 종류

독립변수 개수(질적 변수)	종속변수 개수(양적 변수)	분산분석 명칭
1	1	일원분산분석(one-way ANOVA)
2	1	이원분산분석(two-way ANOVA)
2개 이상	2개 이상	다변량분산분석(MANOVA)

4.4.2 일원분산분석

1) 개념

분산분석을 하기 위해서는 다음과 같은 가정을 판단하여야 한다.

분산분석모형의 가정

– 각 요인수준에 대응하는 모집단은 동일한 분산을 가진다.
– 각 요인수준에 대응하는 모집단은 정규분포이다.
– 각 요인수준에 대한 관찰값들은 임의로 얻어지는 것이며, 서로 독립적이다.

분산분석에서 귀무가설은 모든 표본들이 하나의 동일한 모집단에서 추출되었거나 또는 여러 모집단의 평균이 같다는 것이다. 모집단의 평균이 요인수준에 따라 차이가 없다는 것은 독립변수가 종속변수에 영향을 주지 않는다는 의미와 같다. 앞에서 예로 든 대일정밀의 경우 기계의 종류에 따라 생산량에 변화가 없다는 의미와 같다. 이러한 설명은 다음 장에서 공부할 회귀분석에서 독립변수와 종속변수의 관계를 조사하는 것과 유사한 개념이다.

변화가 있다 또는 없다는 개념을 통계학 용어인 변동으로 대치해 보자. 변동(variation)이란 각 관찰값이 그들의 평균값에서 벗어난 값, 즉 편차를 제곱한 후에 모두 합한 것을 말한다. 변동값이 크면 평균을 기준으로 하여 관찰값들의 변화가 크다는 것을 나타내며, 반대로 작으면 변화가 작다고 할 수 있다. 변동을 총변동, 그룹 간 변동, 그룹 내 변동의 세 가지로 나누어 설명하면 다음과 같다.

(1) 총변동(total variation)

총변동(SST; Sum of Squares Total)은 각 관찰값에서 전체 표본의 평균을 뺀 후에 제곱한 것을 모두 합한 것이다.

$$
\begin{aligned}
총변동\,(SST) &= \sum_j \sum_i (Y_{ij} - \overline{Y})^2 \\
&= \sum_j \sum_i Y_{ij}^2 - Y^2/n
\end{aligned}
\tag{4.11}
$$

(2) 그룹 간 변동(variation between groups)

그룹 간 변동(SSB; Sum of Squares Between groups)은 다음과 같이 계산한다. 각 수준(그룹)의 평균에서 전체 평균을 뺀 후에 제곱을 한다. 그리고 나서 표본크기를 곱한 후에 모두 합하면 된다. 즉 요인수준효과의 제곱합이다. 이것은 기계종류의 요인수준들이 총변동 중에서 설명해 주는 부분을 뜻한다. 그래서 이것을 설명되는 변동이라고도 하며 다음과 같이 계산한다.

$$
\begin{aligned}
그룹\ 간\ 변동\,(SSB) &= \sum_j n_j (\overline{Y_j} - \overline{Y})^2 \\
&= \sum_j (Y_j^2/n_j) - Y^2/n
\end{aligned}
\tag{4.12}
$$

(3) 그룹 내 변동(variation within groups)

그룹 내 변동(SSW; Sum of Squares Within groups)을 계산하려면 특정 요인수준이 그 그룹 내에서 각 관찰값으로부터 그 수준의 평균을 뺀 후에 제곱을 하여 합한다. 이 방법을 나머지 요인수준들에 적용하여 모두 더한다. 그룹 내 변동은 요인수준에 대한 정보를 이용할 때 자료에 남아 있는 불확실성을 반영하는 것이며, 총변동 중에서 요인수준으로도 설명이 안 되는 변동이다.

$$
\begin{aligned}
그룹\ 내\ 변동\,(SSW) &= \sum_j \sum_i (Y_{ij} - \overline{Y_i})^2 \\
&= \sum_j \sum_i (Y_{ij}^2 - Y_j^2/n_i)
\end{aligned}
\tag{4.13}
$$

지금까지 설명한 내용을 정리하면,

총변동

$$SST = SSB + SSW \tag{4.14}$$

이다. 즉, 총변동은 그룹 간 변동과 그룹 내 변동의 합과 같다. 위에서 설명한 바와 같이 분산분석모형의 총변동은 두 요소로 나뉜다. 그룹 간 변동은 전체 평균 $\overline{Y}$에 대한 요인수준 평균 $\overline{Y_j}$의 편차에 근거하면서 요인수준 평균들이 같다면 $SSB = 0$이 된다. 평균차가 클수록 SSB는 커진다.

한편, 그룹 내 변동은 각 요인수준 평균에 대한 관찰값들의 임의변동을 측정한 것이다. 변동이 작을수록 SSW는 작아진다. 만일 $SSW = 0$이라면 한 요인수준에서 관찰값은 모두 같다는 것을 나타내고, 다른 요인수준에서도 마찬가지라고 할 수 있다.

(4) 자유도

총변동을 두 부분으로 나눌 수 있으므로, 이와 관련된 자유도 또한 두 부분으로 나눌 수 있다. 총변동에서 보면 관찰값의 총 개수는 n인데 $(Y_{ij} - \overline{Y})$에 대한 하나의 제약식 $\sum_j \sum_i (Y_{ij} - \overline{Y}) = 0$이 있다. 그래서 SST의 자유도는 $n-1$이다. 그룹 간 변동에는 g개의 요인수준 평균 $\overline{Y_j}$가 있으며 하나의 제약식 $\sum_j n_j (\overline{Y_j} - \overline{Y}) = 0$이 있어서 SSB의 자유도는 $g-1$이다. 그리고 그룹 내 변동에서 j번째 처리의 구성요소를 보면,

$$\sum_{j=1}^{n_j} (Y_{ij} - \overline{Y_j})^2$$

이 되는데, 이에 대한 자유도는 $n_j - 1$이 된다. SSE는 이러한 것이 g개 모여 있는 것이므로, 그 자유도는

$$(n_1 - 1) + (n_2 - 1) + \cdots + (n_g - 1) = n - g$$

가 된다.

위에서 설명한 것을 다시 정리하면 다음과 같다.

변동	자유도	
총변동(SST)	$n-1$	
그룹 간 변동(SSB)	$g-1$	(4.15)
그룹 내 변동(SSW)	$n-g$	

한 가지 더 유의할 점은, 총변동의 자유도는 그룹 간 변동의 자유도와 그룹 내 변동의 자유도를 합한 것과 같다는 것이다. 총변동(SST)의 자유도는 $n-1$이고, 그룹 간 변동 (SSB)의 자유도는 $g-1$, 그룹 내 변동(SSW)의 자유도는 $n-g$이다.

(5) 평균제곱

분산분석에서 변동, 즉 제곱의 합은 직접 사용하지 않고 각 자유도를 나누어서 얻은 값인 평균제곱이 쓰인다. 이것은 분산(variance)의 개념과 같은 것이다. 그룹 간 변동을 그의 자유도로 나눈 것을 그룹 간 평균제곱(MSB; Mean Squares Between groups)이라 하며, 그룹 내 변동을 그의 자유도로 나눈 것을 그룹 내 평균제곱(MSW; Mean Squares Within groups)이라고 한다. 총변동은 평균제곱으로 나타내지 않는다.

평균제곱

$$\text{그룹 간 평균제곱}(MSB) = \frac{SSB}{g-1} \tag{4.16}$$

$$\text{그룹 내 평균제곱}(MSW) = \frac{SSW}{n-g} \tag{4.17}$$

(6) ANOVA table을 이용한 가설검정

지금까지 우리는 총변동, 그룹 간 변동, 그룹 내 변동을 구하고, 그리고 각각의 자유도를 구한 후에 평균제곱을 계산하였다. 이것을 이용하여 분산분석표(ANOVA table)를 만들 수 있는데, 이 표는 분산분석의 가설검정을 위하여 여러 가지 계산과정을 간단하게 알아볼 수 있도록 한 것이다.

[표 4-2] 일원분산분석표

원천	제곱합(SS)	자유도(DF)	평균제곱(MS)	F
그룹 간	$SSB = \sum_{n_j}\left(\overline{Y_j} - \overline{Y}\right)^2$	$g-1$	$MSB = \dfrac{SSB}{g-1}$	$\dfrac{MSB}{MSW}$
그룹 내	$SSW = \sum_{n_j}\left(Y_{ij} - \overline{Y_j}\right)^2$	$n-g$	$MSW = \dfrac{SSW}{n-g}$	
합계	$SST = \sum\sum\left(Y_{ij} - \overline{Y}\right)^2$	$n-1$		

관습적으로 일원분산분석의 가설검정은 모든 요인수준의 평균 μ_j가 같은지의 여부를 결정함으로써 시작된다. 대일정밀의 경우를 예로 들면, 만약 세 종류의 기계에서 생산된 생산량이 같지 않다면 어느 기계가 제일 높은 생산성을 나타내는지를 생각하게 되지만, 생산량이 모두 같다면 더 이상의 분석은 필요하지 않을 것이다. 따라서 가설을 세우면 다음과 같다.

H_0: $\mu_1 = \mu_2 = \mu_3$
H_1: 세 평균이 반드시 같지는 않다.

위의 [표 4-2]에서 보면 오른쪽에 F값이 나와 있다. F값을 결정하는 데는 MSB가 가장 큰 역할을 한다. MSB가 커지면 MSW는 작아지고, 따라서 F값은 커져서 귀무가설을 기각시키게 된다. MSB가 크다는 의미는 그룹 간의 변동차가 커서 각 요인수준의 평균들이 같다고 보기는 어렵기 때문이다. 반대로 MSB가 작으면 각 요인수준의 평균들이 같다고 볼 수 있어서 귀무가설을 채택하게 된다.

2) Excel을 이용한 풀이

[예제 4.3] K교수는 세 가지 종류의 교육방법을 실시하여 학생들의 퀴즈점수를 비교한 후 이 중에서 가장 좋은 교육방법을 선택하기로 하였다. 교육방법 I(신문읽기, 책읽기, 토론), 교육 방법 II(주입식 방법), 교육방법 III(자율학습, 토론)을 실시하여 퀴즈점수를 조사하였다.

[표 4-3] 퀴즈점수

	교육방법 I	교육방법 II	교육방법 III
	25	21	22
퀴즈점수	20	20	20
	25	16	21
	26	15	

위와 같은 자료가 주어졌을 때, 세 가지 교육방법의 효과가 같은지의 여부를 $\alpha = 0.05$에서 검정하여라.

[1단계] 일원분산분석을 실시하기 위해서 다음과 같이 자료를 입력한다.

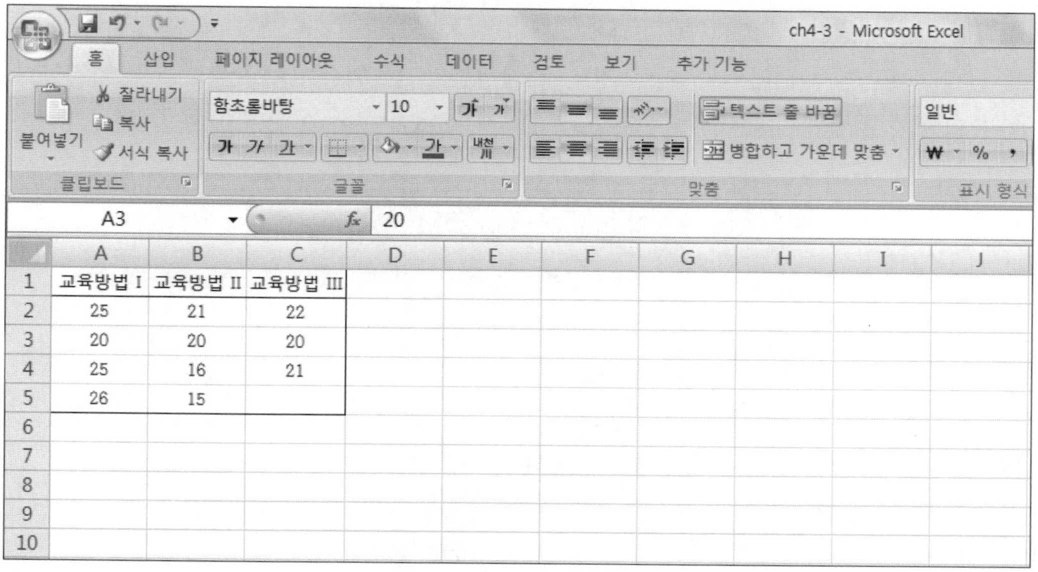

[그림 4-9] 자료입력

[데이터: ch4-3.xlsx]

[2단계] 자료를 입력한 뒤 일원분산분석을 실시하기 위해서는 아래와 같은 순서로 진행한다.

[데이터] ➡ [데이터 분석] ➡ [분산분석: 일원배치법]

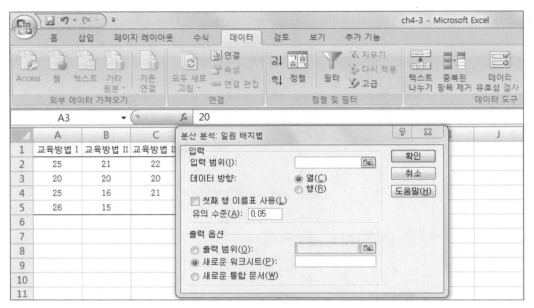

[그림 4-10] 일원분산분석창

[3단계] **[입력범위(I):]**에는 $A$1:$C$5를 입력하고 ☑첫째 행 이름표 사용(L) 을 지정한다. 이때 첫 번째 행은 숫자가 아닌 문자인 경우에 지정한다. **[유의수준(A):]**은 0.05를 지정한다. 그런 다음 확인 버튼을 누르면 다음과 같은 결과를 얻을 수 있다.

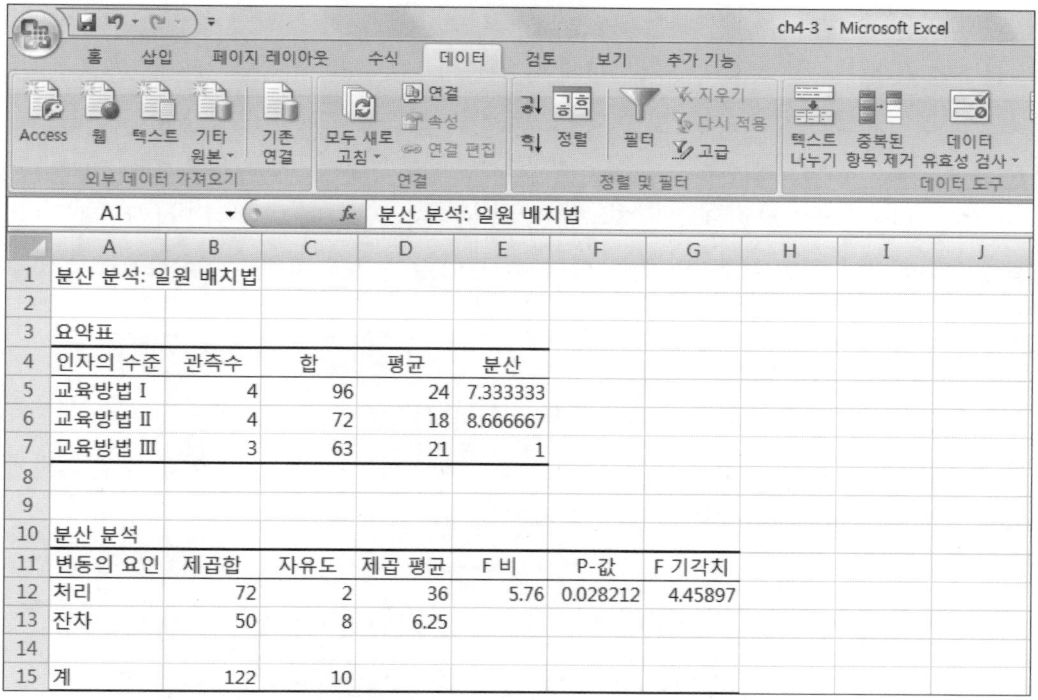

	A	B	C	D	E	F	G
1	분산 분석: 일원 배치법						
2							
3	요약표						
4	인자의 수준	관측수	합	평균	분산		
5	교육방법 I	4	96	24	7.333333		
6	교육방법 II	4	72	18	8.666667		
7	교육방법 III	3	63	21	1		
8							
9							
10	분산 분석						
11	변동의 요인	제곱합	자유도	제곱 평균	F 비	P-값	F 기각치
12	처리	72	2	36	5.76	0.028212	4.45897
13	잔차	50	8	6.25			
14							
15	계	122	10				

[그림 4-11] 일원분산분석-결과화면

결과 해석 교육방법 I의 표본 수(관측 수)는 4, 합은 96, 평균은 24, 분산은 7.333임을 알 수 있다. 교육방법 II, 교육방법 III의 해석은 교육방법 I과 같은 방법으로 실시하면 된다. 분산분석표에 제시된 통계량을 이해하는 것은 매우 중요하다. 각 통계량은 앞에서 구한 결과와 동일한 것을 알 수 있다. F분포(2, 8, 0.05)의 임계치는 $4.46 < 5.760$이므로 세 가지 교육방법의 성적이 동일하다는 귀무가설은 기각된다. 이러한 결과 해석은 F분포의 유의확률이 $0.028 < \alpha = 0.05$인 것으로 재확인할 수 있다.

4.4.3 이원분산분석

(1) 개념

이원분산분석은 질적인 독립변수가 2개 이상이고, 양적인 종속변수가 1개일 경우 적용되는 분석방법이다. 위에서 세 가지 교육방법에 따른 학생들의 성적 차이가 유의한가를 검정하는 방법에 대하여 살펴보았다. 이때 세 가지 교육방법, 즉 3개의 요인수준이 사용되었다. 그러나 성적의 차이를 교육방법에 의한 한 가지 효과만을 생각하지 않고, 추가로 다른 요인을 고려하였을 때 성적 차이는 달라질 수 있을 것이다. 예를 들어, 앞의 일원분산분석의 경우에는 한 종류의 교육방법에 한 사람이 계속 적용한 것을 생각해 볼 수 있으나, 이원분산분석에서는 교육방법 이외에 교육자의 경력을 고려하면 생산성의 차이를 더 잘 알 수 있을 것이다. 일반적으로 일원분산분석법으로 단순한 반복실험을 하는 것보다는 이원분산분석에 의한 방법이 더 많은 정보량을 제공하고 검정력도 좋아진다. 이원분산분석에서는 실험에서 반복이 없는 경우와 반복이 있는 경우를 차례로 알아보기로 하자.

(2) 반복이 없는 이원분산분석모형

교육방법을 경력에 따라 1년, 4년, 8년의 세 가지 수준으로 나눈 경우 교육방법 또한 세 가지 요인수준으로 나눈 상태에서는 9회(3×3=9) 실험을 하게 된다. 이런 경우를 난괴법(randomized block design)이라 하며, 그림으로 나타내면 다음과 같다.

	교육방법 1	교육방법 2	교육방법 3
	1년	4년	8년
교육경력	4년	8년	4년
	8년	1년	1년

[그림 4-12] 난괴법에 의한 작업자 할당

[표 4-4]는 교육방법과 교육자 경력수준에 따른 생산량을 기록한 것이다.

[표 4-4] 생산실적표

교육경력 ＼ 교육방법	교육방법 I	교육방법 II	교육방법 III	합	평균
1년	25	20	21	66	22
4년	28	22	19	69	23
8년	22	18	23	63	21
합	75	60	63	198	
평균	25	20	21		22

일원분산분석에서와 마찬가지로 이원분산분석에서도 모든 요인수준의 관찰값들은 서

로 독립적이라고 가정한다. 두 가지 요인 중에서 요인 1인 교육방법은 g개의 수준을, 요인 2인 경력은 c개의 수준을 가지는 실험계획을 생각해 보자. 예제의 경우에 교육방법 요인은 3개, 교육경력 유형도 3개의 요인수준을 가지고 있다. 이 경우에 유의할 것은 반복이 없는 실험계획이 이루어지고 있다는 점이다.

반복이 없는 경우의 실험계획모형

$$Y_{ij} = \mu + \alpha_i + \beta_j + \epsilon_{ij} \qquad (4.18)$$

여기서, Y_{ij} = 요인 1의 수준 i와 요인 2의 수준 j의 관찰값

μ = 전체 평균

α_i = 요인 1의 고정된 효과

β_j = 요인 2의 고정된 효과

ϵ_{ij} = 요인 1의 수준 i와 요인 2의 수준 j에서의 오차항

$(i = 1, 2, \cdots, g; \ j = 1, 2, \cdots, c)$이며,

$\sum_{i=1}^{g} \alpha_i = \sum_{j=1}^{c} \beta_j = 0$이고 ϵ_{ij}는 독립적이며 $N(0, \sigma^2)$의 분포를 가진다.

반복측정이 없는 경우 이원분산분석모형은 일원분산분석과 마찬가지로 이원분산분석표를 만들어 요인의 유의성을 판단한다. 반복측정이 없는 이원분산분석표는 다음과 같다.

[표 4-5] 반복측정이 없는 이원분산분석표

원천	제곱합(SS)	자유도(DF)	평균제곱(MS)	F
요인 1	$SSA = c\sum_{i=1}^{g}(\overline{Y_i} - \overline{Y})^2$	$g-1$	$MSA = \dfrac{SSA}{g-1}$	$\dfrac{MSA}{MSE}$
요인 2	$SSB = g\sum_{j=1}^{c}(\overline{Y_j} - \overline{Y})^2$	$c-1$	$MSB = \dfrac{SSB}{c-1}$	$\dfrac{MSB}{MSE}$
잔차	$SSW = \sum_{i=1}^{g}\sum_{j=1}^{c}(Y_i - \overline{Y_i} - \overline{Y_j} + \overline{Y})^2$	$(g-1)(c-1)$	$MSE = \dfrac{SSW}{(g-1)(c-1)}$	
합계	$SST = \sum_{i=1}^{g}\sum_{j=1}^{c}(Y_{ij} - \overline{Y})^2$	$gc-1$		

분석자가 요인 1 수준의 평균들이 같은지의 여부에 관심을 가진다면 가설은 다음과 같다.

$$H_0: \mu_1 = \mu_2 = \cdots = \mu_g$$

H_1: 모든 평균이 반드시 같지는 않다.

또는

$$H_0: \alpha_1 = \alpha_2 = \cdots = \alpha_g = 0$$

H_1: 적어도 하나는 0이 아니다.

(3) 엑셀 이용 분산분석

[예제 4.4] 다음은 교육방법과 교육자의 교육경력 수준에 따라 성적을 기록한 것이다.

교육경력 \ 교육방법	교육방법 I	교육방법 II	교육방법 III	합	평균
1년	25	20	21	66	22
4년	28	22	19	69	23
8년	22	18	23	63	21
합	75	60	63	198	
평균	25	20	21		22

이 자료를 토대로 Excel을 이용하여 분산분석을 실시해 보자.

[1단계] 분산분석을 실시하기 위해 다음과 같이 자료를 입력한다.

[그림 4-13] 자료창　　　　　　　　　　　　　　　　　　　　　　　　[데이터: ch4-4.xlsx]

[2단계] 자료를 입력한 뒤 반복측정이 없는 분산분석을 실시하기 위해 다음과 같은 순서로 진행한다.

[데이터] ➡ [데이터 분석] ➡ [분산분석: 반복 없는 이원배치법]

아래 그림은 분산분석의 초기화면이다.

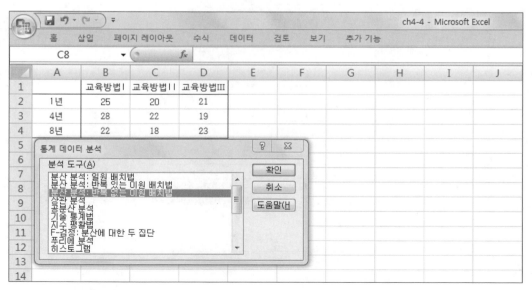

[그림 4-14] 이원분산분석 초기화면

[**3단계**] 위의 화면에서 ☐ 확인 ☐ 버튼을 누르고 [**입력범위(I):**]에는 $A$1:$D$4를 입력하고, ☑ 이름표(L) 를 지정한다. 이때 첫 번째 행이 숫자가 아닌 문자인 경우에 지정한다. [**유의수준(A):**]에는 0.05를 지정한다.

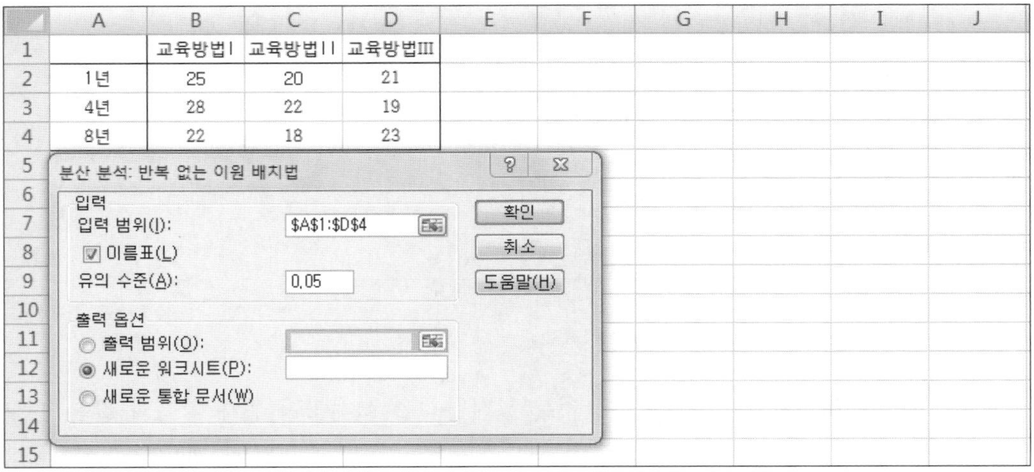

	A	B	C	D	E	F	G	H	I	J
1		교육방법I	교육방법II	교육방법III						
2	1년	25	20	21						
3	4년	28	22	19						
4	8년	22	18	23						

분산 분석: 반복 없는 이원 배치법

입력
입력 범위(I): $A$1:$D$4
☑ 이름표(L)
유의 수준(A): 0.05

출력 옵션
○ 출력 범위(O):
● 새로운 워크시트(P):
○ 새로운 통합 문서(W)

확인
취소
도움말(H)

[그림 4-15] 분산분석: 반복 없는 이원배치법

[**4단계**] ☐ 확인 ☐ 버튼을 누르면 다음과 같은 결과를 얻을 수 있다.

	A	B	C	D	E	F	G	H	I	J
1	분산 분석: 반복 없는 이원 배치법									
2										
3	요약표	관측수	합	평균	분산					
4	1년	3	66	22	7					
5	4년	3	69	23	21					
6	8년	3	63	21	7					
7										
8	교육방법I	3	75	25	9					
9	교육방법II	3	60	20	4					
10	교육방법III	3	63	21	4					
11										
12										
13	분산 분석									
14	변동의 요인	제곱합	자유도	제곱 평균	F 비	P-값	F 기각치			
15	인자 A(행)	6	2	3	0.428571	0.678201	6.944272			
16	인자 B(열)	42	2	21	3	0.16	6.944272			
17	잔차	28	4	7						
18										
19	계	76	8							

[그림 4-16] 분산분석 결과화면

결과 해석 　교육경력 1년의　관측 수(표본 수)는 3, 합은 66, 평균은 22, 분산은 7임을 알 수 있다. 나머지 요약표에 대한 해석은 교육경력 1년에 해당하는 결과와 같은 방법으로 하면 된다.

인자 A(행)의 작업자에 대한 F통계량 $= 0.429$, Sig. $= 0.678 > \alpha = 0.05$이므로 교육자 경력은 성적에 유의한 영향을 미치지 못하는 것으로 나타났다. 즉, 귀무가설(H_0)을 채택한다.

인자 B(열)의 교육방법에 대한 F통계량 $= 3.000$, P값 $= 0.160 > \alpha = 0.05$이므로 교육방법의 차이는 성적에 유의한 영향을 미치지 못하는 것으로 나타났다. 즉, 귀무가설(H_0)을 채택한다.

4.4.4 반복이 있는 이원분산분석모형

(1) 개념

반복이 있는 경우의 실험계획모형은 반복이 없는 경우와 다르게 고려해야 한다. 가령 두 요인, 즉 요인 1과 요인 2를 가진 실험계획을 생각해 보자. 요인 1은 g개의 수준을 가지고 있고, 요인 2는 c개의 수준을 가지고 있다고 하자. 그리고 두 요인의 조합 총 개수 $g \times c$에는 각각 h개의 독립적이면서 반복적인 관찰값이 있다. 예를 들어, 어느 화학공장의 수율(yield)을 연구한다고 하자. 가장 중요한 변수로 압력과 온도가 선택되었다. 압력에는 3개 요인수준, 온도에는 2개의 요인수준이 고려되었다. 각 요인수준의 조합에서는 3회의 실험이 실시되었다. 수율자료는 [표 4-6]과 같다.

[표 4-6] 화학공장의 수율자료

온도 \ 압력	200	250	300
저온	98	108	104
	89	99	111
	86	114	100
고온	99	115	106
	102	109	99
	102	121	92

Y_{ijk}를 요인 1의 수준 i와 요인 2의 수준 j에서의 k번째 관찰값이라고 하자. 연구하는 모형이 요인수준들의 각 조합에서 h개의 반복되는 반응값을 가진다면, 우리는 두 요인의 상호작용을 조사할 필요가 있다. 이것은 반복이 있는 실험계획의 특색이다.

반복이 없는 경우의 실험계획모형

$$Y_{ijk} = \mu + \alpha_i + \beta_j + \alpha\beta_{ij} + \epsilon_{ijk} \qquad (4.19)$$

여기서, $\mu =$ 전체 평균

$\alpha_i =$ 요인 1의 고정된 효과

$\beta_j =$ 요인 2의 고정된 효과

$\alpha\beta_{ij} =$ 요인 1과 요인 2의 상호작용효과

$\epsilon_{ijk} =$ 오차항

$\sum_{i=1}\alpha_i = \sum_{j=1}\beta_j = 0$이고 ϵ_{ij}는 독립적이며 $N(0, \sigma^2)$의 분포를 가진다.

$(i = 1, 2, \cdots, g; j = 1, 2, \cdots, c; k = 1, 2, \cdots, h)$이며,

$\sum_{i=1}^{g}\alpha_i = \sum_{j=1}^{c}\beta_j = \sum_{j=1}^{c}\alpha\beta_{ij} = 0$이며, ϵ_{ijk}는 독립적이고 $N(0, \sigma^2)$의 분포를 가진 확률변수이다.

그러므로 요인 1의 i번째 수준과 요인 2의 j번째 수준에서의 기대값은 다음과 같다.

$$E(Y_{ijk}) = \mu + \alpha_i + \beta_j + \alpha\beta_{ij} \qquad (4.20)$$

(평균반응) (전체 평균) (요인 1의 주요 효과) (요인 2의 주요 효과) (요인 1과 요인 2의 상호효과)

식 (4.20)에서 α와 β는 각각 주요 작용(main effect)이라 하고, $\alpha\beta$는 상호작용효과 (interaction effect)라 한다. 상호작용이 있다는 것은 요인효과들은 부가적인 것이 아니며 두 요인들 사이에 복잡한 작용이 있다는 것을 의미한다. 이 상호작용에 대한 해석이 곤란 할 때도 가끔 있다.

두 요인 사이에 상호작용이 있는지 여부를 알려면 우선 두 요인의 모든 수준들과 기대 반응값을 그림으로 살펴보면 알 수 있다. [그림 4-17]에서 보면 두 요인의 조합은 직선으로 연결되어 있다. 이 꺾은선 그림을 프로파일(profile)이라고 하는데, 이것들은 각 요인에 대하여 만들어진다. 프로파일을 통하여 자료를 분석하는 것을 프로파일 분석이라고 한다.

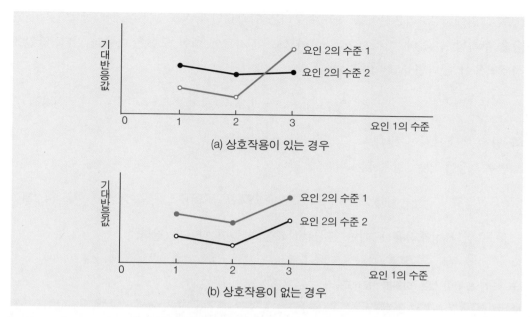

[그림 4-17] 두 요인의 기대반응값에 대한 프로파일

[그림 4-17]에서 (a)와 (b)의 차이는 (a)의 경우 꺾은선이 교차하였으나, (b)의 경우는 평행선으로 그어져 있다는 점이다. 프로파일이 평행인 경우에는 상호작용이 없다고 보며, 정확히 평행이 아니거나 교차하는 경우에는 상호작용이 있다고 추측할 수 있다. 따라서 실험계획모형에서 (a)의 경우에는 $\alpha\beta$를 그대로 유지하나, (b)의 경우에는 $\alpha\beta$를 제거한다. 이와 같이 프로파일 분석은 자료를 일차적으로 분석하는 데 유용하게 쓰인다.

화학공장의 예를 평균값에 의하여 프로파일을 나타내보자. 압력을 요인 1, 온도를 요인 2라고 하면 다음과 같다.

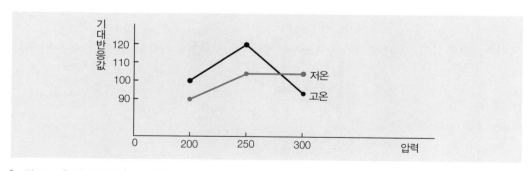

[그림 4-18] 평균수율의 프로파일

위 그림에서 두 꺾은선이 교차하여 우리는 압력요인과 온도요인 사이에 상호작용이 있음을 추측할 수 있다. 따라서 $\alpha\beta \neq 0$이므로 이 자료에 대한 모형은 다음과 같다. 만일에 상호작용이 없다면 $\alpha\beta = 0$이 되어

$$E(Y_{ijk}) = \mu + \alpha_i + \beta_j + \alpha\beta_{ijk} \tag{4.21}$$

와 같은 축소모형이 된다.

반복측정이 있는 경우에는 다음과 같다.

$$SST = SSA + SSB + SSAB + SSW \tag{4.22}$$

두 요인과 상호작용에 대한 분산분석표를 만들면 다음과 같다.

[표 4-7] 반복이 있는 이원분산분석표

원천	제곱합(SS)	자유도(DF)	평균제곱(MS)	F
요인 1	$SSA = ch\sum_{i=1}^{g}(\overline{Y_i} - \overline{Y})^2$	$g-1$	$MSA = \dfrac{SSA}{g-1}$	$\dfrac{MSA}{MSW}$
요인 2	$SSB = gh\sum_{j=1}^{c}(\overline{Y_j} - \overline{Y})^2$	$c-1$	$MSB = \dfrac{SSB}{c-1}$	$\dfrac{MSB}{MSW}$
상호작용	$SSAB = h\sum_{i=1}^{g}\sum_{j=1}^{c}(\overline{Y_i} - \overline{Y_i} - \overline{Y_j} + \overline{Y})^2$	$(g-1)(c-1)$	$MSAB = \dfrac{SSAB}{(g-1)(c-1)}$	$\dfrac{MSAB}{MSW}$
잔차	$SSW = \sum_{i=1}^{g}\sum_{j=1}^{c}\sum_{k=1}^{h}(Y_{ijk} - \overline{Y_{ij}})^2$	$gc(h-1)$	$MSW = \dfrac{SSW}{gc(h-1)}$	
합계	$SST = \sum_{i=1}^{g}\sum_{j=1}^{c}\sum_{k=1}^{h}(Y_{ijk} - \overline{Y})^2$	$gch-1$		

이원분산분석의 경우에 다음과 같은 단계를 밟아가면서 자료를 분석하면 유용하다.

이원분산분석의 절차

1단계: 두 요인에 상호작용이 있는가를 조사한다.

2단계: 만일 상호작용이 없으면, 두 요인을 따로 분석하여 하나씩 조사한다.

3단계: 만일 상호작용이 중요하지 않으면 단계 2로 간다.

4단계: 만일 상호작용이 중요하면 그 자료를 의미 있게 변환하여 그 상호작용을 중요하지 않게 만들 수 있는가를 결정한다. 만일 그렇게 할 수 있다면 자료를 변경한 후에 단계 2로 간다.

5단계: 자료의 의미 있는 변환으로도 상호작용이 중요하다면 두 요인 효과를 합동으로 분석한다.

화학공장의 예에 대하여 가설검정을 실시하여 보자. 먼저 압력과 온도의 두 요인 사이에 상호작용이 있는지 여부를 검정하기 위하여 가설을 세우면 다음과 같다.

$$H_0: \text{모든 } \alpha_{ij} = 0 \quad (i = 1, 2; \; j = 1, 2, 3)$$

$$H_1: \text{모든 } \alpha_{ij}\text{는 절대로 0이 아니다.}$$

다음으로 요인 1인 압력의 주요 효과에 대해 가설을 세우면 다음과 같다.

$$H_0: \mu_1 = \mu_2 = \mu_3$$

$$H_1: \text{세 평균은 절대로 같지 않다.}$$

또는

$$H_0: \alpha_0 = \alpha_2 = \alpha_3 = 0$$

$$H_1: \text{세 } \alpha \text{ 모두 절대로 0이 아니다.}$$

끝으로 요인 2인 온도의 주요 효과에 대한 가설은 다음과 같다.

$$H_0: \mu_1 = \mu_2$$

$$H_1: \mu_1 \neq \mu_2$$

또는

$$H_0: \beta_1 = \beta_2 = 0$$

$$H_1: \text{두 } \beta \text{ 모두 절대로 0이 아니다.}$$

(2) 엑셀 이용 분산분석

[예제 4.5] 어느 화학공장의 수율(yield)을 연구하려고 한다. 가장 중요한 변수로 압력과 온도가 선택되었다. 압력에는 3개의 요인수준, 온도에는 2개의 요인수준을 고려하고 각 요인수준의 조합에서는 3회의 실험이 실시되었다. 수율자료는 다음과 같다.

온도 \ 압력	200	250	300
저온	98	108	104
	89	99	111
	86	114	100
고온	99	115	106
	102	109	99
	102	121	92

[1단계] 화학공장의 수율자료를 입력한다.

	A	B	C	D
1		200	250	300
2	고온	98	108	104
3		89	99	111
4		86	114	100
5	저온	99	115	106
6		102	109	99
7		102	121	92

[그림 4-19] 입력자료

[2단계] 자료를 입력하고, 반복측정이 있는 분산분석을 실시하기 위해서는 다음과 같은 순서로 진행한다.

[데이터] ➡ [데이터 분석] ➡ [분산분석: 반복이 있는 이원배치법]

[3단계] **[입력범위(I):]** 에는 $A$1:$D$7, **[표본당 행 수(R):]** 에는 3을 입력한다. 이는 세 번

반복 실험을 하였기 때문이다. [유의수준(A):]에는 0.05를 지정한다.

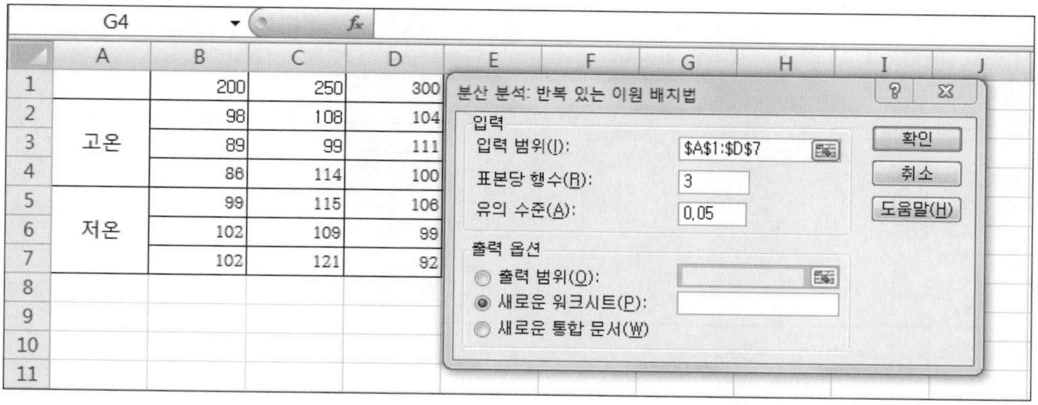

[그림 4-20] 범위 지정

[4단계] 그런 다음 [확인] 버튼을 누르면 다음과 같은 결과를 얻을 수 있다.

	A	B	C	D	E	F	G	H	I
1	분산 분석: 반복 있는 이원 배치법								
2									
3	요약표	200	250	300	계				
4	고온								
5	관측수	3	3	3	9				
6	합	273	321	315	909				
7	평균	91	107	105	101				
8	분산	39	57	31	88.75				
9									
10	저온								
11	관측수	3	3	3	9				
12	합	303	345	297	945				
13	평균	101	115	99	105				
14	분산	3	36	49	79				
15									
16	계								
17	관측수	6	6	6					
18	합	576	666	612					
19	평균	96	111	102					
20	분산	46.8	56.4	42.8					

[그림 4-21] 기술통계 결과

결과 해석 고온에서 압력이 200일 경우의 관측 수는 3, 합은 273, 평균은 91, 분산은 39로 나타났다. 다른 값을 보는 방법도 앞에서와 마찬가지로 행과 열을 잘 비교하면서 볼 수 있다.

	A	B	C	D	E	F	G	H	I	J
22										
23	분산 분석									
24	변동의 요인	제곱합	자유도	제곱 평균	F 비	P-값	F 기각치			
25	인자 A(행)	72	1	72	2.009302	0.181776	4.747225			
26	인자 B(열)	684	2	342	9.544186	0.003307	3.885294			
27	교호작용	228	2	114	3.181395	0.077885	3.885294			
28	잔차	430	12	35.83333						
29										
30	계	1414	17							
31										
32										
33										
34										
35										
36										

[그림 4-22] 분산분석표

결과 해석 위의 분산분석표를 이용한 온도와 압력의 주요 효과와 상호작용효과의 유의성은 F-검정 결과를 통해서 해석이 가능하다. 온도는 Sig = 0.182 > α = 0.05이므로 수율에 유의한 영향을 미치지 못하는 것으로 나타났다. 압력은 Sig = 0.003 < α = 0.05이므로 수율에 유의한 영향을 미치는 것으로 나타났다. 온도와 압력의 상호작용(교호작용)에 대한 결론은 Sig = 0.078 > α = 0.05이므로, 온도와 압력의 두 요인에 상호작용이 없다는 귀무가설을 채택하여 두 요인은 상호작용이 없는 것으로 나타났다. 즉, 상호작용은 중요하지 않다고 해석하면 된다.

1. H자동차는 경기지역과 충청지역의 대리점별 A브랜드 차량의 판매량 차이를 알아보려고 한다. 지역별 5개 대리점 판매량은 다음과 같다. 독립적인 t-검정을 실시하고 $\alpha = 0.05$에서 지역별 판매 차이를 검정하여라.

대리점	1	2	3	4	5
경기	95	89	74	110	75
충청	76	45	78	45	45

2. S제약은 콜레스테롤에 효능이 있는 신약을 개발하였다. 신약의 효능을 확인하기 위해 10명의 동일 표본을 대상으로 신약 복용 전(before)과 후(after)의 LDL콜레스테롤 수치를 조사하였다. 쌍체 t-검정을 실시하고 $\alpha = 0.05$에서 평균차를 검정하여라.

	1	2	3	4	5	6	7	8	9	10
before	187	196	184	180	208	203	184	185	212	206
after	144	146	117	104	104	114	135	105	104	138

3. K-드링크에서는 세 가지 종류의 음료수를 판매한다. 다음 데이터를 보고 제품별 평균차 여부를 $\alpha = 0.05$에서 검정하여라.

A	B	C
62	39	27
40	19	52
61	32	53
54	56	50
	38	

4. 아이스크림을 판매하는 I-Chain은 3개 지점을 보유하고 있다. 요일별·지점별로 판매량을 조사하였다. 요일과 지점별 평균차 여부를 $\alpha = 0.05$에서 검정하여라.

요일	지점 1	지점 2	지점 3
월요일	156	140	130
화요일	169	182	131
수요일	157	177	139
목요일	135	151	132
금요일	158	139	146
토요일	170	213	145
일요일	175	188	171

5장

요인분석

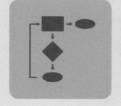
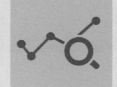

1. 요인분석의 정의를 이해하고 분석을 실시할 수 있다.
2. 요인분석 후 명칭을 부여할 수 있다.
3. 새로 생성된 요인과 종속변수의 관계를 알아보기 위해 회귀분석을 실시할 수 있다.

5.1 요인분석의 개념

5.1.1 요인분석의 의의

요인분석(factor analysis)은 여러 변수들 간의 상관관계를 기초로 하여 정보의 손실을 최소화하면서 변수의 개수보다 적은 수의 요인(factor)으로 자료 변동을 설명하는 다변량 기법이다. 요인분석에서 고려하는 변수들은 독립변수와 종속변수 등으로 구분하지 않는다. 요인분석에서는 변수들 간의 상호 의존적인 관계가 검토된다. 예를 들어, 어떤 회사에서 직무만족도를 측정하기 위하여 100개의 질문항목을 사용했을 때, 이를 10개 정도의 요인으로 묶어 직무만족의 특성을 분석할 수 있을 것이다. 또 요인분석에서 사용하는 요인은 분산분석의 요인과는 의미가 전혀 다르다. 분산분석의 요인은 단일 변수의 의미를 가지지만, 요인분석의 요인은 여러 변수들이 공통적으로 가지고 있는 개념적 특성을 뜻한다.

요인분석이 회귀분석이나 판별분석 등과 같은 다른 다변량분석방법과 다른 점은 독립변수와 종속변수가 지정되지 않고 변수들 간의 상호작용을 분석하는 데 있다. 예컨대, 요인분석에서는 100개의 측정변수를 묶을 때 상관관계가 높은 것끼리 동질적인 몇 개의 요인으로 묶기 때문에 다음과 같은 경우에 사용한다.

① 자료의 양을 줄여 정보를 요약하는 경우
② 변수들 내에 존재하는 구조를 발견하려는 경우
③ 요인으로 묶이지 않는, 중요도가 낮은 변수를 제거하는 경우
④ 동일한 개념을 측정하는 변수들이 동일한 요인으로 묶이는지 확인(측정도구의 타당성 검정)하는 경우
⑤ 요인분석을 통해 얻은 요인들을 회귀분석이나 판별분석에서 변수로 활용하는 경우

요인분석을 실시하는 경우 표본의 수는 적어도 변수 개수의 4~5배가 적당하며, 대체로 50개 이상이 필요하다. 그리고 등간척도나 비율척도로 측정된 것이어야 한다. 요인분석을 실시하기 전에 연구자가 가지고 있는 자료가 요인분석에 적합한지를 조사해야 하는데, 이를 검토하는 방법에는 다음 세 가지가 있다.

첫째, 상관행렬의 상관계수를 살펴본다. 만일 모든 변수 간의 상관계수가 전체적으로 낮으면 요인분석에 부적합하다고 본다. 그러나 일부 변수들 사이에는 비교적 높은 상관관계를 보이는 반면, 다른 변수들 사이에서는 낮은 상관관계를 보인다면, 그 자료는 요인분석에 적합하다고 할 수 있다.

둘째, 모상관행렬이 단위행렬인지를 검정해보아야 한다. 이를 위해서는 바틀렛(Bartlett) 검정이 사용된다. 즉, KMO and Bartlett's test of sphericity를 이용하여 "모상관행렬은 단위행렬이다."라는 귀무가설을 검정할 수 있다. 전체 변수에 대한 표본적합도를 나타내는 KMO(Kaiser-Meyer-Olkin) 통계량을 이용하여 이 귀무가설이 기각되어야 변수들의 상관관계가 통계적으로 유의하다고 볼 수 있으므로 요인분석을 적용할 수 있다.

셋째, 최초 요인 추출단계에서 얻은 고유값을 스크리 차트(scree chart)에 표시하였을 때, 지수함수분포와 같은 매끄러운 곡선이 나타나면 요인분석에 적합하지 않고, 반대로 한 군데 이상에서 크게 꺾이는 곳이 있으면 요인분석에 적합하다고 볼 수 있다.

5.1.2 요인분석 절차

요인분석을 실행하는 절차는 다음과 같이 여섯 단계로 나눌 수 있다.

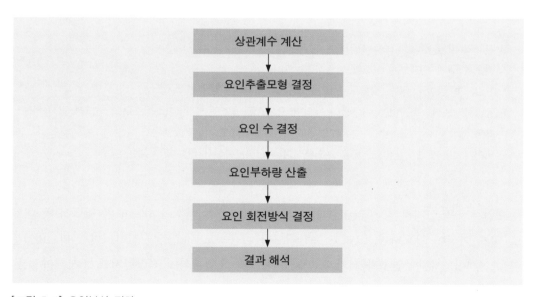

[그림 5-1] 요인분석 절차

(1) 상관관계 계산

자료를 입력한 후 요인분석을 실시하려면 변수 혹은 응답자 간의 상관관계를 계산해야 한다. 이때 변수들 간의 상관관계를 계산하여 몇 개의 차원으로 묶는 경우를 R-유형, 응답자들 간의 상관관계를 계산하는 경우를 Q-유형이라 한다. 일반적으로 사회과학 분야에서는 R-유형이 많이 사용되며, Q-유형을 사용해야 하는 경우에는 대개 이와 유사한 군집분석이 이용된다. Q-유형 요인분석은 군집분석과 유사한 방법으로, 상이한 특성을 갖는 평가자들을 몇몇의 동질적인 몇 개의 집단으로 묶는 방식이다.

(2) 요인추출모형 결정

요인추출모형에는 PCA(Principle Component Analysis, 주성분분석), CFA(Common Factor Analysis, 공통요인분석), ML(Maximum Likelihood), GLS(Generalized Least Square) 등이 있으나 PCA 방식이나 CFA 방식이 널리 이용되고 있다. PCA 방식과 CFA 방식의 차이점은 측정결과 얻은 자료에 나타난 분산구성요소 가운데 어떤 분산을 분석의 기초로 이용하는가에 있다. 분산은 다른 변수들과 공통으로 변하는 공분산(common variable), 변수 자체에 의해서 일어나는 특정분산(specific variable), 그리고 기타 외생변수나 측정오류에 의하여 발생하는 오류분산(error variance)으로 나뉜다. PCA 방식은 정보의 손실을 최소화하면서 보다 적은 수의 요인을 구하고자 할 때 주로 이용되며, 자료의 총분산을 분석한다. CFA 방식은 변수들 간에 내재하는 차원을 찾아냄으로써 변수들 간의 구조를 파악하고자 할 때 이용된다. 이 방식에서는 자료의 공통분산만을 분석한다. 따라서 총분산에서 공통분산이 차지하는 비율이 크거나, 자료의 특성에 대하여 아는 바가 없으면 CFA 방식을 선택하는 것이 좋다.

(3) 요인 수 결정

최초 요인을 추출한 뒤 회전시키지 않은 요인행렬에서 몇 개의 요인을 추출해야 할 것인가를 결정한다. 요인 수를 결정하는 방법에는 연구자가 임의로 요인의 수를 미리 정하는 것 이외에 세 가지 정도로 설명할 수 있다.

① 고유값 기준

고유값(eigenvalue)은 요인이 설명할 수 있는 변수들의 분산 크기를 나타낸다. 고유값이 1보다 크다는 것은 하나의 요인이 변수 1개 이상의 분산을 설명한다는 것을 의미한다. 따라서 고유값이 1 이상인 경우를 기준으로 해서 요인 수를 결정한다. 고유값이 1보다 작다는 것은 요인 1개가 변수 1개의 분산도 설명할 수 없다는 것을 의미하므로 요인으로서의 의미가 없다고 볼 수 있다.

② 공통분산의 총분산에 대한 비율

공통분산(communality)은 총분산 중에서 요인이 설명하는 분산비율을 의미한다. 일반적으로 사회과학 분야에서는 공통분산값이 적어도 총분산의 60% 정도를 설명하는 요인까지를 선정하며, 자연과학 분야에서는 95%까지 포함시키는 경우가 많다. 여기서 60%를 기준으로 요인의 수를 결정한다는 것은 40%의 정보 손실을 감수해야 하는 것을 의미한다.

③ 스크리 검정

스크리 검정(scree test)은 각 요인의 고유값을 세로축에, 요인의 개수를 가로축에 나타내는 것을 말한다. 고유값을 산포도로 표시한 스크리 차트를 지수함수와 비교했을 때 적어도 한 지점에서 지수함수 분포의 형태에서 크게 벗어나는 지점이 추출해야 할 요인의 개수가 된다.

(4) 요인부하량 산출

요인부하량(factor loading)은 각 변수와 요인 사이의 상관관계 정도를 나타내므로, 각 변수는 요인부하량이 가장 높은 요인에 속한다. 사실 요인부하량의 제곱값은 결정계수를 의미하므로, 요인부하량은 요인이 해당 변수를 설명해 주는 정도를 의미한다. 일반적으로 요인부하량의 절대값이 0.4 이상이면 유의한 변수로 간주하고, 0.5를 넘으면 아주 중요한 변수라고 할 수 있다. 그러나 표본의 수와 변수의 수가 증가할수록 요인부하량의 고려 수준은 낮추어야 한다.

(5) 요인회전방식 결정

변수들이 여러 요인에 대하여 비슷한 요인부하량을 나타낼 경우, 어느 요인에 속하는지를 분류하기가 어렵다. 따라서 변수들의 요인부하량이 어느 한 요인에 높게 나타나도록 하기 위하여 요인축을 회전시킨다. 회전방식은 크게 직각회전(orthogonal rotation)과 사각회전(oblique rotation)으로 나눈다. [그림 5-2]는 직각회전의 예를 나타낸 것이다. 이 그림에서 보면 회전 후 변수들이 두 집단으로 나뉘는 형태는 회전 전보다 더 명확하다.

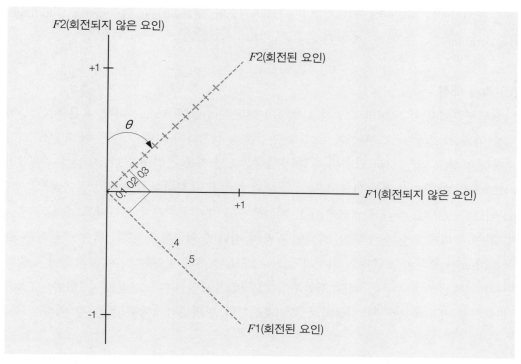

[그림 5-2] 직각회전

① 직각회전방식

회전축이 직각(orthogonal)을 유지하며 회전하므로 요인들 간의 상관계수가 0이 된다. 따라서 요인들의 관계가 서로 독립적이어야 하거나 서로 독립적이라고 간주할 수 있는 경우, 또는 요인점수를 이용하여 회귀분석이나 판별분석을 추가로 실시할 때 다중공선성을 피하기 위한 경우 등에 유용하게 사용된다. 그러나 사회과학 분야에서는 서로 다른 두 개의 개념(요인)이 완전히 독립적이지 못한 경우가 대부분이므로 사각회전방식이 이용된다. 직각회전방식에는 Varimax, Quartimax, Equimax 등이 있는데, 이 중 Varimax 방식이 가장 많이 이용된다. Varimax 방식은 각 변수들의 분산구조보다 각 요인의 특성을 파악할 때 더 유용하다.

② 사각회전방식

사회과학 분야에서는 대부분 요인들 간에 어느 정도의 상관관계가 항상 존재하게 마련이다. 사각회전방식은 요인을 회전시킬 때 요인들이 서로 직각을 유지하지 않으므로 직각회전방식에 비해 높은 요인부하량은 더 높아지고, 낮은 요인부하량은 더 낮아지도록 요인을 회전시키는 방법이다. 비직각회전방식에는 Oblimin(=oblique), Covarimin, Quartimin, Biquartimin 등이 있는데 주로 Oblimin 방식이 이용된다.

(6) 결과 해석

요인행렬에서 각 요인별로 우선 검토하여 어떤 변수들이 높은 부하량, 혹은 낮은 부하량을 가지고 있는지를 조사한다. 그리고 변수들을 검토하여 어떤 변수가 한 요인에 대한 부하량은 높고 다른 모든 요인에 대한 부하량은 낮은가를 점검해 본다. 요인이 추출되면 어느 특정 요인에 함께 묶인 변수들의 공통된 특성을 조사하여 연구자가 주관적으로 요인 이름을 붙인다. 따라서 요인에 대한 해석은 연구자마다 다르게 나타나고, 요인의 추출이 과연 의미가 있는가에 대한 해석도 각자의 판단에 의존하게 된다. 이때 주의해야 할 점은 추출된 요인이 보편적인 지식과 어느 정도 일치해야 한다는 것이다. 요인이 추출되면 각 사례별로 변수들이 선형 결합되어 이루어진 요인점수를 산정할 수 있다. 그리고 이 요인을 새로운 변수로 취급하여 회귀분석이나 판별분석에서 활용할 수 있다.

 5.2 SPSS 이용 실행

[예제 5.1] 다음 자료는 가정주부의 쇼핑행동을 알아보기 위한 것이다. 이를 위해 다음의 생활양식에 관한 질문자료를 7점 척도로 구성하였다(1 = 전혀 동의하지 않음, 7 = 매우 동의함).

$v1$ 나는 외부활동보다는 집에서 조용하게 지내는 것이 좋다.
$v2$ 나는 작은 품목일지라도 항상 가격에 신경을 쓴다.
$v3$ 잡지가 영화보다 재미있다.
$v4$ 나는 게시판에서 광고하는 제품은 구입하지 않을 것이다.
$v5$ 나는 가정적인 사람이다.
$v6$ 나는 쿠폰을 모아서 사용한다.
$v7$ 기업들은 광고에 치중하는 편이다.
y 1주일간 인터넷 쇼핑 이용횟수는 (   )회이다.

v1	v2	v3	v4	v5	v6	v7	y
6	2	7	6	5	3	5	4
5	7	5	6	6	6	4	6
5	3	4	5	6	6	7	4
3	2	2	5	1	3	2	3
4	2	3	2	2	1	3	2
2	6	2	4	3	7	5	3
1	3	3	6	2	5	7	1
3	5	1	4	2	5	6	2
7	3	6	3	5	2	4	4
6	3	3	4	4	6	5	5
6	6	2	6	4	4	7	6
3	2	2	7	6	1	6	3
5	7	6	2	2	6	1	6
6	3	5	5	7	2	1	3
3	2	4	3	2	6	5	2
2	7	5	1	4	5	2	4
3	2	2	7	2	4	6	5
6	4	5	4	7	3	3	4
7	2	6	2	5	2	1	2
2	3	3	2	1	2	6	3

(1) 가정주부들의 행동특성을 나타내는 변수들($v1 \sim v7$)을 이용하여 요인분석을 실시하여라.

(2) 그리고 요인명칭을 부여하여라.

(3) 추출된 요인을 독립변수로, y(1주일간 인터넷 쇼핑 이용횟수)를 종속변수로 하는 회귀분석 결과를 해석하여라.

[1단계] 다음과 같이 SPSS 프로그램창에 자료를 입력한다.

	v1	v2	v3	v4	v5	v6	v7	y	var	var	var	var	var
1	6.00	2.00	7.00	6.00	5.00	3.00	5.00	4.00					
2	5.00	7.00	5.00	6.00	6.00	6.00	4.00	6.00					
3	5.00	3.00	4.00	5.00	6.00	6.00	7.00	4.00					
4	3.00	2.00	2.00	5.00	1.00	3.00	2.00	3.00					
5	4.00	2.00	3.00	2.00	2.00	1.00	3.00	2.00					
6	2.00	6.00	2.00	4.00	3.00	7.00	5.00	3.00					
7	1.00	3.00	3.00	6.00	2.00	5.00	7.00	1.00					
8	3.00	5.00	1.00	4.00	2.00	5.00	6.00	2.00					
9	7.00	3.00	6.00	3.00	5.00	2.00	4.00	4.00					
10	6.00	3.00	3.00	4.00	4.00	6.00	5.00	5.00					
11	6.00	6.00	2.00	6.00	4.00	4.00	7.00	6.00					
12	3.00	2.00	2.00	7.00	6.00	1.00	6.00	3.00					
13	5.00	7.00	6.00	2.00	2.00	6.00	1.00	6.00					
14	6.00	3.00	5.00	5.00	7.00	2.00	1.00	3.00					
15	3.00	2.00	4.00	3.00	2.00	6.00	5.00	2.00					

[그림 5-3] 데이터 입력창   [데이터: ch5-1.sav]

[2단계] 메뉴에서 [분석(A)] → [차원감소(D) ▶] → [요인분석(F)]을 누르면 다음과 같은 요인분석창이 나타난다.

[그림 5-4] 요인분석창

[3단계] 왼쪽의 변수창에서 $v1 \sim v7$까지 변수를 지정하여 오른쪽의 **[변수(V):]**로 보낸다.

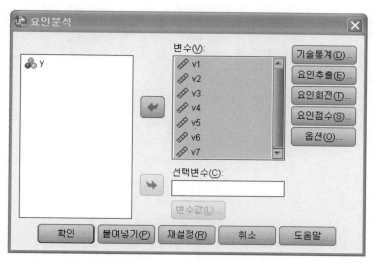

[그림 5-5] 요인분석: 변수지정

[4단계] 선택창에서 기술통계(D)... 를 클릭하고 **[상관행렬]**에서 ☑ 계수(C) 와 ☑ KMO와 Bartlett의 구형성 검정(K) 을 지정한다.

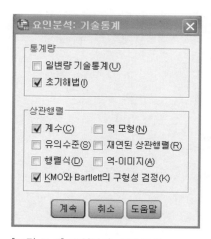

[그림 5-6] 요인분석: 기술통계

[5단계] 계속 을 누르면 [그림 5-5]의 이전 화면으로 이동한다. 여기서 요인추출(E)... 을 클릭하고 **[방법(M):]**은 초기 지정값으로 되어 있는 주성분방법과 요인추출방법을 그대로 유지한다. 분석자는 요인추출을 시각적인 도표로 나타내는 ☑ 스크리 도표(S) 를 지정한다.

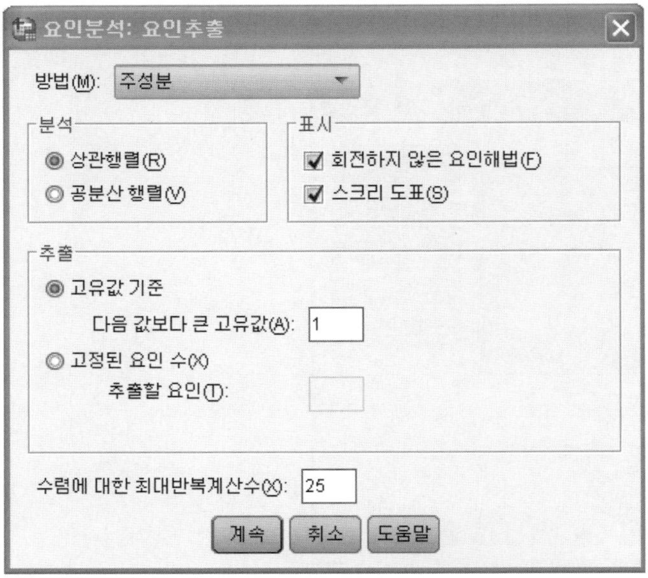

[그림 5-7] 요인분석: 요인추출

[6단계] 계속 을 누르면 [그림 5-5]의 화면으로 이동한다. 요인회전(T)... 을 누른 다음 여기서 요인회전방법 중 대표적인 직각회전방식의 ◉ 베리멕스(V) 를 지정하고 이를 시각화하기 위해 ☑ 적재값 도표(L) 를 지정한다.

[그림 5-8] 요인분석: 요인회전

[7단계] 계속 을 누르면 [그림 5-5]의 화면으로 이동한다. 계산된 요인점수를 확인하고 제2차 분석(회귀분석)에 사용하기 위하여 요인점수(S)... 계산 버튼을 누른다. 여기서 ☑ 변수로 저장(S) , ☑ 요인점수 계수행렬 출력(D) 을 지정한다.

[그림 5-9] 요인분석: 요인점수

[8단계] [계속]을 누르면 [그림 5-5]의 화면으로 이동한다. 여기서 [확인] 버튼을 누르면 결과물을 얻을 수 있다.

상관행렬

		v1	v2	v3	v4	v5	v6	v7
상관계수	v1	1.000	-.067	.587	-.016	.626	-.234	-.333
	v2	-.067	1.000	.061	-.195	.053	.564	-.123
	v3	.587	.061	1.000	-.319	.476	-.099	-.537
	v4	-.016	-.195	-.319	1.000	.258	.018	.524
	v5	.626	.053	.476	.258	1.000	-.169	-.150
	v6	-.234	.564	-.099	.018	-.169	1.000	.230
	v7	-.333	-.123	-.537	.524	-.150	.230	1.000

[그림 5-10] 상관행렬

결과 해석　분석결과를 보면, $v1$(나는 외부활동보다는 집에서 조용하게 지내는 것이 좋다.) 변수를 기준으로 $v3$(잡지가 영화보다 재미있다.) 변수, $v5$(나는 가정적인 사람이다.) 변수의 상관관계가 0.5 이상으로 비교적 높은 것으로 나타났다. $v2$(나는 작은 품목일지라도 항상 가격에 신경을 쓴다.) 변수를 기준으로 $v6$(나는 쿠폰을 모아서 사용한다.) 변수의 상관계수가 0.564로 높음을 알 수 있고, $v4$(나는 게시판에서 광고하는 제품은 구입하지 않을 것이다.) 변수와 $v7$(기업들은 광고에 치중하는 편이다.) 변수는 상관관계가 큼을 알 수 있다.

KMO와 Bartlett의 검정

표준형성 적절성의 Kaiser-Meyer-Olkin 측도.		.574
Bartlett의 구형성 검정	근사 카이제곱	41.382
	자유도	21
	유의확률	.005

[그림 5-11] KMO와 Bartlett의 검정

결과 해석 KMO(Kaiser-Meyer-Olkin)와 Bartlett 검정은 수집된 자료가 요인분석에 적합한지 여부를 판단하는 것이다. KMO값은 표본적합도를 나타내는 값으로, 0.5 이상이면 표본자료는 요인분석에 적합하다고 판단한다.

마찬가지로 Bartlett의 구형성 검정은 변수 간의 상관행렬이 단위행렬인지 여부를 판단하는 검정방법이다. 여기서 단위행렬(identity matrix)은 대각선이 1이고 나머지는 모두 0인 행렬을 말한다. 그리고 유의확률이 $0.005 < \alpha = 0.05$이므로 '변수 간 행렬이 단위행렬'이라는 귀무가설은 기각됨을 알 수 있다. 이는 요인분석이 가능함을 암시하는 것으로, 차후에 요인분석을 계속 진행할 수 있음을 알 수 있다.

설명된 총분산

성분	초기 고유값			추출 제곱합 적재값			회전 제곱합 적재값		
	합계	% 분산	% 누적	합계	% 분산	% 누적	합계	% 분산	% 누적
1	2.527	36.095	36.095	2.527	36.095	36.095	2.185	31.220	31.220
2	1.701	24.307	60.402	1.701	24.307	60.402	1.840	26.283	57.504
3	1.384	19.773	80.175	1.384	19.773	80.175	1.587	22.671	80.175
4	.489	6.992	87.167						
5	.356	5.092	92.259						
6	.324	4.630	96.889						
7	.218	3.111	100.000						

추출 방법: 주성분 분석.

[그림 5-12] 설명된 총분산

결과 해석 공통성(communality)은 변수에 포함된 요인들에 의해서 설명되는 비율이라고 할 수 있다. 각 변수의 초기값과 주성분분석법에 의해 각 변수에 대해 추출된 요인으로 설명되는 비율이 나타나 있다.

요인분석의 목적은 변수의 수를 줄이는 데 있으므로 위에 나타난 요인(성분) 7개를 모두 사용하는 것은 적합하지 않다. 고유값은 몇 가지의 요인이 설명하는 정도를 나타내는 것으로, 모든 요인(성분)의 고유값 합계는 요인분석에 사용된 변수의 수와 같다. 여기서는 7이다.

예를 들어, 요인 1(성분)의 설명력(분산비)은 $\frac{적재값}{문항 수} = \frac{(2.527)}{(7)} = 0.36095$로 약 36%이다. 또한 요인 2(성분)의 설명력(분산비)은 $\frac{(1.701)}{(7)} = 0.24307$로 약 24%이다. 여기서 요인의 고유값은 요인에 속한 각 변수들의 적재값을 제곱하여 더한 것과 같다. 예를 들어, 요인 1의 고유값은 $(0.807)^2 + (-0.017)^2 + (0.850)^2 + (-0.319)^2 + (0.651)^2 + (-0.702)^2 = 2.527$이다. 이는 [그림 5-14]의 성분행렬, 즉 성분(요인)과 요인의 관계를 나타낸 해당 성분행렬에 근거하여 계산된 것이다.

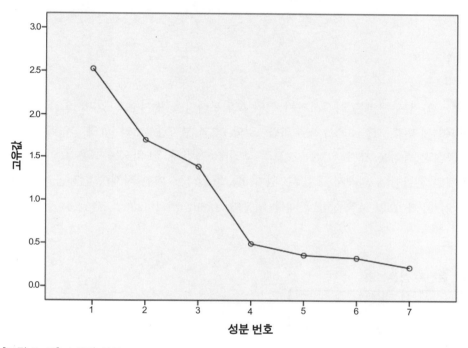

[그림 5-13] 스크리 도표

결과 해석 [그림 5-13]은 고유값의 변화를 보여주는 스크리 도표(scree chart)를 나타낸 것이다. 스크리(scree)란 요인 하나를 더 추가하여 얻어지는 한계값이 요인 하나를 추가할 정도로 큰지를 비교하는 것이다. 가로축은 요인 수, 세로축은 고유값을 나타내는데, 요인(성분) 4부터는 고유값이 크게 작아지고 있다. 이와 같이 고유값이 작아지는 점에서 요인(성분)의 개수를 결정할 수도 있다. 따라서 이 방식에 의해서도 요인(요인)의 개수는 3개가 적당하다. 또한 고유값이 크게 꺾이는 형태를 보이고 있으므로 이 자료를 이용하여 요인분석을 실시해도 무방함을 알 수 있다.

성분행렬ª

	성분		
	1	2	3
v1	.807	.230	.254
v2	-.017	-.738	.524
v3	.850	-.167	.083
v4	-.319	.681	.525
v5	.651	.343	.550
v6	-.367	-.583	.583
v7	-.702	.393	.346

요인추출 방법: 주성분 분석.

a. 추출된 3 성분

[그림 5-14] 성분행렬

결과 해석 이 성분행렬은 회전시키기 전의 요인부하량을 보여주고 있다. 요인(성분) 1, 2, 3에 대하여 세 변수 $v1$, $v3$, $v5$의 부하량, $v4$와 $v7$의 부하량, $v2$와 $v6$의 부하량은 각각 하나의 공통적인 특성을 가지고 있는 것으로 보인다. 예컨대, $v1$의 공통성은 요인과 변수의 상관관계의 제곱합에 의해서 구할 수 있다. 즉, 요인 1에 대한 적재량의 제곱과 $v1$ 변수와 요인 2, $v1$과 요인 3에 대한 적재량 제곱인 $(0.807)^2 + (0.230)^2 + (0.254)^2 = 0.768$ 이다.

회전된 성분행렬ª

	성분		
	1	2	3
v1	.853	-.144	-.141
v2	.058	-.172	.887
v3	.701	-.515	.026
v4	.174	.896	-.088
v5	.902	.176	.002
v6	-.161	.146	.876
v7	-.306	.818	.070

요인추출 방법: 주성분 분석.
회전 방법: Kaiser 정규화가 있는 베리멕스.

a. 4 반복계산에서 요인회전이 수렴되었습니다.

[그림 5-15] 회전된 성분행렬

요인을 회전(rotation)시키는 이유는 변수의 설명축인 요인들을 회전시킴으로써 요인의 해석을 돕기 위해서다. 여러 가지 요인회전방법이 있으나 여기서는 가장 많이 사용하는 배리맥스 직각회전방법을 사용하였다. 일반적으로 직각회전방법은 성분점수를 이용하여 회귀분석이나 판별분석 등을 수행할 경우, 요인(성분) 간에 독립성이 있는 것이 요인들의 공선성에 의한 문제점을 발생시키지 않기 때문이다. 이 결과를 가지고 연구자는 변수의 공통점을 발견하여 각 요인(성분)의 이름을 정하게 된다. 여기서는 제1요인(성분)을 '가정중심적 요인', 제2요인(성분)을 '꼼꼼한 성격 요인', 제3요인을 '경제성 추구 요인'이라고 부르기로 한다. 분석자는 각 요인에 명칭을 부여할 때 예술적인 감각을 발휘할 필요가 있다. 또한 요인을 구성하는 변수의 성격을 보면서 정의한다. 예를 들어, 제1요인 명칭을 가정중심적 요인이라고 한 것은 $v1$(나는 외부활동보다는 집에서 조용하게 지내는 것이 좋다.) 변수, $v3$(잡지가 영화보다 재미있다.) 변수, $v5$(나는 가정적인 사람이다.) 변수에 대한 명칭의 유사성을 고려했기 때문이다.

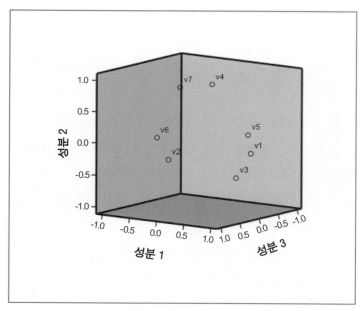

[그림 5-16] 회전공간의 성분도표

요인(성분)이 3개로 구성되고 7개의 변수들이 공간에 위상을 차지하고 있다. 여기서, $v1$, $v3$, $v5$ 변수는 요인 1인 가정중심적 요인에, $v4$, $v7$ 변수는 요인 2인 꼼꼼한 성격 요인에, 그리고 $v2$와 $v6$ 변수는 요인 3인 경제성 추구 요인에 위치하고 있는 것을 볼 수 있다.

성분점수 계수행렬

	성분		
	1	2	3
v1	.391	.017	-.032
v2	.072	-.064	.568
v3	.283	-.209	.052
v4	.188	.533	-.016
v5	.464	.211	.072
v6	.003	.092	.555
v7	-.045	.434	.048

요인추출 방법: 주성분 분석.
회전 방법: Kaiser 정규화가 있는
베리멕스.
요인 점수.

[그림 5-17] 성분점수 계수행렬

결과 해석　요인점수(factor scores)는 각 표본대상자의 변수별 응답을 요인들의 선형결합으로 표현한 값이다. 각 개체들의 요인점수는 다음과 같다.

$$F_{jk} = \sum_{i=1}^{P} W_{ji} Z_{ik}$$

여기서, P는 변수의 개수, Z_{ik}는 표준화된 변수, W_{ji}는 각 변수에 주어지는 가중치, F_{jk}는 개별 표본 대상자의 요인점수이다. 요인점수는 표본 대상자가 각 변수에 대해 응답한 결과를 요인별 가중치를 이용하여 요인 공간상의 점수로 변환시켜 연구자가 각 표본의 요인 공간상의 위치를 파악할 수 있게 해 준다. 요인점수를 계산해 보면 다음과 같다.

요인(성분) 1의 점수 $= (0.391)v_1 + (0.072)v_2 + (0.283)v_3 + (0.188)v_4 + (0.464)v_5 + (0.003)v_6 + (-0.045)v_7$

요인(성분) 2의 점수 $= (0.017)v_1 + (-0.064)v_2 + (-0.209)v_3 + (0.533)v_4 + (0.211)v_5 + (0.092)v_6 + (0.434)v_7$

요인(성분) 3의 점수 $= (-0.032)v_1 + (0.568)v_2 + (0.052)v_3 + (-0.016)v_4 + (0.072)v_5 + (0.555)v_6 + (0.048)v_7$

여기서 각 변수들의 관찰값을 대입하면 대상자별로 요인점수를 구할 수 있다.

성분점수 공분산행렬

성분	1	2	3
1	1.000	.000	.000
2	.000	1.000	.000
3	.000	.000	1.000

요인추출 방법: 주성분 분석.
회전 방법: Kaiser 정규화가 있는
베리멕스.
요인 점수.

[그림 5-18] 성분점수 공분산행렬

 결과 해석　성분점수 공분산행렬이 대각선은 1이고 나머지가 0인 것은 배리맥스방법에 의한 회전방법을 선택하여 직각회전 결과 두 요인 간의 관련성이 0인 단위행렬이기 때문이다. 말하자면, 두 요인은 독립적인 관련성을 가진다고 해석해야 한다.

5.3 요인분석을 이용한 회귀분석

　분석자는 앞에서 찾은 세 가지 요인(성분)이 1주일간 인터넷 쇼핑 이용횟수(y)에 영향을 미치는지를 확인하고 싶을 것이다. 이 경우 해당 요인을 구성하는 그 변수들을 독립변수로 하여 회귀분석을 실시할 수 있다. 그러나 많은 변수들을 몇 개의 요인으로 묶어서 (이 경우에는 2개의 요인이 됨) 회귀분석을 실시하면, 한 차원 더 높은 분석방법을 체득하는 셈이다.

　요인분석이 끝나면, 데이터 편집기창에 다음 그림과 같이 2개의 새로운 요인 '변수'가 추가된다. [그림 5-19]의 데이터 편집기창은 새로이 생성된 요인(성분)을 보여준다.

*ch5-1.sav [데이터집합1] - IBM SPSS Statistics Data Editor

파일(F) 편집(E) 보기(V) 데이터(D) 변환(T) 분석(A) 다이렉트 마케팅(M) 그래프(G) 유틸리티(U) 창(W) 도움말(H)

5 : v1 4.00

	v1	v2	v3	v4	v5	v6	v7	y	FAC1_1	FAC2_1	FAC3_1	var
1	6.00	2.00	7.00	6.00	5.00	3.00	5.00	4.00	1.27312	.44147	-.67668	
2	5.00	7.00	5.00	6.00	6.00	6.00	4.00	6.00	1.18749	.54710	1.66587	
3	5.00	3.00	4.00	5.00	6.00	6.00	7.00	4.00	.70346	1.13663	.51611	
4	3.00	2.00	2.00	5.00	1.00	3.00	2.00	3.00	-1.14239	-.32697	-.97983	
5	4.00	2.00	3.00	2.00	2.00	1.00	3.00	2.00	-.87096	-1.09655	-1.46463	
6	2.00	6.00	2.00	4.00	3.00	7.00	5.00	3.00	-.89576	.26858	1.55161	
7	1.00	3.00	3.00	6.00	2.00	5.00	7.00	1.00	-1.13022	1.03936	.11070	
8	3.00	5.00	1.00	4.00	2.00	5.00	6.00	2.00	-1.14454	.43852	.60954	
9	7.00	3.00	6.00	3.00	5.00	2.00	4.00	4.00	1.06862	-.59621	-.71302	
10	6.00	3.00	3.00	4.00	4.00	6.00	5.00	5.00	.22436	.34418	.35827	
11	6.00	6.00	2.00	6.00	4.00	4.00	7.00	6.00	.33648	1.26992	.67458	
12	3.00	2.00	2.00	7.00	6.00	1.00	6.00	3.00	.14025	1.52771	-1.30417	
13	5.00	7.00	6.00	2.00	2.00	6.00	1.00	6.00	.06957	-1.79417	1.51426	
14	6.00	3.00	5.00	5.00	7.00	2.00	1.00	3.00	1.43349	-.31454	-.73940	
15	3.00	2.00	4.00	3.00	2.00	6.00	5.00	2.00	-.85064	-.27551	.07620	

[그림 5-19] 새롭게 생성된 변수

여기서 요인 1은 FAC1_1, 요인 2는 FAC2_1, 요인 3은 FAC3_1로 생성된 것을 볼 수 있다. 분석자는 회귀분석을 실시하기 전에 각 요인에 대하여 신뢰성 검정을 실시해야 한다. 신뢰성 검정 결과(이 절차는 각자 확인하기 바란다), $v1$, $v3$, $v5$ 변수는 요인 1인 '가정중심적 요인'에, $v4$, $v7$ 변수는 요인 2인 '꼼꼼한 성격 요인'에, 그리고 $v2$와 $v6$ 변수는 요인 3인 '경제성 추구 요인'에 위치하고 있는 것을 볼 수 있다.

이제 세 요인이 '1주일간 인터넷 쇼핑 이용횟수(y)'에 미치는 영향력을 조사하기 위하여 회귀분석을 실시하여 보자. 다음과 같은 순서로 진행하면 회귀분석창이 나타난다.

[분석(A)] ➡ [회귀분석(R)] ➡ [선형(L)]

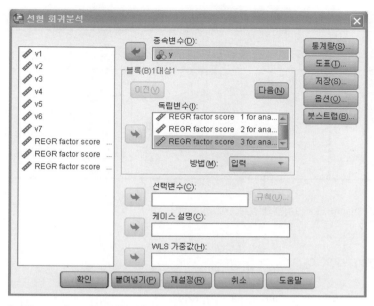

[그림 5-20] 요인분석을 이용한 회귀분석

[그림 5-20]은 종속변수를 나타내기 위해 **[종속변수(D):]**에 y(1주일 인터넷 쇼핑 이용횟수)를 지정하고, 독립변수를 지정하기 위해 **[독립변수(I):]**에 새롭게 생성된 제1요인(성분)인 FAC1_1, 제2요인인 FAC2_1, 제3요인인 FAC3_1을 보낸다. 그런 다음 확인 버튼을 누르면 다음 결과를 얻을 수 있다.

모형 요약

모형	R	R 제곱	수정된 R 제곱	추정값의 표준오차
1	.642[a]	.412	.301	1.22487

a. 예측값: (상수), REGR factor score 3 for analysis 1, REGR factor score 2 for analysis 1, REGR factor score 1 for analysis 1

분산분석[b]

모형		제곱합	자유도	평균 제곱	F	유의확률
1	회귀 모형	16.795	3	5.598	3.732	.033[a]
	잔차	24.005	16	1.500		
	합계	40.800	19			

a. 예측값: (상수), REGR factor score 3 for analysis 1, REGR factor score 2 for analysis 1, REGR factor score 1 for analysis 1
b. 종속변수: y

[그림 5-21] 요인별 인터넷 쇼핑 이용횟수와 회귀분석 결과(계속)

계수^a

모형		비표준화 계수		표준 계수	t	유의확률
		B	표준오차	베타		
1	(상수)	3.600	.274		13.144	.000
	REGR factor score 1 for analysis 1	.620	.281	.423	2.206	.042
	REGR factor score 2 for analysis 1	.146	.281	.100	.520	.610
	REGR factor score 3 for analysis 1	.692	.281	.472	2.462	.026

a. 종속변수: y

[그림 5-21] 요인별 인터넷 쇼핑 이용횟수와 회귀분석 결과

결과 해석 이 결과의 회귀식은 다음과 같다.

$$\hat{Y} = 3.600 + 0.620f_1 + 0.146f_2 + 0.692f_3 \tag{5.1}$$

여기서, $\hat{Y}$=(1주일간 인터넷 쇼핑 이용횟수)$=y$

f_1=요인 1(가정중심적 요인)

f_2=요인 2(꼼꼼한 성격 요인)

f_3=요인 3(경제성 추구 요인)

이 회귀식은 통계적으로 유의하며(유의확률 Sig F=0.033<α=0.05), R^2=0.412로서 총변동의 41.2%를 설명하고 있다. 요인 1(가정중심적 요인)은 통계적으로 유의하며(유의확률=0.042<α=0.05), 요인 2(꼼꼼한 성격 요인)는 통계적으로 유의하지 않은 것으로 밝혀졌다(유의확률=0.610>α=0.05). 또한 요인 3(경제성 추구 요인)은 통계적으로 유의하며(유의확률=0.026<α=0.05), 이에 대한 결과를 그림으로 재구성하면 다음과 같다.

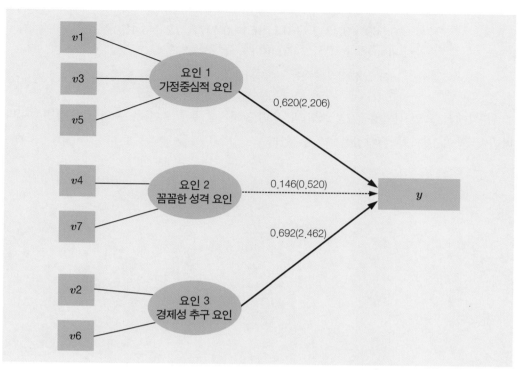

[그림 5-22] 회귀분석 결과　　　　　　　　　　　* 괄호 안의 수치는 t 값을 나타냄.

결론적으로, 1주일간의 인터넷 쇼핑에 유의한 영향을 미치는 요인은 요인 1(가정중심적 요인)과 요인 3(경제성 추구 요인)임을 알 수 있다. 주부를 대상으로 마케팅 전략을 수립하는 실무자는 이 점을 고려하면서 차별적인 전략을 세워야 한다.

그런데, 요인의 타당성과 신뢰성이 확보된 경우, 다음과 같이 단일차원의 요인으로 변환시킬 수도 있다.

$$f_1 = \frac{1}{3}(v_1 + v_3 + v_5) \tag{5.2}$$

$$f_2 = \frac{1}{2}(v_4 + v_7)$$

$$f_3 = \frac{1}{2}(v_2 + v_6)$$

이 세 가지 요인을 가지고 y에 대하여 회귀분석을 실시하면 다음과 같은 결과를 얻는다.

$$\hat{Y} = -0.569 + 0.431f_1 + 0.178f_2 + 0.447f_3 \quad (R^2 = 0.419)$$

$$(-0.409^*) \quad (2.332) \qquad (1.050) \qquad (2.674)$$

*(주) 괄호 안의 수치는 t값을 나타냄.

위 식에서 요인 1(가정중심적 요인)과 요인 3(경제성 추구 요인)은 유의한 독립변수이다. 따라서 앞의 결과와 유사함을 알 수 있다.

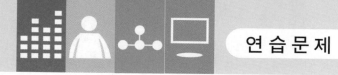
1. 요인분석의 개념과 목적에 대해 서술하여라.

2. 요인분석 후 요인명칭 부여방법에 대하여 설명하여라.

6장

군집분석

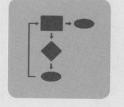
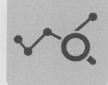

1. 군집분석의 운영원리를 이해한다.
2. 계층적인 군집분석과 비계층적인 군집분석의 정의를 이해한다.
3. 각 군집별 평균차를 보고 각 군집에 명칭부여가 가능하다.

6.1 군집분석의 정의

6.1.1 군집분석이란?

사물을 관찰하다 보면 다양한 특성을 지닌 개체들을 동질적인 집단으로 분류할 필요성이 생긴다. 예를 들어, 동물의 경우 외형적인 조건에 따라 성별을 구분하는 경우에는 명확한 분류기준이 있어 비교적 쉽다고 할 수 있으나, 변수가 많거나 또는 명확한 분류기준이 없는 경우에는 관찰대상들을 분류하는 것이 쉬운 일이 아닐 것이다. 군집분석(cluster analysis)은 다양한 특성을 지닌 관찰대상을 유사성을 바탕으로 동질적인 집단으로 분류하는 데 쓰이는 기법이다.

군집분석은 8장에서 다룰 판별분석과는 다르다. 판별분석에서는 분류하기 전에 미리 집단의 수를 결정할 뿐만 아니라 새로운 관찰대상을 이미 정해진 집단들 중의 하나에 할당하는 것을 목적으로 한다. 그러나 군집분석에서는 집단의 수를 미리 정하지 않는다. 다만 전체 대상들에 대한 유사성이나 거리에 의거하여 동질적인 집단으로 분류한다. 그리고 군집분석은 시장세분화 등에 사용된다. 분류규칙이 불명확하거나 또는 집단의 수를 미리 정하지 않는 경우에는 군집분석이 매우 유용하다. 군집분석은 자료탐색, 자료축소, 가설정립, 군집에 근거한 예측 등과 같은 여러 가지 목적을 가진다.

6.1.2 군집분석의 절차

군집분석은 특성들의 유사성, 즉 특성자료가 얼마나 비슷한 값을 가지고 있는가를 거리로 환산하여 거리가 가까운 대상들을 동일 집단으로 편입시키게 된다. 요인분석이나 판별분석 등이 자료의 상관관계를 이용하여 유사한 집단으로 분류하는 것과 달리, 군집분석은 측정값의 차이만을 이용하는 방법이다.

군집화 방법은 계층적 방법과 비계층적 방법으로 나눈다.

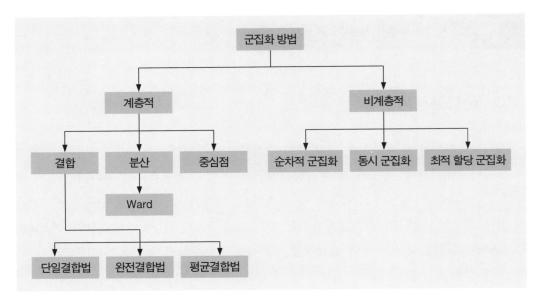

[그림 6-1] 군집분석방법

실제로 군집분석에서는 다음과 같은 질문이 중요시된다.

① 어떠한 특성에 대한 측정값의 차이를 비교할 것인가? (변수 선정문제)
② 어떻게 유사성의 차이를 측정할 것인가? (유사성 측정방법)
③ 어떻게 동질적인 집단으로 묶을 것인가? (군집화 방법)

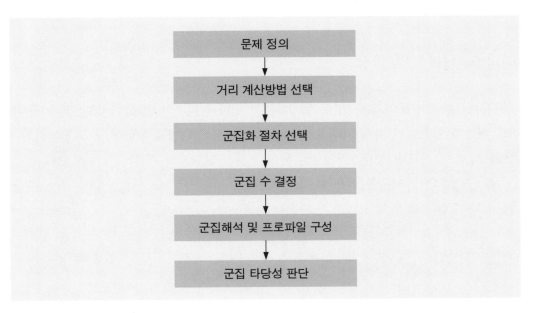

[그림 6-2] 군집방법 순서

1) 변수 선정

변수 선정은 군집분석에서 가장 중요한 문제다. 중요한 변수가 빠지거나 불필요한 변수가 추가되면 변수값들의 유사성 평가에 오류를 범하게 된다. 군집분석에서는 회귀분석이나 판별분석과 같이 의미 없는 변수를 제거할 수 있는 방법이 없기 때문에 선정된 변수는 모두가 동일한 비중으로 유사성 평가에 이용된다. 따라서 변수의 선정이 잘못되면 엉뚱한 결과가 나타날 수 있다. 또한 군집분석에서는 다른 분석방법들과는 달리 최종 결과에 대한 통계적 유의성을 검정할 수 있는 방법이 없기 때문에 더욱 문제가 될 수 있다.

2) 유사성 측정방법

유사성은 각 대상이 지니고 있는 특성에 대한 측정값들을 하나의 거리로 환산하여 측정하게 된다. 거리의 측정방식에는 다음과 같은 세 가지 방식이 있다.

(1) 유클리디안 거리(Euclidean distance)

변수값들의 차이를 제곱하여 합산한 거리, 다차원공간에서 직선최단거리를 말한다. 가장 일반적으로 사용되는 거리측정방법이다.

$$d = \sqrt{\sum_{i=1}^{p}(X_{1i} - X_{2i})^2}$$

$$X_{ji} = 개체 \ j에 \ 대한 \ 변수 \ i의 \ 좌표$$

(2) 유클리디안 제곱거리(Squared Euclidean distance)

유클리디안 거리를 제곱한 거리이다.

$$d = \sum_{i=1}^{p}(X_{1i} - X_{2i})^2$$

(3) 민코프스키 거리(Minkowski distance)

거리를 산정하는 일반식으로서 함수에 포함된 지수들을 조정해 줌으로써 앞에서 언급된 거리뿐만 아니라 다양한 방식의 거리를 구할 수 있다.

$$d = \left[\sum_{i=1}^{p}|X_{1i} - X_{2i}|m\right]^{\frac{1}{m}}$$

민코프스키 거리는 절대값을 사용하는데, 특히 $m=1$일 때 p차원의 두 점 거리는 '도시블록' 거리라고 한다. 그리고 $m=2$일 때에는 유클리디안 거리가 된다. 이 식은 거리를 측정하는 일반식으로서, m은 여러 가지로 자주 변할 수 있어서 다양한 방식의 거리를 구하는 데 이용된다. 그런데, 실제로 대상을 특정짓는 변수의 측정단위는 다른 경우가 대부분이다. 이러한 경우에는 측정자료를 표준화해서 거리를 측정해야 한다.

3) 군집화 방법

대상을 군집화하는 방법에는 알고리즘이 다양하게 있어서 여러 가지가 소개되고 있다. 이 방법을 크게 두 가지로 나누어 보면 계층적 군집화 방법과 비계층적 군집화 방법이 있는데, 계층적 군집화 방법이 널리 이용된다. 계층적 방법에서 군집화 과정은 가까운 대상끼리 순차적으로 묶어 가는 Agglomerative Hierarchical Method(AHM)와 전체 대상을 하나의 군집으로 출발하여 개체들을 분할해 나가는 Divisive Hierarchical Method(DHM)가 있다. 여기에서는 AHM 방식에 대해서 소개한다.

(1) 단일기준 결합방식(single linkage, nearest neighbor)

어느 한 군집에 속해 있는 개체와 다른 군집에 속해 있는 개체 사이의 거리가 가장 가까운 경우에 두 군집이 새로운 하나의 군집으로 이루어지는 방식을 의미한다. 거리가 가장 가깝다는 것은 가장 유사하다는 것을 의미한다.

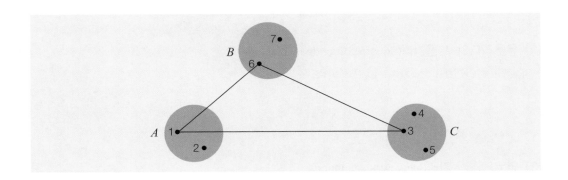

위의 그림에서 대상 1과 6이 가장 가깝기 때문에 군집 A와 군집 B는 새로운 군집을 만들게 된다.

(2) 완전기준 결합방식(complete linkage, furthest neighbor)

완전기준 결합방식은 각 단계마다 한 군집에 속해 있는 대상과 다른 군집에 속해 있는 대상 사이의 유사성이 최대거리로 정해진다. 따라서 앞의 단일기준 결합방식에서 유사성이 최소거리로 정해지는 것과 대조를 보인다.

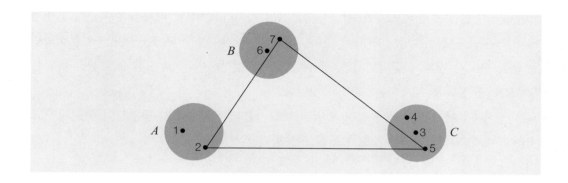

(3) 평균기준 결합방식(average linkage)

평균기준 결합방식은 한 군집 안에 속해 있는 모든 대상과 다른 군집에 속해 있는 모든 대상의 쌍집합에 대한 거리를 평균적으로 계산한다. 이러한 특성만 제외하면 앞에서 설명한 결합방식과 비슷하다. 즉, 제1단계로 거리행렬에서 가까운 거리에 있는(유사한) 두 대상, 예를 들어 A와 B를 선발하여 한 군집(AB)에 편입시킨다.

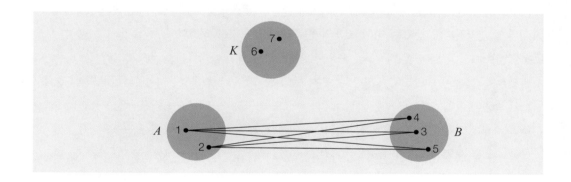

그 다음으로 그 군집 (AB)와 다른 군집 K 사이의 거리를 다음 식에 의하여 계산한다.

$$d_{(AB)K} = \sum_i \sum_j d_{ij} / N_{(AB)} N_K$$

ij는 군집 (AB)의 개체 i와 군집 K의 개체 j 사이의 거리를 의미하며, $N_{(AB)}$와 N_K는 각각 군집 (AB)와 군집 K에 포함된 개체들의 수를 의미한다.

그런데, 비계층적 군집분석은 일반적으로 사용되는 계층적인 군집분석과 달리, 군집화 과정이 순차적으로 이루어지지 않는 군집분석법을 말한다. 비계층적인 군집화 방법을 실행하기 위해서는 중심을 기준으로 군집의 수와 최초 시작점을 지정하여야 한다. 비계층적인 군집방법을 일반적으로 K-평균 군집분석방법이라고 한다. 비계층적인 군집화 방법에서 K-평균 군집분석방법이 가장 많이 사용되고 있기 때문이다. K-평균 군집분석방법은 군집화의 각 단계가 끝나면서 발생하는 오류를 계산하여 주고 오류가 발생하지 않는 방향으로 군집화를 계속하는 것이 특징이다.

본 군집분석에서는 예를 통하여 일반적으로 사용되는 계층적인 군집분석을 실시하고, 나중에 비계층적인 군집분석을 실행하도록 한다.

 ## 6.2 계층적인 군집분석의 SPSS 실행

6.2.1 계층적인 군집분석 예제 실행

[예제 6.1] 남강백화점은 고객의 쇼핑태도에 관한 설문을 근거로 고객들을 군집하려고 한다. 과거의 연구결과를 근거로 하여, 6개의 변수를 측정하기로 하였다.

응답번호(id:　　　)

	전혀 동의 안 함	보통	적극 동의함
($x1$) 쇼핑에 흥미 있음	①-----②-----③-----④-----⑤-----⑥-----⑦		
($x2$) 쇼핑은 가계에 악영향을 끼침	①-----②-----③-----④-----⑤-----⑥-----⑦		
($x3$) 쇼핑을 하면서 외식을 즐김	①-----②-----③-----④-----⑤-----⑥-----⑦		
($x4$) 쇼핑 시 최고 상품을 구입하기 위해 노력	①-----②-----③-----④-----⑤-----⑥-----⑦		
($x5$) 쇼핑에 관심이 없음	①-----②-----③-----④-----⑤-----⑥-----⑦		
($x6$) 쇼핑 시 가격비교를 통해 많은 돈을 절약함	①-----②-----③-----④-----⑤-----⑥-----⑦		

위와 같은 설문지를 통해서 소비자 12명에 대해 조사한 결과는 다음과 같다.

[표 6-1] 쇼핑에 대한 태도조사 자료

id	$x1$	$x2$	$x3$	$x4$	$x5$	$x6$
1	2	3	2	4	7	2
2	4	6	3	7	2	7
3	3	7	2	6	4	3
4	4	4	7	2	2	5
5	3	5	4	6	4	7
6	6	5	4	2	1	4
7	4	6	4	6	4	7
8	2	2	1	5	4	4
9	5	4	5	4	2	4
10	1	3	2	3	5	3
11	3	5	3	6	4	6
12	2	4	3	3	6	3

[표 6-1]의 자료를 SPSS 데이터창에서 데이터 보기와 변수보기창을 이용하여 입력하면 [그림 6-3]을 얻을 수 있다.

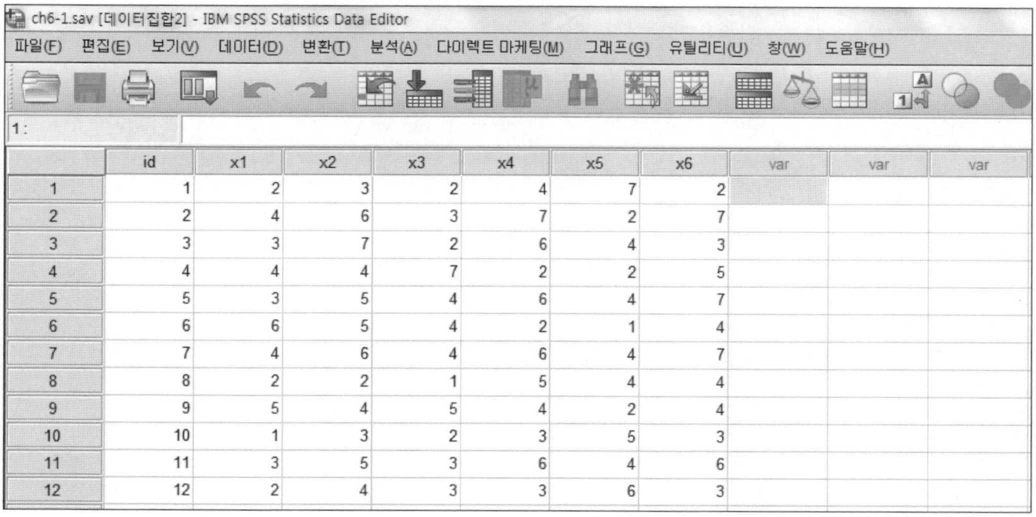

	id	x1	x2	x3	x4	x5	x6	var	var	var
1	1	2	3	2	4	7	2			
2	2	4	6	3	7	2	7			
3	3	3	7	2	6	4	3			
4	4	4	4	7	2	2	5			
5	5	3	5	4	6	4	7			
6	6	6	5	4	2	1	4			
7	7	4	6	4	6	4	7			
8	8	2	2	1	5	4	4			
9	9	5	4	5	4	2	4			
10	10	1	3	2	3	5	3			
11	11	3	5	3	6	4	6			
12	12	2	4	3	3	6	3			

[그림 6-3] 자료입력 화면 [데이터: ch6-1.sav]

[1단계] 자료를 표준화한다. 자료의 표준화란 관찰값의 척도에 관계없이 평균을 0, 분산을 1로 만드는 과정이다. 만약 자료에서 변수의 측정단위가 모두 다른 경우, 군집분석을 하기 위해서는 자료를 표준화해서 사용하여야 한다. 이 자료를 표준화하기 위해서는 다음과 같은 순서로 하면 된다.

[분석(A)] ➡ [기초통계량(E) ▶] ➡ [기술통계(D)...]

이렇게 하면 기술통계창이 열리는데, 여기서 표준화하기 위한 변수를 지정한 후 ☑ **표준화값을 변수로 저장(Z)**을 지정한다. 이어 [확인] 버튼을 누르면 표준화가 되면서 새로운 변수로 저장된다. 연구자는 자료의 단위가 다른 경우, 반드시 표준화를 통한 새로운 변수로 군집화를 해야 하며 이를 잊어서는 안 된다. 여기서는 각 변수가 등간척도로 측정되었기 때문에 변수를 표준화할 필요가 없다.

[2단계] [분석(A)] → [분류분석(Y) ▶] → [계층적 군집분석(H)...]을 누른다.

[그림 6-4] 계층적 군집분석의 초기화면

[3단계] 위의 화면에서 변수 $x1$, $x2$, $x3$, $x4$, $x5$, $x6$ 등을 [**변수(V):**]로 옮긴다.

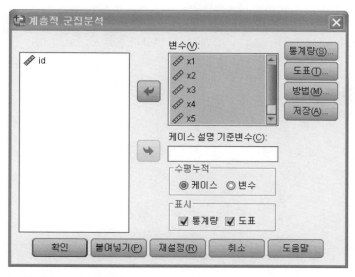

[그림 6-5] 계층적 군집분석

[케이스 설명 기준변수(C):]는 문자변수값을 사용하여 케이스를 구별할 때 사용된다. 군집상자에서 ⦿ 케이스(E)는 초기 지정값으로 설정된 것으로 사례(case) 간, 즉 관찰대상 간의 거리계산을 통해 사례별 군집분석을 실시하는 것이다(본 예는 사례별 군집분석에 해당된다). 반면에, 변수 간의 거리 계산을 통해 변수들을 군집화할 경우는 ○ 변수(B)를 지정한다. 또한 출력상자의 ☑ 통계량(S), ☑ 도표(L)가 초기 지정값으로 지정되어 있다.

[4단계] 선택창에서 통계량(S)... 버튼을 누른 다음 ☑ 군집화 일정표(A), ☑ 근접행렬(P)을 체크한다.

[그림 6-6] 계층적 군집분석: 통계량

[5단계] 계속 버튼을 누르면 [그림 6–5]로 이동한다. 여기서 도표(T)... 버튼을 누른 다음 덴드로그램(dendrogram)과 고드름 산포도(icicle)의 형태를 선택한다.

[그림 6-7] 군집분석 도표창

[6단계] 계속 버튼을 누르면 [그림 6–4]로 이동한다. 여기서 방법(M)... 버튼을 누르고 [군집방법(M):]에 집단 간 평균 결합을 나타내는 '집단–간 연결'을 설정한다. [측도]에서는 '◉등간(N):'(거리 자료에 대한 유사성과 비유사성을 측정)에서 유클리디안 거리 ▾ 를 선택한다.

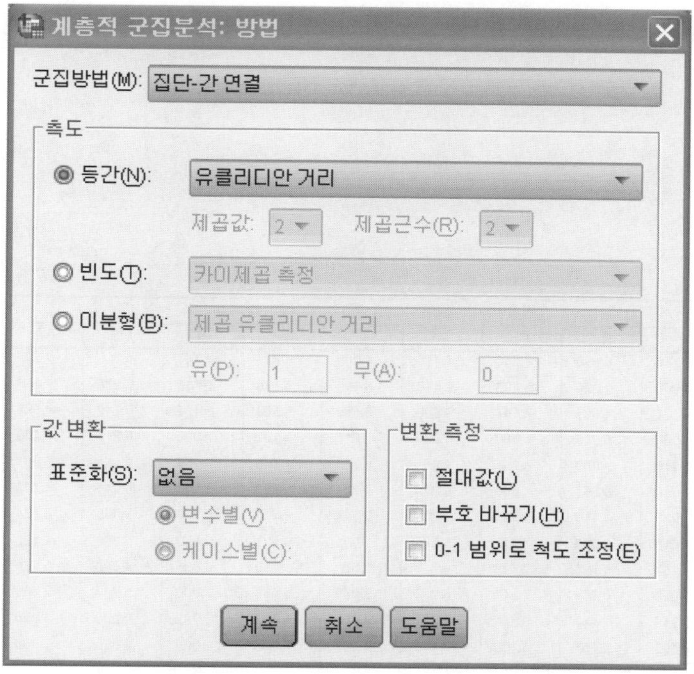

[그림 6-8] 계층적 군집분석: 방법

'○ 빈도(T)'(빈도 계산 자료에 대한 비유사성을 측정)에는 '카이제곱 측정'이 나타나 있다.
[변환 측정]은 변환의 종류를 나타내는 것으로 '□ 절대값(L)'은 거리의 절대값을 가진다.
'□ 부호 바꾸기(H)'는 비유사성을 유사성으로, 유사성을 비유사성으로 변환하는 것이다.
'□ 0-1 범위로 척도 조정(E)'은 0과 1 사이의 범위에 대한 거리를 재측정하는 것을 나타낸다.

[7단계] 계속 버튼을 누르면 [그림 6-4]로 이동한다. 여기서 저장(A)... 버튼을 누르고, 분
석자가 원하는 군집 수를 지정한다.

[그림 6-9] 계층적 군집분석: 저장

[8단계] [계속] 버튼을 누르면 [그림 6-5]로 이동한다. 여기서 [확인] 버튼을 누르면 결과물을 얻을 수 있다.

6.2.2 군집분석 결과

근접행렬

케이스	유클리디안 거리											
	1	2	3	4	5	6	7	8	9	10	11	12
1	.000	8.544	5.568	8.246	6.856	8.246	7.416	4.000	6.928	2.646	5.916	2.236
2	8.544	.000	4.899	7.000	2.828	6.403	2.449	6.403	5.196	7.746	2.828	7.483
3	5.568	4.899	.000	7.681	4.899	6.557	4.690	5.385	5.568	5.477	3.742	4.899
4	8.246	7.000	7.681	.000	5.916	4.000	6.083	7.616	3.162	7.000	6.245	6.403
5	6.856	2.828	4.899	5.916	.000	6.557	1.414	5.385	4.796	6.164	1.414	5.657
6	8.246	6.403	6.557	4.000	6.557	.000	6.245	7.211	2.828	7.141	6.245	6.708
7	7.416	2.449	4.690	6.083	1.414	6.245	.000	6.245	4.796	6.928	2.000	6.164
8	4.000	6.403	5.385	7.616	5.385	7.211	6.245	.000	5.831	3.000	4.359	4.123
9	6.928	5.196	5.568	3.162	4.796	2.828	4.796	5.831	.000	6.083	4.583	5.568
10	2.646	7.746	5.477	7.000	6.164	7.141	6.928	3.000	6.083	.000	5.292	2.000
11	5.916	2.828	3.742	6.245	1.414	6.245	2.000	4.359	4.583	5.292	.000	4.899
12	2.236	7.483	4.899	6.403	5.657	6.708	6.164	4.123	5.568	2.000	4.899	.000

이것은 상이성 행렬입니다.

[그림 6-10] 개체들 간의 유클리디안 거리행렬

결과 해석   위의 결과표는 개체들 사이의 유클리디안 거리행렬을 보여준다. 이 표에서 거리행렬의 계수는 상이성(dissimilarity)의 크기를 나타내므로 계수가 작을수록 유사성이 높다고 볼 수 있다. 따라서 첫 번째 소비자와 12번째 소비자 간의 거리가 2.236으로서 가장 가깝고, 첫 번째 소비자와 두 번째 소비자 간의 거리가 8.544로서 가장 멀다는 것을 알 수 있다.

군집화 일정표

단계	결합 군집		계수	처음 나타나는 군집의 단계		다음 단계
	군집 1	군집 2		군집 1	군집 2	
1	6	7	1.414	0	0	3
2	3	8	1.732	0	0	7
3	1	6	1.984	0	1	7
4	4	10	2.236	0	0	8
5	5	9	2.236	0	0	6
6	2	5	2.737	0	5	8
7	1	3	2.948	3	2	9
8	2	4	5.442	6	4	9
9	1	2	6.942	7	8	0

[그림 6-11] 군집화 일정표

결과 해석 이 표는 단일기준결합방식을 이용하여 소비자들의 군집화 과정을 보여준다. 계수는 해당 소비자들이 속해 있는 군집 간의 거리 정도를 나타내므로 이 값이 클수록 군집화가 늦다. 따라서 이 값이 가장 작은 소비자 6과 소비자 7이 단계 1에서 군집화된다. 그리고 단계 2에서는 소비자 3과 소비자 8이 군집화된다. 그리고 다음 단계는 예를 들어, 단계 1에서 결합된 소비자 6과 소비자 7의 군집은 단계 3에 가서 다른 군집이나 소비자들과 결합된다는 것을 보여주고 있다. 단계 3에서는 소비자 1과 소비자 6이 결합되고 있음을 알 수 있다. 마지막 단계인 단계 9에서는 소비자 1과 소비자 2가 군집화되고 있다.

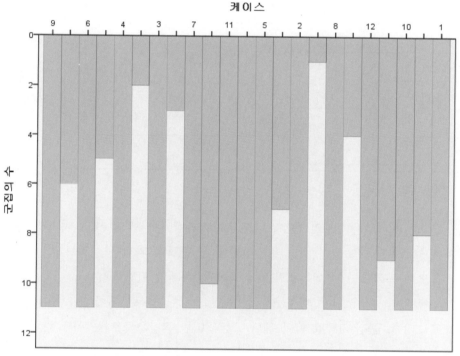

[그림 6-12] 군집화 일정표 수직고드름 도표

결과 해석 군집의 수에 따라 학생들이 **수직고드름**(vertical icicle: VICICLE) 형식으로 묶이는 차례를 보여주고 있다. 수직축은 군집의 수를, 수평축은 소비자들의 번호를 나타낸다. 만약 12명의 소비자를 하나의 군집으로 한다면 전체 12명이 포함되고, 두 군집으로 분류한다면 군집 1(1, 8, 10, 12)과 군집 2(2, 3, 4, 5, 6, 7, 9, 11)로 나누어진다. 만일 실선을 기준으로 하여 세 군집으로 나눈다면, 군집 1(1, 8, 10, 12), 군집 2(2, 3, 5, 7, 11), 군집 3(4, 6, 9)이 된다. 그리고 개체의 군집화는 다음에서 설명하는 덴드로그램을 이용해도 된다.

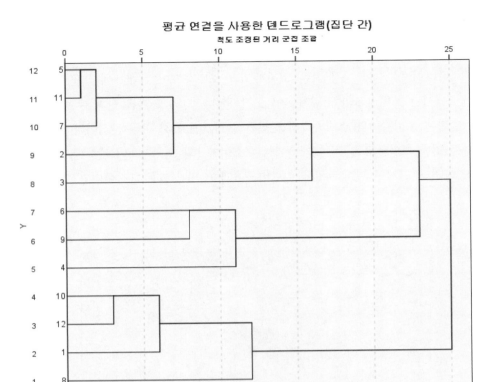

[그림 6-13] 덴드로그램

결과 해석　[그림 6-13]은 **덴드로그램**으로 군집화 상태를 나타낸 것이다. 여기서 수직축은 소비자 번호, 수평축은 상대적 거리를 나타낸다. 군집화 과정을 살펴보면, 소비자 5와 11이 처음으로 묶이고, 다음에는 2와 7이 묶이며, 마지막 단계에서는 소비자 1과 2가 묶임을 알 수 있다. 만약 이 소비자들을 세 집단으로 나눈다면, 군집 1(1, 8, 10, 12), 군집 2(2, 3, 5, 7, 11), 군집 3(4, 6, 9)이 된다. 그리고 두 집단으로 나눈다면, 군집 1(1, 8, 10, 12)과 군집 2(2, 3, 4, 5, 6, 7, 9, 11)로 나뉜다.

6.2.3 군집명칭 부여

[1단계] 분석자는 산출된 군집이 데이터창에 자동으로 지정된 것을 확인할 수 있다. 이는 앞에서 **단일해법(S):** ③ 군집을 선택한 결과 새로운 군집변수(CLU 3_1)와 해당 군집을 숫자로 표시하여 저장한 것을 보여주고 있다.

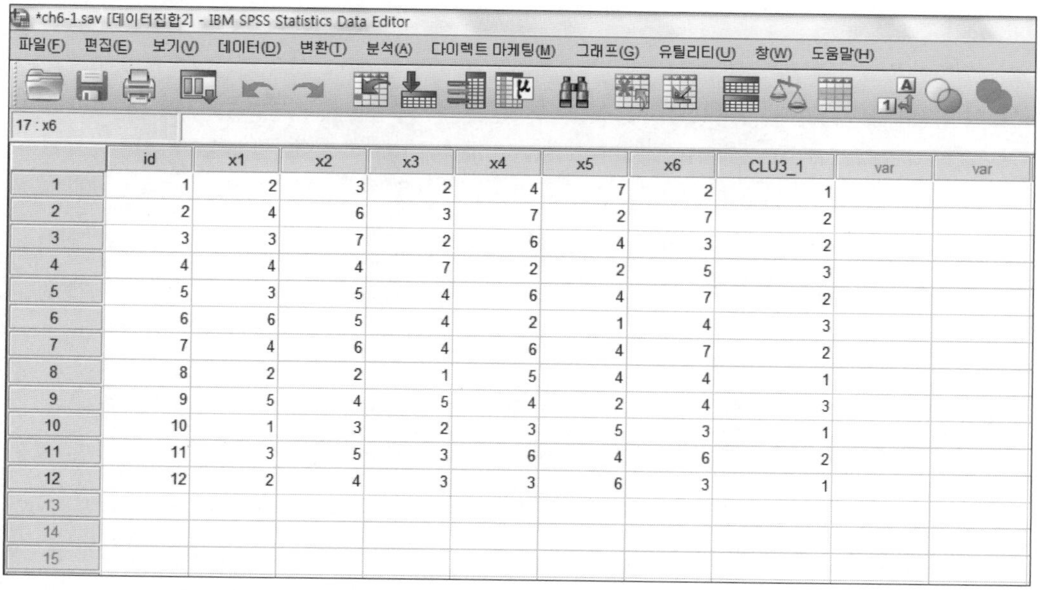

	id	x1	x2	x3	x4	x5	x6	CLU3_1	var	var
1	1	2	3	2	4	7	2	1		
2	2	4	6	3	7	2	7	2		
3	3	3	7	2	6	4	3	2		
4	4	4	4	7	2	2	5	3		
5	5	3	5	4	6	4	7	2		
6	6	6	5	4	2	1	4	3		
7	7	4	6	4	6	4	7	2		
8	8	2	2	1	5	4	4	1		
9	9	5	4	5	4	2	4	3		
10	10	1	3	2	3	5	3	1		
11	11	3	5	3	6	4	6	2		
12	12	2	4	3	3	6	3	1		
13										
14										
15										

[그림 6-14] 새로운 군집변수 저장화면

[2단계] 분석자는 세 집단으로 나누어진 군집에 각각의 명칭을 부여한다. 집단별로 각각의 명칭을 부여하기 위해서는 평균차를 확인하기 위해서 기술통계분석이나 일원분산분석을 이용할 수 있다. 이때 연구자는 변수의 특성을 고려하면서 군집의 명칭을 부여해야 한다.

만약, 연구자가 집단별 기술통계량을 구하기 위해서는 **[데이터(D)]**→**[케이스 선택(S)]**→ **[O 조건을 만족하는 케이스 선택(C)]**을 지정하고 해당 집단을 표시한다. 그리고 **[분석(A)]**→**[기술통계분석]**을 실시한다. 또한, 연구자는 **[분석(A)]**→**[일원(배치)분산분석]**을 이용할 수 있는데, 이 경우 옵션 지정창에서 기술통계량을 지정하면 다음 표와 같은 기술통계량을 구할 수 있다.

[표 6-2] 기술통계량

군집	변수의 평균					
	$x1$	$x2$	$x3$	$x4$	$x5$	$x6$
1	1.75	3.00	2.00	3.75	5.50	3.00
2	3.40	5.80	3.30	6.20	3.60	6.00
3	5.00	4.33	5.33	2.67	1.67	4.33

군집 1(1, 8, 10, 12)에서 보면, $x1$(쇼핑에 흥미 있음), $x3$(쇼핑을 하면서 외식을 즐김)는 각각 평균 1.75, 2.00으로 낮은 편이고, $x5$(쇼핑에 관심이 없음)는 평균 5.50으로 낮게 평가되고 있다. 그러므로 군집 1은 '냉담한 소비자군'이라고 할 수 있다.

군집 2(2, 3, 4, 5, 6, 7, 9, 11)는 $x2$(쇼핑은 가계에 악영향을 끼침), $x4$(쇼핑 시 최고의 상품을 구입하기 위해 노력), $x6$(쇼핑 시 가격비교를 통해 많은 돈을 절약함)의 변수가 높은 평균점수를 보이고 있으므로 '경제적인 소비자군'으로 명명할 수 있다.

군집 3(4, 6, 9)을 보면, $x1$(쇼핑에 흥미 있음)과 $x3$(쇼핑을 하면서 외식을 즐김)는 높은 평균 점수를 보이고 있고, $x5$(쇼핑에 관심이 없음)는 높은 점수를 보이고 있어 '쇼핑 애호군'으로 명칭을 붙일 수 있다.

연구자는 인구통계학적인 변수, 제품 사용 수, 매체에 대한 사용 등 다른 변수를 조사하여 생성된 군집과 비교할 수 있다. 군집 간 변수의 평균차를 분석해 본 결과, $\alpha = 0.05$에서 모두 차이가 있는 것으로 나타났다.

6.2.4 군집분석의 신뢰성 평가

군집분석에서 수반되는 문제는 신뢰성과 타당성에 관한 것이다. 신뢰성과 타당성이 없는 군집분석은 수용할 수 없다. 군집분석의 해에 대한 신뢰성과 타당성을 검정하는 것은 매우 어렵다. 그러나 다음과 같은 절차에 의해 군집분석의 효과를 판단해야 한다.

① 같은 데이터를 상이한 거리 측정방법을 통해 군집분석을 실시한 후 결과를 비교한다.
② 상이한 군집분석방법을 적용하여 각각의 방법으로 얻어진 결과를 비교한다.
③ 응답자가 답변한 데이터를 2개로 나누어 제1 군집의 반분결과와 제2 군집의 반

분결과를 전체 결과와 비교한다.

④ 비계층적인 방법을 통해 사례 수에 따라 결과가 달라지므로 다양한 방법을 적용한다.

 ## 6.3 비계층적인 K-평균 군집분석법

6.3.1 비계층적인 K-평균 군집분석법 정의

비계층적인 군집화 방법은 앞에서 다룬 계층적인 군집화 방법보다 그 속도가 빨라 군집화를 하려는 대상이 다수인 경우 신속하게 처리할 수 있다. 비계층적인 군집화 방법으로 가장 많이 사용되고 있는 방법은 **K-평균 군집화** 방법이다. K-평균 군집화 방법은 순차적으로 군집화 과정이 반복되므로 순차적인 군집화 방법(sequential threshold method)이라고도 한다. K-평균 군집화 방법은 변수를 군집화하기보다는 대상이나 응답자를 군집화하는 데 많이 사용된다. 여기서 K는 미리 정하는 군집의 수를 뜻한다.

K-평균 군집화 방법은 계층적인 군집화의 결과를 토대로 미리 군집의 수를 정해야 하며, 군집의 중심(cluster center)을 정하여야 한다. 군집의 중심을 잘 정해야 정확한 군집의 결과를 얻을 수 있다.

K-평균방법에서는 군집이 한 번 묶일 때마다 각 군집별로 그 군집의 평균을 중심으로 군집 내 대상들 간의 유클리디안 거리의 합을 구하는데, 이 값을 군집화 과정에서 발생하는 오류라고 할 수 있다. 이 값이 낮을수록 군집화에 따른 오류가 낮으며, 따라서 대상들이 보다 타당성 있게 군집화되었다고 볼 수 있다. K-평균방법에서는 각 군집화 과정에서 발생하는 오류를 최소화하는 방향으로 군집화를 계속하며, 오류가 발생하지 않는 단계에서 군집화가 종료된다.

6.3.2 비계층적인 군집화 방법의 종류

(1) 순차적인 군집화 방법

군집의 중심이 선택되고 사전에 지정된 값의 거리 안에 있는 모든 속성들은 동일한 군집으로 분류된다. 한 군집이 형성되고 난 후 새로운 군집의 중심이 결정되면 이 중심을 기준으로 일정 거리 안에 있는 모든 대상이나 속성은 또 다른 군집으로 분류된다. 이러한 과정은 모든 속성이 최종적으로 군집화될 때까지 반복된다. 그래서 이러한 군집화 방법을 순차적 군집화 방법이라고 한다.

(2) 동시 군집화 방법

사전에 지정된 값 안에 속성이나 응답자가 속하는 경우, 몇 개의 군집이 동시에 결정되는 경우를 말한다. 동시 군집화 방법(paralled threshold method)은 몇 개의 군집이 곧바로 결정되는 방법으로, 연구자는 적은 속성 또는 많은 속성이 군집에 포함되도록 사전에 거리를 조정할 수도 있다.

(3) 최적할당 군집화 방법

최적할당 군집화 방법(optimizing partitioning method)은 사전에 주어진 군집의 수를 위한 군집 내 평균 거리를 계산하는 최적화 기준에 의해 최초의 군집에서 다른 군집으로 재할당될 수 있다는 점에서 앞에서 언급한 순차적 군집화 방법, 동시 군집화 방법과 다르다.

6.3.3 K-평균 군집분석 실행 예

앞의 계층적 군집분석 실행에서 적용된 예의 데이터를 가지고 K-평균 군집분석을 실행하기로 한다. K-평균 군집분석을 실시하기 위해서는 앞의 [그림 6-14] 새로운 군집변수 저장화면에서 다음의 순서로 진행하면 다음 화면이 나타난다.

[1단계] K-평균 군집분석을 위해서 **[분석(Y)]** → **[분류분석(Y) ▶]** → **[K-평균 군집분석(K)...]**을 누른다.

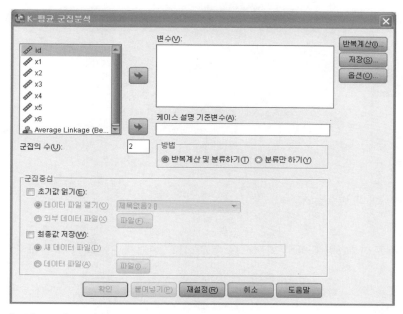

[그림 6-15] K-평균 군집분석 화면

[2단계] 앞에서 군집화를 위한 변수인 $x1$, $x2$, $x3$, $x4$, $x5$, $x6$를 선택한 후 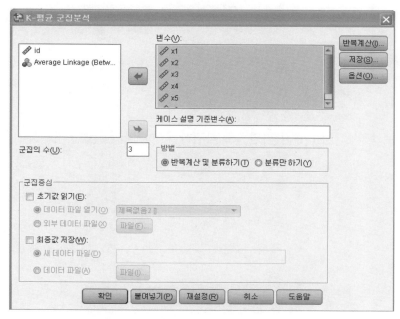 버튼을 누르면 다음 그림과 같이 [변수(V):]에 변수들이 나타난다. 여기서, 계층적 군집화 분석결과를 토대로 3을 입력하여 군집의 수를 3으로 한다.

[그림 6-16] K-평균 군집분석 변수 지정하기

[3단계] K-평균 군집분석의 새 변수로 저장하고 ☑ 소속군집(C) , ☑ 군집중심으로부터의 거리(D) 를
체크한다.

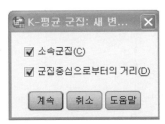

[그림 6-17] K-평균 군집분석의 새 변수로 저장

[4단계] 계속 버튼을 누르면 [그림 6-15] 화면으로 복귀한다. 여기서 옵션(O)... 버튼을 누
른다.

[그림 6-18] K-평균 군집분석 옵션창

[5단계] 계속 버튼을 누르면 [그림 6-15] 화면으로 복귀한다. 여기서 확인 버튼을 누
른다.

6.3.4 K-평균 군집화 분석의 결과

초기 군집중심

	군집		
	1	2	3
x1	2	6	3
x2	3	5	5
x3	2	4	4
x4	4	2	6
x5	7	1	4
x6	2	4	7

[그림 6-19] 초기 군집 중심

결과 해석　각 변수에 대한 초기 3개(3) 군집의 중심값이 나타나 있다. 이러한 중심값은 케이스 할당을 위한 임시값이라고 할 수 있다. 이러한 초기 군집 중심값을 기준으로 각 응답자(case)와 각 군집의 중심점과의 거리를 계산하여 거리가 가장 가까운 군집에 응답자를 할당한다.

반복계산정보[a]

반복계산	군집중심의 변화량		
	1	2	3
1	1.837	2.055	1.625
2	.000	.000	.000

a. 군집 중심값의 변화가 없거나 작아 수렴이 일어났습니다. 모든 중심에 대한 최대 절대 좌표 변경은 .000입니다. 현재 반복계산은 2입니다. 초기 중심 간의 최소 거리는 6.557입니다.

[그림 6-20] 반복계산 정보

결과 해석　반복계산에 따른 군집 중심의 변화량이 나타나 있다.

소속군집

케이스 수	군집	거리
1	1	1.837
2	3	2.154
3	3	3.499
4	2	2.211
5	3	1.625
6	2	2.055
7	3	1.497
8	1	2.622
9	2	1.491
10	1	1.173
11	3	1.020
12	1	1.696

[그림 6-21] 소속군집의 거리

결과 해석 각 케이스(응답자)가 어떤 군집에 속하며, 각 케이스와 군집의 중심점 간의 거리를 나타낸다.

최종 군집중심

	군집		
	1	2	3
x1	2	5	3
x2	3	4	6
x3	2	5	3
x4	4	3	6
x5	6	2	4
x6	3	4	6

결과 해석 최종적으로 각 변수에 대해 3개 군집의 중심값이 나타나 있다. 초기의 중심점을 이용하여 군집분석을 하는 과정에서 새로운 케이스가 포함되기 때문에 평균이 달라지게 되므로 군집의 중심도 변하게 된다. 이러한 과정은 모든 케이스가 3개의 군집 중 한 곳이라도 포함되어야 종료된다.

최종 군집중심간 거리

군집	1	2	3
1		6.411	5.533
2	6.411		5.316
3	5.533	5.316	

[그림 6-22] 최종 군집과 소속군집의 거리

분산분석

	군집		오차			
	평균제곱	자유도	평균제곱	자유도	F	유의확률
x1	9.150	2	.439	9	20.848	.000
x2	8.767	2	.607	9	14.433	.002
x3	9.600	2	1.052	9	9.127	.007
x4	13.392	2	.691	9	19.387	.001
x5	12.692	2	.985	9	12.883	.002
x6	10.125	2	1.630	9	6.213	.020

다른 군집의 여러 케이스 간 차이를 최대화하기 위해 군집을 선택했으므로 F 검정은 기술통계를 목적으로만 사용되어야 합니다. 이 경우 관측유의수준은 수정되지 않으므로 군집평균이 동일하다는 가설을 검정하는 것으로 해석될 수 없습니다.

[그림 6-23] 분산분석

결과 해석   3개의 군집 간에 평균의 차이가 있는가에 대한 분산분석을 실시한 결과이다. 군집의 평균제곱은 각 변수에 대한 전체 평균으로부터 각 군집 평균들의 차이의 제곱합을 자유도로 나눈 값이다. 오차의 평균제곱은 군집 내 각 케이스들의 군집평균으로부터 카이 제곱을 자유도로 나눈 값이다. 군집의 평균제곱과 오차의 평균제곱 비율은 F비율이다. 예를 들어, $x1$ 변수의 F값은 $20.848\left(\dfrac{9.150}{0.439}\right)$이다.

여기서, 연구자는 군집에 대한 명칭을 부여할 수 있다. 군집 1(1, 8, 10, 12)은 '냉담한 소비자군', 군집 2(4, 6, 9)는 '경제군', 군집 3(2, 3, 5, 7, 11)은 '쇼핑애호군'이라 명명한다. 이 결과는 앞에서 다룬 계층적 군집분석의 군집형성 결과와 다소 차이가 있음을 알 수 있다(군집 2와 군집 3). 따라서 이러한 3개의 군집 간에 차이가 있음을 알 수 있다(유의확률 $< \alpha = 0.05$).

각 군집의 케이스 수

군집	1	4.000
	2	3.000
	3	5.000
유효		12.000
결측		.000

[그림 6-24] 포함된 케이스 (응답자) 수

결과 해석   K-평균 군집화 방법에 의한 분석 결과, 3개의 군집이 나타났음을 볼 수 있다. 각 군집에 포함된 케이스의 수가 나타나 있는데, 이것은 SPSS 데이터창으로 확인할 수 있으며, 각 케이스마다 분류된 군집의 수가 나타나 있다.

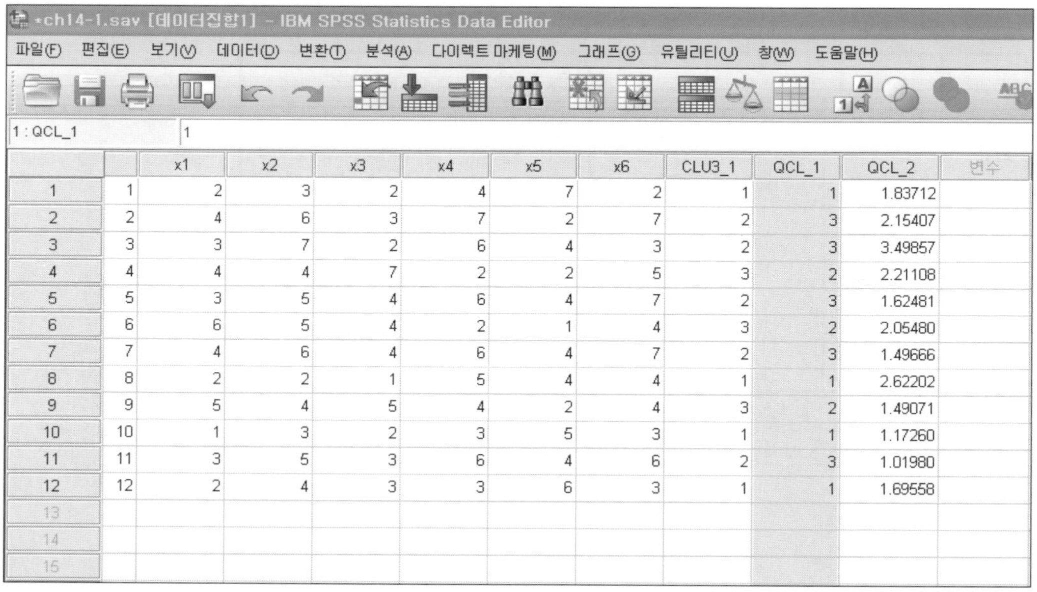

		x1	x2	x3	x4	x5	x6	CLU3_1	QCL_1	QCL_2	변수
1	1	2	3	2	4	7	2	1	1	1.83712	
2	2	4	6	3	7	2	7	2	3	2.15407	
3	3	3	7	2	6	4	3	2	3	3.49857	
4	4	4	4	7	2	2	5	3	2	2.21108	
5	5	3	5	4	6	4	7	2	3	1.62481	
6	6	6	5	4	2	1	4	3	2	2.05480	
7	7	4	6	4	6	4	7	2	3	1.49666	
8	8	2	2	1	5	4	4	1	1	2.62202	
9	9	5	4	5	4	2	4	3	2	1.49071	
10	10	1	3	2	3	5	3	1	1	1.17260	
11	11	3	5	3	6	4	6	2	3	1.01980	
12	12	2	4	3	3	6	3	1	1	1.69558	
13											
14											
15											

[그림 6-25] 새로운 군집 저장화면

6.3.5 K-평균 군집분석 실행 후 사후분석

[1단계] [그림 6-25]의 화면에서 새로이 생성된 QCL_1 변수를 확인한다. 앞의 계층적 군집분석 결과와 동일한 결과를 보이지만 군집 2와 군집 3이 서로 바뀐 것을 알 수 있다.

[2단계] 이제 어느 개체가 어느 그룹에 속해 있는지를 표로 알아보기 위해서 교차분석을 실시하는데, **[분석(A)]**→**[기초통계량(E) ▶]**→**[교차분석(C)...]**과 같은 순서로 진행하면 된다. 여기서, 교차분석 화면에서 **[행(W):]**에는 'Id'를 지정하고, **[열(C):]**에는 **'케이스 군집 번호(QCL_1)'**를 지정한다. 그리고 [통계량(S)...] 버튼을 눌러 [☑ 카이제곱(H)]을 지정한다.

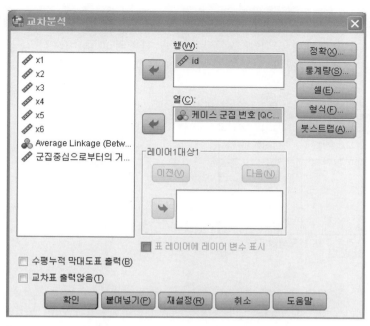

[그림 6-26] 교차분석

[3단계] 확인 버튼을 누르면 다음 결과를 얻을 수 있다.

id * 케이스 군집 번호 교차표

빈도

		케이스 군집 번호			전체
		1	2	3	
id	1	1	0	0	1
	2	0	0	1	1
	3	0	0	1	1
	4	0	1	0	1
	5	0	0	1	1
	6	0	1	0	1
	7	0	0	1	1
	8	1	0	0	1
	9	0	1	0	1
	10	1	0	0	1
	11	0	0	1	1
	12	1	0	0	1
전체		4	3	5	12

[그림 6-27] 교차분석 결과

결과 해석 군집 1에는 응답자 (1, 8, 10, 12), 군집 2에는 응답자 (4, 6, 9), 그리고 군집 3에는 응답자 (2, 3, 5, 7, 11)이 각각의 군집에 포함되는 것을 하나의 표로 비교적 간단하게 알 수 있다.

카이제곱 검정

	값	자유도	점근 유의확률 (양측검정)
Pearson 카이제곱	24.000ª	22	.347
우도비	25.861	22	.258
선형 대 선형결합	.779	1	.378
유효 케이스 수	12		

a. 36 셀 (100.0%)은(는) 5보다 작은 기대 빈도를 가지는
셀입니다. 최소 기대빈도는 .25입니다.

[그림 6-28] 교차분석 결과

결과 해석 카이제곱 통계량=24, 자유도=22, 유의확률 $= 0.347 > \alpha = 0.05$이다. 따라서 군집 1, 군집 2, 군집 3이 '서로 독립적'이라는 귀무가설(H_0)을 채택한 것을 알 수 있다.

1. 군집분석의 개념을 정리하고, 군집분석이 이용되는 상황을 설명하여라.

2. 군집분석의 절차에 대해 설명하여라.

3. 계층적 군집분석과 비계층적 군집분석의 차이점을 말하여라.

7장

의사결정나무분석

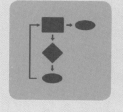
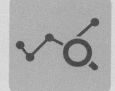

1. 의사결정나무분석의 개념을 이해한다.
2. 의사결정나무분석의 운용방법을 터득한다.
3. 의사결정나무분석 결과를 해석하고 전략적인 대안을 제시할 수 있다.

의사결정자는 불확실한 상황에서 끊임없이 신속하고 정확한 의사결정을 내려야 한다. 고객과 관련한 수많은 행동결과 자료를 이용하여 자료 간의 관련성, 유사성 등을 고려해서 고객을 분류하고 예측할 필요가 있다. 또한 고객이 우량고객인지 불량고객인지를 분류하여 이들 고객군마다 상이한 전략을 구사할 수 있다. 최근에는 고객관련 자료를 분류하고 예측하는 것을 넘어 고객과의 관계를 강화하는 것이 업계의 흐름이다. 고객과의 관계를 강화하여 고객에게는 만족을 제공하고, 그 결과 고객충성도를 유도하여 기업은 수익을 창출하는 경영방법이 소위 고객관계경영(CRM; Customer Relationship Management)이다.

의사결정나무분석(decision tree analysis)은 자료를 탐색하여 분류·예측하고, 이를 모형화하여 고객과의 관계를 강화하는 데 사용되는 의사결정방법이다. 의사결정나무분석과 고객관계경영의 관련성은 [그림 7-1]과 같이 나타낼 수 있다.

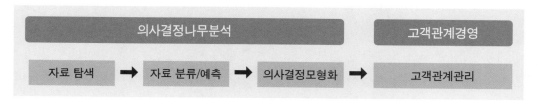

[그림 7-1] 의사결정나무분석의 개념

자료를 분류하고 예측하는 데 이용되는 방법이 의사결정나무분석이다. 의사결정나무는 말 그대로 나무를 거꾸로 세워 놓은 구조라고 생각하면 된다. 즉 뿌리(root)가 상단에 위치하고, 하단에는 나뭇가지(branch)와 잎(leaf)이 연결되어 있다. 의사결정나무에서 상단에 놓인 뿌리를 뿌리마디(root node) 또는 부모마디(parent node)라고 하고, 뿌리마디와 끝마디(terminal node) 사이를 중간마디(internal node)라고 부른다. 의사결정나무에서는 이를 자식마디(child node)라고 부르며, 마디와 마디는 가지(branch)로 연결되어 있다. 의사결정나무는 [그림 7-2]와 같은 기본 구조로 되어 있다.

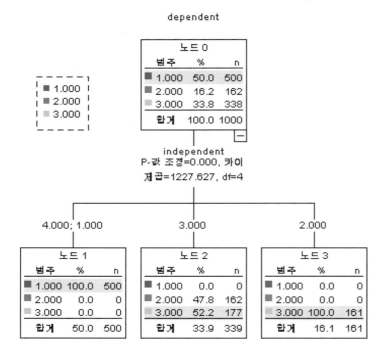

[그림 7-2] 의사결정나무의 기본 구조

의사결정나무에서 고객관련 정보가 어느 수준까지 이루어졌는지를 알아보기 위해서 깊이(depth)라는 단어를 사용한다. 깊이는 의사결정나무 구조의 전개과정 수준을 말하며, [그림 7-2]에서 의사결정나무의 깊이는 1이 된다.

통계분석방법에는 특성에 따른 장단점이 있다. 의사결정나무분석의 경우 장점을 살펴보면, 질적변수나 양적변수의 자료분석이 가능하며, 다변량분석의 기본 가정인 선형성, 정규분포성, 등분산성을 따르지 않아도 되고, 분석결과가 나무구조로 되어 있어 해석이 용이하다.

단점을 살펴보면, 분석결과가 표본의 크기에 영향을 받기 쉽고, 연속변수 사용이 많으면 많을수록 모형의 예측력이 떨어질 수 있다. 또한 분석에 무리하게 많은 예측변수를 투입하면 과대적합이 발생할 수 있다.

1980년대 이후 의사결정나무분석에 대한 알고리즘이 계속해서 개발되고 있다. 의사결정나무분석은 분석의 기본목적과 자료의 구조에 의해서 분석방법이 나뉜다. 즉 분류기준, 정지규칙, 가지치기 등의 목적에 따라 방법이 나뉜다. 분류기준(splitting criterion)은 목표변수(종속변수)를 분류하는 예측변수(독립변수)를 사용하여 어떻게 분리할 것인지를 정하는 것을 말한다. 예를 들어 2지분리는 의사결정나무 분리에서 두 개의 자식노드를 갖는 경우를 말한다. 정지규칙(stopping rule)이란 어느 수준에서 의사결정나무분석을 정지할 것인지를 정하는 것을 말하고, 가지치기(pruning)란 분류의 오류를 최소화하기 위해서 가지를 제거하거나 마디를 병합하는 것을 말한다.

통계분석방법을 나누는 것은 기본적으로 자료 구조를 보고 판단한다. 의사결정나무분석에 투입될 변수는 목표변수(종속변수에 해당됨, dependent variable)나 예측변수(독립변수에 해당됨, predictor variable)로 구성된다.

SPSS 프로그램에서 제공되는 의사결정나무분석방법은 CHAID, Exhaustive CHAID, CRT, QUEST 방법 등이 있다.

CHAID(chi-squared automatic interaction detection)는 목표변수(종속변수)가 질적변수이거나 양적변수이며 예측변수는 질적변수인 경우에 사용된다. CHAID에서는 분리기준으로 카이제곱(χ^2) 통계량이나 F검정을 사용한다. 목표변수가 질적변수인 경우는 카이제곱 통계량이 이용되는데, 카이제곱 통계량이 크며 이에 대한 확률(p)이 $\alpha = 0.05$보다 작은 경우 부모마디는 자식마디를 형성하게 된다. 반면에, 목표변수가 양적변수인 경우는 분리기준으로 F검정을 사용하는데, F통계량이 크고 이에 대한 확률(p)이 $\alpha = 0.05$보다 작은 경우 부모마디와 자식마디 간의 분리가 이루어진다.

Exhaustive CHAID는 CHAID의 수정된 분석방법으로, 예측변수에서 모든 가능한 분리를 모두 고려하는 방법이다. 앞의 CHAID와 마찬가지로 Exhaustive CHAID는 목표변수(종속변수)가 질적변수이거나 양적변수이며 예측변수는 질적변수인 경우에 사용한다. Exhaustive CHAID는 CHAID보다 실행시간이 더 소요되는 단점이 있다.

CRT(Classification and Regression Trees)는 순수도(purity)나 불순도(impurity)로 목표변수(종속변수)의 분포를 구별하는 방법이다. 순수도는 목표변수의 특정 범주에 얼마나 많은 마디들이 연결되어 있는지 그 정도를 나타내는 다양성 지수이다. 의사결정나무분석에서는 순수도가 가장 크게 하여 부모마디와 자식마디를 구분하며, 부모마디에서 자식마디로 갈수록 증가한다. 한편 순수도의 반대개념인 불순도를 지니계수(Gini index)라고 부른다. 의사결정나무분석 구조는 자식마디의 불순도의 가중합을 나타내는 지니계수를 최소화해서 부모마디와 자식마디가 구분된다. 목표변수는 질적변수와 양적변수인 경우 예측변수가 질적변수와 양적변수인 경우에 사용된다.

QUEST(Quick, Unbiased, Efficient Statistical Tree)는 CRT와 마찬가지로 2지분리(binary split)를 위해서 수행되는 알고리즘이다. 이 분석방법은 의사결정나무분석의 계산시간이 빨라서 복잡한 계산에 자주 사용된다. QUEST는 목표변수가 질적변수이고 예측변수는 질적변수, 양적변수인 경우에 사용된다. QUEST에서는 예측변수의 척도에 따라 다른 분리규칙을 사용하는데, 예측변수가 서열척도나 양적인 척도인 경우는 F검정이나 Levene 검정을 이용하고, 명목척도인 경우는 Pearson 카이제곱 통계검정을 이용한다.

지금까지 설명한 내용을 표로 정리하면 [표 7-1]과 같다.

[표 7-1] 의사결정나무분석 비교

구분	CHAID	Exhaustive CHAID	CRT	QUEST
목표변수	질적변수, 양적변수	질적변수, 양적변수	질적변수, 양적변수	명목형 질적변수
예측변수	질적변수, 양적변수	질적변수	질적변수, 양적변수	질적변수, 양적변수
분리기준	F검정, 카이제곱 통계량	F검정, 카이제곱 통계량	지니계수 감소	F검정, 카이제곱 통계량
분리개수	다지분리	다지분리	이지분리	이지분리

 7.3 의사결정나무분석 실행 1

[예제 7.1] [내비게이션 소유 여부 분석]
(주)길찾아는 국내 내비게이션 보유현황을 파악하기 위해서 1,000명을 대상으로 조사하였다. 본 예제는 내비게이션 보유현황[y = 1(보유), 2(보유하지 않음), 3(무응답)]과 자동차 운전경력 [x = 1(1년 미만), 2(1~2년), 3(2~3년), 4(3년 이상)]과의 관련성을 통해 자료를 분류한다.

다음 그림은 SPSS창에 입력된 자료의 일부 화면이다.

	y	x	변수	변수	변수	변수	변수	변수	변수	변수	변수
1	1.00	4.00									
2	1.00	4.00									
3	1.00	4.00									
4	1.00	4.00									
5	1.00	1.00									
6	1.00	4.00									
7	1.00	4.00									
8	1.00	1.00									
9	1.00	1.00									
10	1.00	4.00									
11	1.00	4.00									
12	1.00	4.00									
13	1.00	1.00									
14	1.00	4.00									
15	1.00	4.00									
16	1.00	4.00									
17	1.00	4.00									
18	1.00	4.00									

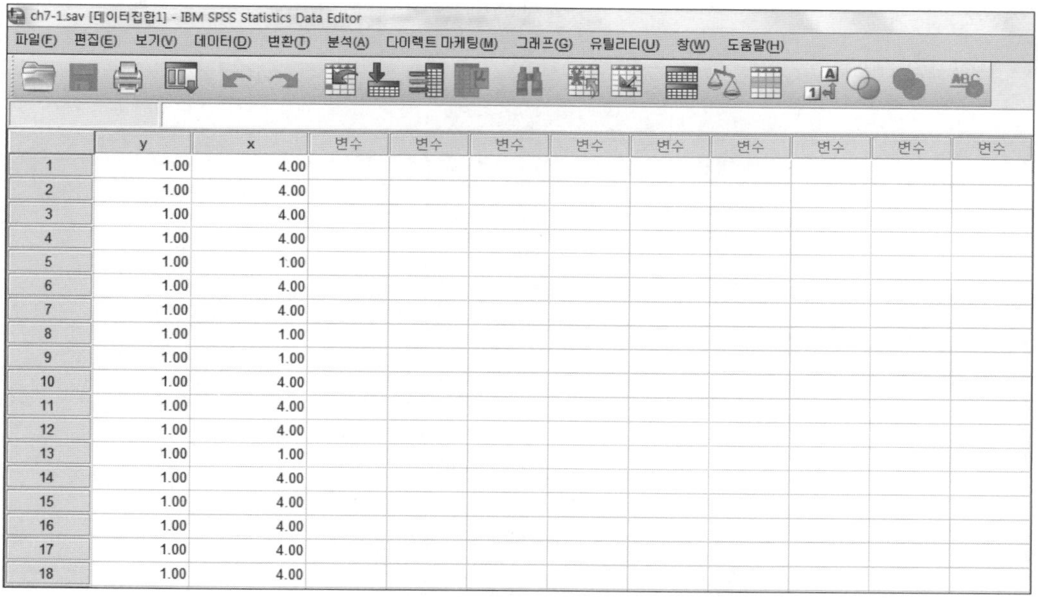

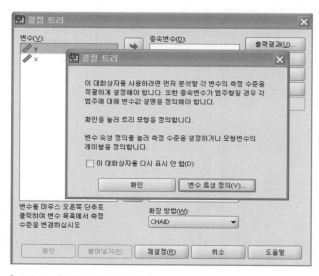

[그림 7-3] 자료화면 [데이터: ch7-1.sav]

[1단계] 의사결정나무분석을 실행하기 위해서는 우선 다음 순서에 따라 진행한다. 그러면 [그림 7-4]의 화면이 나타난다.

[분석(A)] ➡ [분류분석(Y) ▶] ➡ [트리(R)...]

[그림 7-4] 의사결정 초기화면

의사결정 초기화면을 보면, 종속변수(목표변수)가 범주형 척도인 경우는 각 범주에 대해 변수값에 대한 설명을 정의할 것을 권장하는 글이 나온다. 여기서 [확인] 버튼을 누르면 다음과 같은 결정트리 화면이 나타난다.

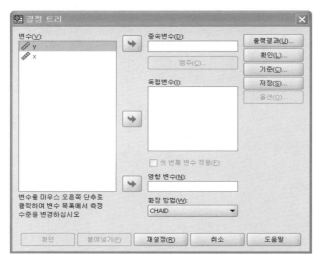

[그림 7-5] 결정트리 화면

[2단계] 본격적인 CHAID 분석에 앞서 현재 척도(▱)의 종속변수와 독립변수를 명목척도(▨)로 지정할 필요가 있다. 참고로 이미 자료를 코딩하면서 정확하게 정의한 경우는 재정의할 필요가 없다. 변수의 척도를 재정의하기 위해서는 마우스로 y변수와 x변수를 동시에 지정한 상태에서 마우스의 오른쪽 버튼을 누르면 다음과 같은 화면이 나타난다.

[그림 7-6] 자료지정 화면

이 그림에서 '● 척도(S)'로 되어 있는 것을 '명목(N)'을 선택하여 재정의하면 다음과 같은 화면이 나타난다.

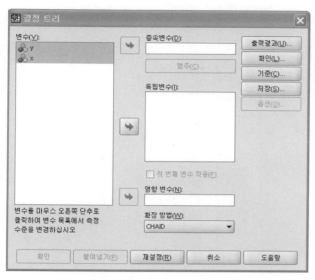

[그림 7-7] 자료지정 완료화면

변수에 대한 재정의가 끝난 다음 **[종속변수(D):]**에는 y 변수, **[독립변수(I):]**에는 x 변수를 지정한다. 그러면 다음과 같은 화면이 나타난다.

[그림 7-8] 변수지정 화면

[3단계] [그림 7-8]에서 [출력결과(U)...] 를 클릭하면 다음과 같은 화면이 나타난다.

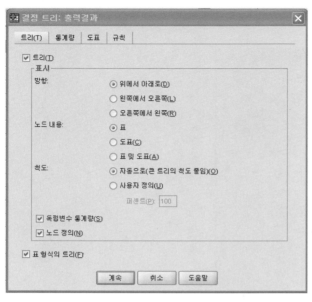

[그림 7-9] 출력결과 지정 화면

[트리(T)] , [통계량] , [도표] , [규칙] 등을 정의하는 출력결과 지정 화면이 나타나면, [트리(T)] 에서는 ☑ 표 형식의 트리(F)를 지정한다. [통계량] 은 초기 지정상태를 유지하고 [도표] 의 노드 성능에서 ☑ 평균(M) 을 지정한다. [규칙] 은 초기 지정상태를 유지하고 [계속] 버튼을 누른다. 그러면 앞의 [그림 7-8]의 화면으로 이동한다.

[4단계] [그림 7-8]의 화면에서 초기 지정상태로 [확인(L)...] 을 누른 후 [기준(C)...] 버튼을 누른다.

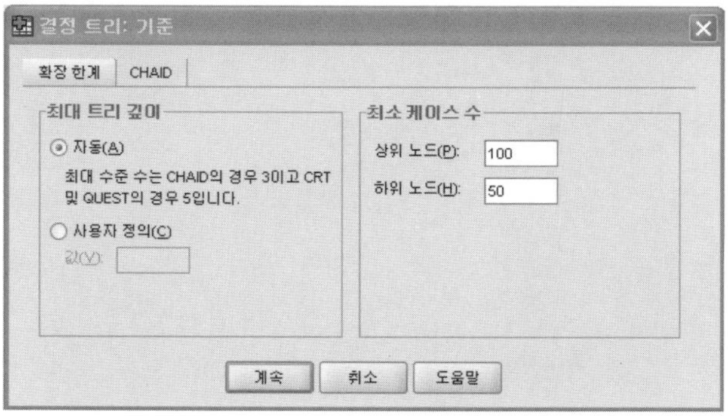

[그림 7-10] 기준화면

[**확장한계**]에서는 '최대 트리 깊이'를 나타내는 것과 '최소 케이스 수'를 결정하는 정보를 볼 수 있다. 초기 상태를 유지하고 다음으로 CHAID 버튼을 누른다. 그러면 다음과 같은 화면이 나타난다.

[5단계] 다음으로 [**결정트리: 기준**]을 살펴본다.

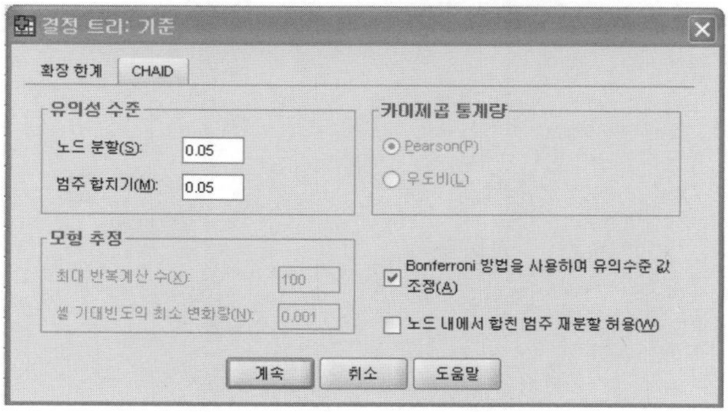

[그림 7-11] 결정트리: 기준(CHAID)

[**결정트리: 기준**]창에는 유의성 수준(노드 분할, 범주 합치기)과 카이제곱 통계량과 Bonferroni 방법을 사용하여 구하는 유의수준값 조정(A)이 나타나 있다. 이것은 CHAID 의 계산방법에서는 일반적으로 사용하는 F수준을 정할 때 α 대신에 다소 보수적인 방법을 적용하는 것을 말한다. [그림 7-11]에는 노드 내에서 합친 범주에 대한 재분할을 허용하는 '재분할 허용(W)'이 나타나 있다. 여기서 계속 버튼을 누르면 [그림 7-9]의 출력결과 지정 화면으로 이동한다.

[6단계] [그림 7-9]에서 저장변수와 생성된 트리 모형을 XML로 내보내도록 지정하는 저장방식을 결정하는 저장(S)... 버튼을 누른다. 또한 결측값, 오분류 비용, 이익을 계산할 수 있도록 옵션(O)... 버튼을 지정할 수 있다. 여기서는 초기 지정상태를 유지한다.

[7단계] 의사결정나무분석에 투입될 변수는 목표변수(종속변수에 해당됨, dependent variable)나 예측변수(독립변수에 해당됨, predictor variable)의 척도구성 여부를 판단하고 '확장방법(W)'을 결정한다. 의사결정나무분석의 확장방법은 [그림 7-12]에서 '확장방법(W)'에서 드롭다운버튼(▼)을 이용해서 선택하면 된다. 여기서는 독립변수와 종속변수가 질적변수이기 때문에 초기지정상태인 CHAID를 유지한다.

[그림 7-12] 의사결정트리 확장방법 선정

[8단계] [그림 7-12]에서 　확인　 버튼을 눌러 의사결정나무분석을 실시한다.

7.4 의사결정나무분석 결과

모형 요약

지정 사항	성장방법	CHAID
	종속 변수	y
	독립 변수	x
	타당성 검사	지정않음
	최대 트리 깊이	3
	상위 노드의 최소 케이스	100
	하위 노드의 최소 케이스	50
결과	독립변수 포함	x
	노드 수	4
	터미널 노드 수	3
	깊이	1

[그림 7-13] 모형요약

 의사결정나무분석의 성장방법인 CHAID, 분석에 사용된 종속변수와 독립변수가 나와 있다. 노드 수는 4, 터미널 노드 수는 3, 그리고 의사결정나무의 깊이는 1로 나타나 있다.

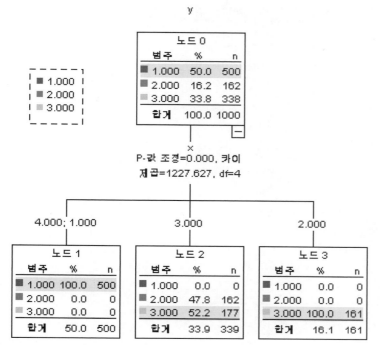

[그림 7-14] 트리 다이어그램 1

결과 해석 나무구조(트리 다이어그램)의 상단을 보면, 내비게이션 보유자(1)는 500명 (50.0%)이고, 미보유자(2)는 162명(16.2%)이다. 또한 무응답자는 338명(33.8%)인 것으로 나타났다. Bonferroni 방법에 의해서 조정된 카이제곱 통계량의 p값이 $\alpha = 0.05$보다 작기 때문에 운전자의 운전경력이 내비게이션의 보유현황에 유의한 영향을 미치고 있음을 알 수 있다.

이 그림 위에 마우스를 올려 놓고 더블클릭하면 다음과 같이 편집기 화면이 나타난다.

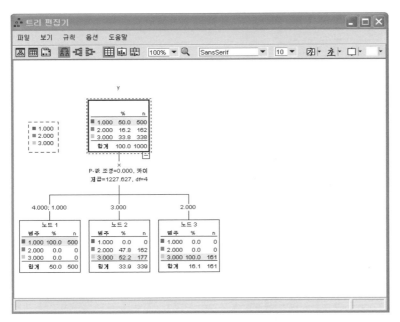

[그림 7-15] 트리 편집기

결과 해석　연구자는 각종 아이콘을 지정하여 취향에 맞는 도표나 정보를 얻고 보다 시각적인 작업을 진행할 수 있다. 이때 연구자는 내비게이션 보유 여부(y)에서 무응답(3)은 의사결정과정에 별의미가 없다고(분석의 효용성이 떨어지기 때문에) 생각하고 무응답자를 분석에서 제외시키면 어떨까? 하는 의문을 가질 수도 있을 것이다.

　이 경우는 데이터창(ch7-1.sav)을 열어 놓은 상태에서 다음과 같이 의사결정나무분석을 재실시한다.

[분석(A)] ➡ [분류분석(Y) ▶] ➡ [트리(R)...]

[1단계] 분석을 재실시하면 다음과 같은 화면이 나타난다.

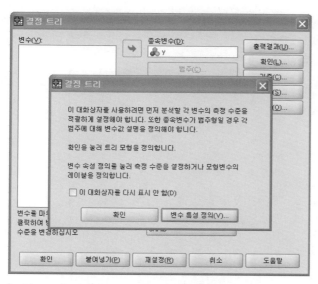

[그림 7-16] 결정트리에 대한 변수 특성 정의 전 단계

[2단계] 변수 특성 정의(V)... 버튼을 누르면 다음과 같은 화면이 나타난다.

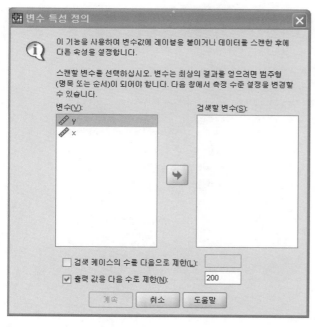

[그림 7-17] 변수 특성 정의

[3단계] y변수를 지정하고 ➡ 버튼을 이용하여 **[검색할 변수(S):]**로 보낸다. 그리고 계속 버튼을 누른다.

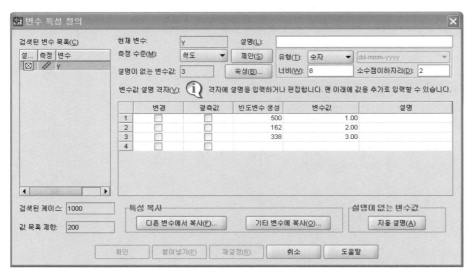

[그림 7-18] 변수 특성 정의

[4단계] [그림 7-18]의 변수 특성 정의에서 변수값 3은 결측값으로 지정하기 위해서 3행-결측값란에 ☑ 표시를 한다. 그리고 1의 설명란은 'yes'로, 2의 설명란은 'no'로 표시한다.

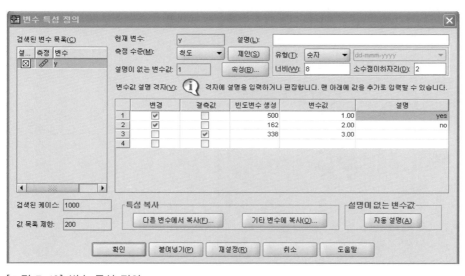

[그림 7-19] 변수 특성 정의

☐ 확인 ☐ 버튼을 누르고 의사결정나무분석을 실행한다.

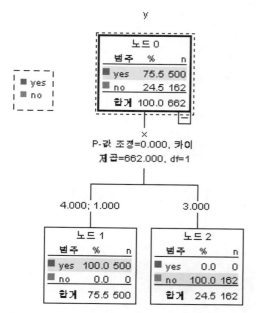

[그림 7-20] 트리 다이어그램 2

결과 해석　무응답값(338명)이 분석에서 제외되어 총 662명이 분석에 포함된 것을 알수 있다. 내비게이션을 보유하고 있는 사람 중 운전경력이 1년 미만(변수값 '1'), 3년 이상(변수값 '4')인 경우가 총 500명으로 75.5%를 차지하고, 운전경력이 2~3년인 경우는 내비게이션을 보유하고 있지 않은 것으로 나타났다.

　의사결정자는 이러한 의사결정나무분석 결과를 활용하여 새로운 마케팅 전략이나 고객관계전략을 구축해야 한다. 이런 과정에서 소위 직관과 창의력이 요구된다.

위험도

추정값	표준 오차 오류
.000	.000

성장방법: CHAID
종속변수: y

[그림 7-21] 위험도

결과 해석　구축된 모형이 관찰값을 오분류할 위험추정값은 0이고, 이에 대한 표준편차도 0임을 알 수 있다.

분류

감시됨	예측		
	yes	no	정확도(%)
yes	500	0	100.0%
no	0	162	100.0%
전체 퍼센트	75.5%	24.5%	100.0%

성장방법: CHAID
종속변수: y

[그림 7-22] 분류

 결과 해석 　분류결과를 보면, 분류확률이 100%로 완벽한 것으로 나타났다.

7.5 의사결정나무분석 실행 2

[예제 7.2] [신용상태]

(주)신용캐피탈은 고객과 관련한 신용평가 자료를 보유하고 있다. 이 회사의 기획팀에서는 고객의 신용상태를 결정하는 변수를 파악하기 위해서 노력하고 있다. 다음은 고객관련 자료이다.

[표 7-2] 자료설명

변수명	변수설명	변수값
credit_rating	고객들의 신용상태	0 = 신용불량, 1 = 양호 9 = 정보 없음
age	연령	
income	고객의 소득	1 = 낮음, 2 = 중간, 3 = 높음
credit_card	신용카드 보유 개수	1 = 5개 미만, 2 = 5개 이상
education	학력	1 = 고등학교 졸업 2 = 대학교 졸업
car_loans	자동차 대출	1 = 대출경험이 없거나 한 번 2 = 두 번 이상

[그림 7-23]은 SPSS창에 입력된 자료의 일부 화면이다.

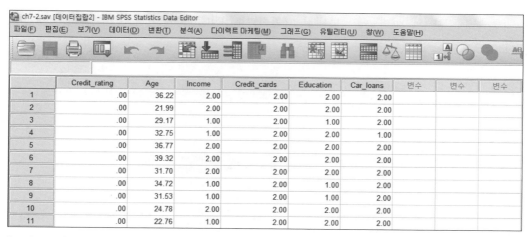

[그림 7-23] 자료화면

[데이터: ch7-2.sav]

[1단계] 의사결정나무분석을 하기 위해서 우선 다음 순서에 따라 진행하면 다음과 같은
화면이 나타난다.

[분석(A)] ➡ [분류분석(Y) ▶] ➡ [트리(R)...]

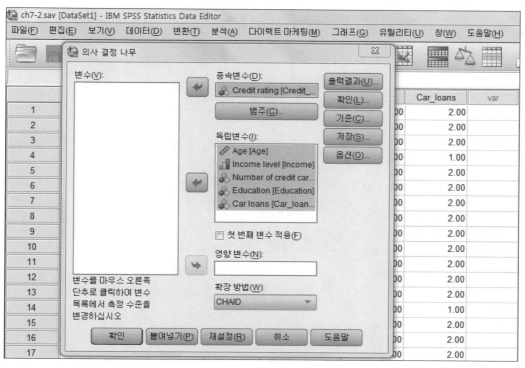

[그림 7-24] 변수지정창

  　　[종속변수(D):]에 y변수를 보내고, **[독립변수(I):]**에는 나머지 변수들(age, income, credit_card, education, car_loans)을 보낸다.

[2단계] 범주(C)... 버튼을 눌러서 관심대상인 신용불량(Bad)의 경우를 다음과 같이 지정한다.

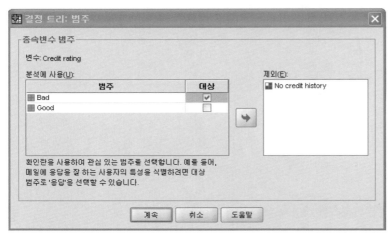

[그림 7-25] 범주화면

　　계속 버튼을 누르면 [그림 7-25]의 범주화면으로 돌아온다.

[3단계] 각종 출력결과 정보를 지정하기 위해 다음 표와 같이 선택한다.

[표 7-3] 자료설명

지정창	세부 지정창	
출력결과(U)	트리(T)	☑ 트리(T): 초기 지정값 ☑ 표형식의 트리(F)
	통계량	모형: 모두 독립변수: 지정하지 않음 노드성능: 초기 지정
	도표	☑ 이득(G) ☑ 지수(N) ☑ 응답(L)
	규칙	지정하지 않음
확인(L)	지정하지 않음	
기준(C)	확장한계	최대 트리 깊이: 초기 지정
		최소 케이스 수 　상위 노드(P): 400 　하위 노드(H): 200
	CHAID	초기 지정값
	구간	초기 지정값
저장(S)	저장된 변수	☑ 터미널 노드 수(T) ☑ 예측값(P) ☑ 예측확률(R)
옵션(O)	결측값: 초기 지정값	
	오분류비용: 초기 지정값	
	이익: 초기 지정값	

[4단계] 확인 버튼을 누르면 다음과 같은 결과를 얻을 수 있다.

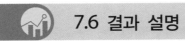 **7.6 결과 설명**

모형 요약

지정 사항	성장방법	CHAID
	종속 변수	Credit rating
	독립 변수	Age, Income level, Number of credit cards, Education, Car loans
	타당성 검사	지정않음
	최대 트리 깊이	3
	상위 노드의 최소 케이스	400
	하위 노드의 최소 케이스	200
결과	독립변수 포함	Income level, Number of credit cards, Age
	노드 수	10
	터미널 노드 수	6
	깊이	3

[그림 7-26] 모형요약

결과 해석   의사결정나무분석의 성장방법인 CHAID와 분석에 사용된 종속변수, 독립변수가 나타나 있다. 고객들의 신용을 결정하는 독립변수는 소득수준(income level), 카드 보유 수(credit_card), 연령(age)이며, 신용 노드 수는 10, 터미널 노드 수는 6, 의사결정나무의 깊이는 3으로 나타나 있다.

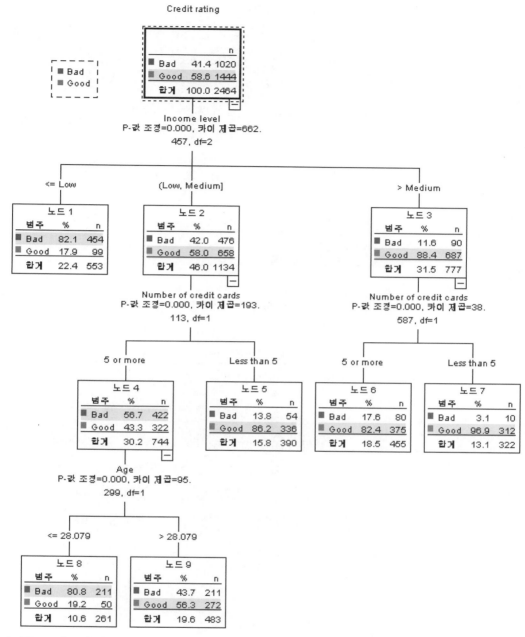

[그림 7-27] 트리 다이어그램

결과 해석   신용상태가 불량인 고객의 비율은 41.4%(1020/2464)이고, 우량인 경우는 58.6%(1444/2464)인 것으로 나타났다. 카이제곱의 확률값이 $\alpha = 0.05$보다 작으므로 신용상태(credit rating)를 결정하는 변수는 소득수준인 것으로 나타났다. 즉 소득수준이 낮을수록(1) 신용불량일 가능성이 높음을 알 수 있다.

소득수준이 중간인 경우(2)는 카드 보유 개수(credit_card)에 영향을 받는데, 카드를 5개 이상 보유하고 있는 경우 신용불량일 확률이 높다(56.7%). 반면에 카드를 5개 미만 보유하고 신용이 양호한 확률은 86.2%인 것으로 나타났다.

신용카드를 5개 이상 보유한 신용불량자 중에서 나이가 28.079세 이하인 경우는 80.8%인 것으로 나타났다.

대상 범주: Bad

노드에 대한 이익

노드	노드		이득		응답	지수
	N	퍼센트	N	퍼센트		
1	553	22.4%	454	44.5%	82.1%	198.3%
8	261	10.6%	211	20.7%	80.8%	195.3%
9	483	19.6%	211	20.7%	43.7%	105.5%
6	455	18.5%	80	7.8%	17.6%	42.5%
5	390	15.8%	54	5.3%	13.8%	33.4%
7	322	13.1%	10	1.0%	3.1%	7.5%

성장방법: CHAID
종속변수: Credit rating

[그림 7-28 대상 범주

결과 해석　기획실에서 보유하고 있는 신용평가자료에는 관심 있는 신용불량자에 대한 각 노드별 정보가 나타나 있다. 1번 노드의 경우 전체 553명 중 불량으로 판명된 경우가 454명으로 이득이 44.5%(454/553)임을 알 수 있다. 지수응답률은 198.3%(82.1/41.4, 1번 노드 응답률/전체 응답률)이다. 여기서 지수응답률은 특정 마디에 대한 응답비율을 전체 응답비율과 비교한 지수이다.

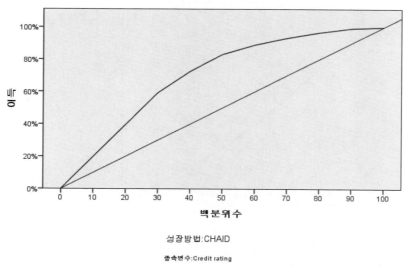

대상 범주:Bad

성장방법:CHAID
종속변수:Credit rating

[그림 7-29] 이익도표

결과 해석   [그림 7-29]는 각 이익도표에서 계산된 퍼센트 구간에 대한 이익 퍼센트를 연속적으로 연결한 도표이다. 모형의 판단 기준인 대각선에서 멀어질수록 모형이 우수하다고 해석한다.

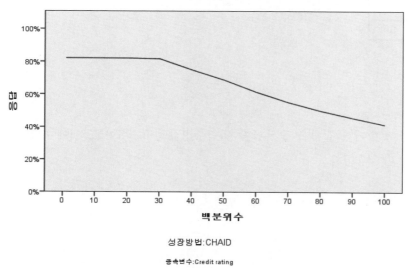

대상 범주:Bad

성장방법:CHAID
종속변수:Credit rating

[그림 7-30] 반응도표

결과 해석   신용불량 가능성이 있는 상위 20% 내에서 전체 불량고객 80% 이상을 포함하고 있는 우수한 모형이라고 판단한다.

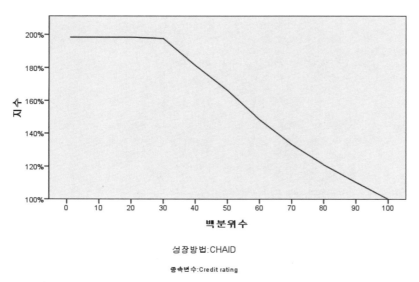

대상 범주:Bad

성장방법:CHAID

종속변수:Credit rating

[그림 7-31] 리프트 차트

결과 해석　각 퍼센트 구간에서 지수 퍼센트에 관한 내용을 시각적으로 확인할 수 있다.

위험도

추정값	표준 오차 오류
.205	.008

성장방법: CHAID
종속변수: Credit
rating

[그림 7-32] 위험도

결과 해석　구축된 모형이 관찰값을 오분류할 위험추정값은 0.205이고, 이에 대한 표준편차는 0.008임을 알 수 있다.

분류

감시됨	예측		
	Bad	Good	정확도(%)
Bad	665	355	65.2%
Good	149	1295	89.7%
전체 퍼센트	33.0%	67.0%	79.5%

성장방법: CHAID
종속변수: Credit rating

[그림 7-33] 분류

결과 해석 분류결과를 보면 분류확률은 $79.5\%\left(\dfrac{665+1295}{665+1295+149+355}\right)$로 나타나 어느

정도 높은 것을 알 수 있다.

1. 의사결정나무분석의 개념을 서술하여라.

2. 위험도란 무엇을 말하는가?

8장

판별분석

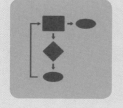
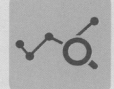

1. 판별분석의 개념, 목적 등을 이해한다.
2. 판별분석 절차를 이해한다.
3. 선형 판별식을 구하고 이를 설명할 수 있다.
4. 표본집단에 대한 판별식을 통해 집단별로 분류할 수 있다.
5. 판별식에 의거하여 새로운 개체(유보집단)를 분류할 수 있다.

판별분석(discriminant analysis)은 기존의 자료를 이용하여 관찰 개체들을 몇 개의 집단으로 분류하고자 하는 경우에 사용된다. 즉 등간척도나 비율척도로 이루어진 독립변수를 이용하여 여러 개의 집단인 종속변수로 분류하는 방법이다. 예를 들어, 한 고객이 은행에 신용카드 발급을 신청한 경우 신용카드를 발급할 것인가 혹은 거절할 것인가를 결정한다든지, 혹은 생물학자가 새의 몸크기, 색깔, 날개크기, 다리길이 등을 측정하여 암수를 구별하고자 할 때 이용된다.

판별분석의 목적은 각 관찰대상들이 어느 집단에 속하는지를 알 수 있는 판별식을 구하고, 그리고 이 판별식을 이용하여 새로운 대상을 어느 집단으로 분류할 것인가를 예측하는 데 있다. 즉, 두 개 이상의 집단을 구분하는 데 있어 분류의 오류를 최소화할 수 있는 선형결합을 도출하는 것이 주요 목적이다. 이 선형결합을 선형판별식 또는 선형판별함수(linear discriminant function)라고 하는데, 아래의 식과 같이 p개의 독립변수에 일정한 가중치를 부여한 선형결합 형태를 하고 있다.

$$D = W_1 X_1 + W_2 X_2 + \cdots + W_p X_p \tag{8.1}$$

여기서, D는 판별점수(discriminant score), W_p는 p번째 독립변수의 판별가중치, X_p는 p번째 독립변수를 나타낸다.

이와 같이 판별분석에서는 독립변수를 선형결합의 형태로 판별식을 구하고, 이로부터 판별대상의 판별점수를 구한다. 그리고 이 판별점수를 기준으로 하여 집단 분류를 한다. 그런데 판별함수의 목적이 종속변수를 정확하게 분류할 수 있는 예측력을 높이는 데 있다면, 일단 판별함수로부터 판별력이 유의한 독립변수들을 선택한 다음 판별함수로부터 계산된 판별점수나 분류함수로부터 계산된 분류점수를 이용할 수 있다. 변수가 2개일 때 관찰 개체를 판별하는 것을 그림으로 나타내면 다음과 같다.

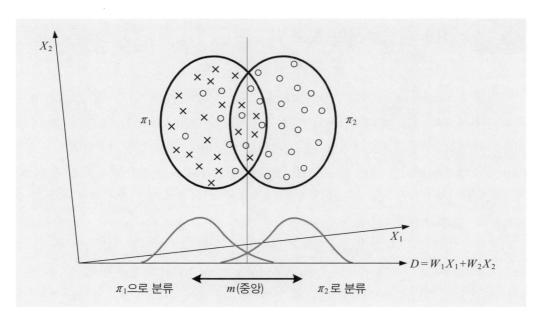

[그림 8-1] 판별분석의 기하학적 예시

위의 그림에서 ×표는 집단 1의 구성원에 대한 측정값이며, ○표는 집단 2의 구성원에 대한 측정값이다. ×표와 ○표를 둘러싸고 있는 두 타원은 각 집단에서 90% 정도를 포함한다고 할 수 있다. 위 산포도는 각 관찰값들의 위치를 알려주며 두 개의 타원은 두 집단을 분류하는 이변량 집합군을 나타낸다.

판별분석에서 필요한 기본가정은, 독립변수들의 결합분포는 다변량정규분포이며, 각 변수들 간의 공분산행렬은 같다는 것이다. 그리고 판별분석의 절차는 다음과 같으며, 각 단계는 예제를 통하여 설명하기로 한다.

① 변수의 선정
② 표본의 선정
③ 판별식의 수 결정
④ 상관관계 및 기술통계량의 계산
⑤ 판별함수의 도출
⑥ 판별함수의 타당성 검정
⑦ 검증된 판별함수의 해석
⑧ 판별함수를 이용한 예측

8.2 판별분석의 예제

[예제 8.1] 그린리조트 마케팅부에 근무하는 김대리는 지난 2년 동안 여름철 휴가기간 동안 리조트를 방문한 고객들의 특성을 파악하고, 어떠한 특성을 가진 고객들이 그린리조트를 이용하는지 파악하기 위해 30명에 대하여 조사를 실시하였다.

변수명	내용	코딩
id	고객번호	
$x1$	방문 여부	1=방문, 2=방문하지 않음
$x2$	월평균소득	만 원
$x3$	여행성향	1-10(1: 매우 싫어함, 10: 매우 좋아함)
$x4$	가족여행에 대한 중요성	1-10(1: 그다지 중요하지 않음, 10: 매우 중요함)
$x5$	가족구성원 수	( )명
$x6$	가장의 연령	( )세

[표 8-1] 콘도방문 정보 (계속)

id	$x1$	$x2$	$x3$	$x4$	$x5$	$x6$
1	1	330	5	8	3	43
2	1	400	6	7	4	61
3	1	340	6	5	6	52
4	1	350	7	5	5	36
5	1	320	6	6	4	55
6	1	300	8	7	5	68
7	1	310	5	3	3	62
8	1	330	2	4	6	51
9	1	320	7	5	4	57
10	1	200	7	6	5	45
11	1	310	6	7	5	44
12	1	300	5	8	4	64
13	1	320	1	8	6	54
14	1	350	4	2	3	56

[표 8-1] 콘도방문 정보

id	$x1$	$x2$	$x3$	$x4$	$x5$	$x6$
15	1	400	5	6	2	58
16	2	170	5	4	3	58
17	2	200	4	3	2	55
18	2	240	2	5	2	57
19	2	290	5	2	4	37
20	2	300	6	6	3	42
21	2	250	6	6	2	45
22	2	300	1	2	2	57
23	2	260	3	5	3	51
24	2	290	6	4	5	64
25	2	220	2	7	4	54
26	2	240	5	1	3	56
27	2	250	8	3	2	36
28	2	230	6	8	2	50
29	2	235	3	2	3	48
30	2	240	3	3	2	42

[1단계] SPSS 화면에 데이터를 입력한다. 이 화면은 데이터 입력을 완료한 화면의 일부이다.

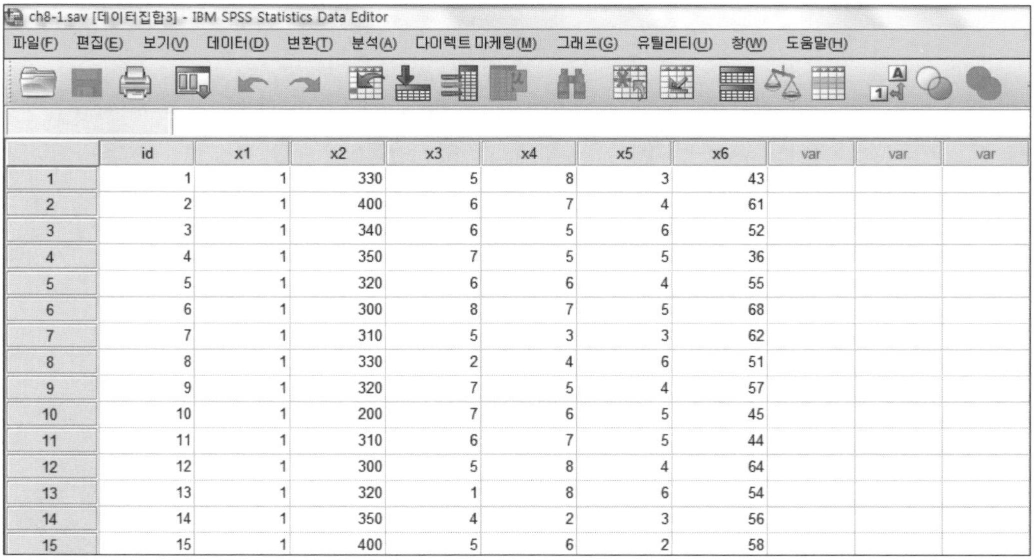

	id	x1	x2	x3	x4	x5	x6	var	var	var
1	1	1	330	5	8	3	43			
2	2	1	400	6	7	4	61			
3	3	1	340	6	5	6	52			
4	4	1	350	7	5	5	36			
5	5	1	320	6	6	4	55			
6	6	1	300	8	7	5	68			
7	7	1	310	5	3	3	62			
8	8	1	330	2	4	6	51			
9	9	1	320	7	5	4	57			
10	10	1	200	7	6	5	45			
11	11	1	310	6	7	5	44			
12	12	1	300	5	8	4	64			
13	13	1	320	1	8	6	54			
14	14	1	350	4	2	3	56			
15	15	1	400	5	6	2	58			

[그림 8-2] 데이터 입력화면 [데이터: ch8-1.sav]

[2단계] 판별분석을 실시하기 위해서 [분석(A)] → [분류분석(Y) ▶] → [판별분석(D)...] 버튼을 누른다.

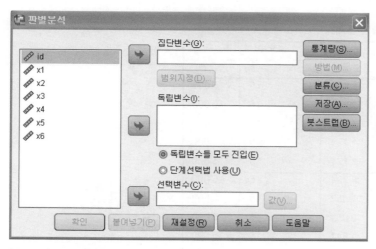

[그림 8-3]] 판별분석 초기화면

[3단계] [집단변수(G):]에 $x1$ 변수(그린콘도 방문 여부)를 보낸다. [독립변수(I):]에는 $x2$, $x3$, $x4$, $x5$, $x6$ 변수를 지정한다. 독립변수를 한꺼번에 투입하는 것이 아니라 선택된 독립변수의 수만큼 단계적으로 투입하는 방식인 ◉ 단계선택법 사용(U) 을 체크한다.

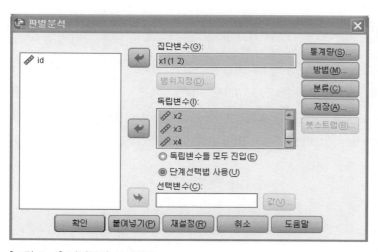

[그림 8-4] 판별분석 초기화면

[4단계] 통계량(S)..., 방법(M)..., 분류(C)..., 저장(A)...을 눌러 모든 내용을 선택한다. 그리고 확인 버튼을 누른다.

집단 통계량

x1		평균	표준편차	유효수(목록별)	
				가중되지 않음	가중됨
1	x2	325.33	46.425	15	15.000
	x3	5.33	1.877	15	15.000
	x4	5.80	1.821	15	15.000
	x5	4.33	1.234	15	15.000
	x6	53.73	8.771	15	15.000
2	x2	247.67	36.784	15	15.000
	x3	4.33	1.952	15	15.000
	x4	4.07	2.052	15	15.000
	x5	2.80	.941	15	15.000
	x6	50.13	8.271	15	15.000
합계	x2	286.50	57.041	30	30.000
	x3	4.83	1.949	30	30.000
	x4	4.93	2.100	30	30.000
	x5	3.57	1.331	30	30.000
	x6	51.93	8.574	30	30.000

[그림 8-5] 집단별 평균 및 표준편차

결과 해석 방문 여부 집단의 자료개수와 집단별 평균값, 표준편차가 제시되어 있다. 콘도를 방문한 경우와 방문하지 않은 경우 $x2$(월평균소득)의 평균은 각각 325.33(만 원), 247.67(만 원)이다. $x3$(여행성향)의 평균은 5.33, 4.33, $x4$(가족여행에 대한 중요성)의 평균은 5.80, 4.07, $x5$(가족구성원 수)의 평균은 4.33, 2.80, $x6$(가장의 연령)의 평균은 53.73, 50.13으로 평균값이 차이를 보이고 있으나 두 집단 간의 평균차가 통계적으로도 유의한지는 다음에서 살펴보겠다.

집단평균의 동질성에 대한 검정

	Wilks 람다	F	자유도1	자유도2	유의확률
x2	.521	25,790	1	28	.000
x3	.932	2,045	1	28	.164
x4	.824	5,990	1	28	.021
x5	.657	14,636	1	28	.001
x6	.954	1,338	1	28	.257

[그림 8-6] 집단평균의 동질성 검정

결과 해석 $x2$, $x3$, $x4$, $x5$, $x6$에 대한 Wilks 람다(Lambda)와 이를 F통계량으로 환산한 값이 제시되어 있다. Wilks' Λ(람다)$=\dfrac{\text{집단 내 분산}(SSW)}{\text{총분산}(SST)}$ 값이 크면 F통계량값이 작아지고, Wilks 람다값이 작으면 F통계량값이 커진다. F통계량값이 클수록 전체 분산비율이 크므로 판별력이 높아지게 된다. 6개 변수 중에서 $x2$, $x5$, $x4$는 F통계량값의 유의확률 < 0.05이므로 $x1$(콘도방문 여부)에 대한 $x2$(월평균소득), $x5$(가족구성원 수), $x4$(가족여행에 대한 중요성)의 평균차는 유의하다고 볼 수 있다. 그러나, $x3$(여행성향), $x6$(가장의 연령)는 평균차가 유의하지 않은 것으로 밝혀졌다. 집단 간의 분산이 작을수록 Wilks 람다값은 1에 가까워져 집단 간에는 차이가 없음을 확인할 수 있다.

집단-내 통합 행렬[a]

		x2	x3	x4	x5	x6
공분산	x2	1754,167	-6,786	-8,631	-5,488	-5,857
	x3	-6,786	3,667	.345	-,095	-3,190
	x4	-8,631	.345	3,762	.150	.288
	x5	-5,488	-,095	.150	1,205	-,402
	x6	-5,857	-3,190	.288	-,402	72,667
상관	x2	1,000	-,085	-,106	-,119	-,016
	x3	-,085	1,000	.093	-,045	-,195
	x4	-,106	.093	1,000	.070	.017
	x5	-,119	-,045	.070	1,000	-,043
	x6	-,016	-,195	.017	-,043	1,000

a. 공분산행렬의 자유도는 28입니다.

[그림 8-7] 집단평균의 동질성 검정집단 내 통합행렬

결과 해석 각 집단 내 통합행렬의 공분산행렬과 상관행렬이 나타나 있다.

공분산행렬[a]

x1		x2	x3	x4	x5	x6
1	x2	2155.238	-16.905	-8.143	-19.762	61.524
	x3	-16.905	3.524	.214	-.333	-.119
	x4	-8.143	.214	3.314	.357	-.057
	x5	-19.762	-.333	.357	1.524	-2.762
	x6	61.524	-.119	-.057	-2.762	76.924
2	x2	1353.095	3.333	-9.119	8.786	-73.238
	x3	3.333	3.810	.476	.143	-6.262
	x4	-9.119	.476	4.210	-.057	.633
	x5	8.786	.143	-.057	.886	1.957
	x6	-73.238	-6.262	.633	1.957	68.410
합계	x2	3253.707	13.534	26.483	25.500	66.655
	x3	13.534	3.799	.782	.305	-2.149
	x4	26.483	.782	4.409	.832	1.892
	x5	25.500	.305	.832	1.771	1.039
	x6	66.655	-2.149	1.892	1.039	73.513

a. 전체 공분산행렬은 29의 자유도를 가집니다.

[그림 8-8] 공분산행렬

결과 해석 전체 공분산행렬이 나타나 있다.

로그 행렬식

x1	순위	로그 행렬식
1	2	7.970
2	2	7.022
집단-내 통합값	2	7.642

인쇄된 판별값의 순위와 자연로그는 집단 공분산행렬의 순위 및 자연로그를 나타냅니다.

검정 결과

Box의 M		4.072
F	근사법	1.252
	자유도1	3
	자유도2	141120.000
	유의확률	.289

모집단 공분산행렬이 동일하다는 영가설을 검정합니다.

[그림 8-9] 공분산행렬의 동일성 검정(Box 검정)

결과 해석 판별분석은 다변량 정규분포를 가정하고, 또한 각 집단의 공분산이 동일하다는 가정하에 성립된다. 집단에 대한 공분산행렬의 동일성 검정은 Box 검정을 통하여 이루어진다. 공분산이 동일하다는 귀무가설은 유의확률(0.289) > 0.05이므로 채택된다.

귀무가설이 채택된 경우에는 판별분석이 유효하나, 기각된 경우에는 적절한 조치가 필요하다. 등공분산성의 가정이 위반되는 경우에는 독립변수를 표준화해서 변형시킬 수 있다. 그러나 두 공분산행렬이 크게 차이가 나지 않는 경우에는 선형판별함수를 그대로 사용해도 무방하다. 그리고 공분산행렬이 같지 않다는 결과는 정규분포의 가정도 위반되었다는 것을 의미할 수도 있다. 이 경우에는 각 독립변수의 정규분포성을 검정하여 위반시에는 이를 시정하고 Box의 M 검정을 재시도하는 것이 좋다. 자료가 다변량정규분포를 이루고 있으나 공분산행렬이 같지 않은 경우에는 선형판별함수 대신에 비선형판별함수의 이용을 권한다.

진입된/제거된 변수[a,b,c,d]

단계	진입된	Wilks 람다							
						정확한 F			
		통계량	자유도1	자유도2	자유도3	통계량	자유도1	자유도2	유의확률
1	x2	.521	1	1	28,000	25,790	1	28,000	.000
2	x5	.380	2	1	28,000	22,042	2	27,000	.000

각 단계에서 전체 Wilks의 람다를 최소화하는 변수가 입력됩니다.

a. 최대 단계 수는 10입니다.

b. 입력할 최소 부분 F는 3.84입니다.

c. 제거할 최대 부분 F는 2.71입니다.

d. F 수준, 공차한계 또는 VIN 부족으로 계산을 더 수행할 수 없습니다.

분석할 변수

단계		공차한계	제거할 F	Wilks 람다
1	x2	1,000	25,790	
2	x2	.986	19,682	.657
	x5	.986	10,002	.521

[그림 8-10] 입력/제거된 변수

결과 해석   본 예에서는 Wilks 방식을 지정하고, 단계선택법을 이용하고 있다. 선택규칙은 Wilks 람다값을 최소화하게 된다. 이때 변수들이 각 단계별 판별분석에 들어갈 것인지의 여부를 결정하는 기준이 독립변수들 간의 선형적인 연관성을 나타내주는 공차한계다. 1단계에서는 [그림 8-10]에 나타난 바와 같이 F통계량이 가장 큰 $x2$(월평균 소득) 변수가 투입되고, 2단계에서는 앞에서 예상한 바와 같이 $x5$(가족구성원 수)가 추가되어, 판별식은 $x2$, $x5$로 구성된다. 이 판별식의 유의도는 유의확률=0.000<0.05이어서 판별식이 유의함을 알 수 있다.

정준판별함수(canonical discriminant functions)의 최대 개수는 1개로 나타나 있다. 판별함수의 개수는 그룹의 수−1과 독립변수의 수 중 작은 값만큼 만들어진다. 이 예의 경우, 그룹의 수는 2개이고 독립변수의 수는 5개이므로 정준판별함수는 1개가 산출된 것이다. 그러나 산출할 수 있는 판별함수 모두가 통계적으로 유의한 것은 아니므로 $\alpha = 0.05$를 기준으로 평가해 보아야 한다.

첫 번째로 얻어지는 판별함수의 설명력이 항상 가장 크다. 만약, 이 첫 번째로 산출된 판별함수가 통계적으로 유의하지 않으면 더 이상 판별분석을 진행할 필요가 없다.

분석할 변수 없음

단계		공차한계	최소 공차한계	입력할 F	Wilks 람다
0	x2	1.000	1.000	25.790	.521
	x3	1.000	1.000	2.045	.932
	x4	1.000	1.000	5.990	.824
	x5	1.000	1.000	14.636	.657
	x6	1.000	1.000	1.338	.954
1	x3	.993	.993	1.749	.489
	x4	.989	.989	4.530	.446
	x5	.986	.986	10.002	.380
	x6	1.000	1.000	.772	.506
2	x3	.990	.978	1.585	.358
	x4	.985	.976	2.662	.345
	x6	.998	.984	.735	.369

[그림 8-11] 분석할 변수 없음

결과 해석　각 단계별로 투입될 변수를 나타낸다. 0단계에서는 변수들의 Wilks 람다값이 나타나 있다. F통계량이 크면 집단 간 차이가 크므로 설명력은 크다고 볼 수 있다. 1단계에서는 F통계량이 가장 큰 $x2$(월평균소득) 변수가 투입되고, 2단계에서는 $x2$(월평균소득), $x5$(가족구성원 수) 변수 등이 투입됨을 알 수 있다.

진입된/제거된 변수[a,b,c,d]

		Wilks 람다				정확한 F			
단계	진입된	통계량	자유도1	자유도2	자유도3	통계량	자유도1	자유도2	유의확률
1	x2	.521	1	1	28.000	25.790	1	28.000	.000
2	x5	.380	2	1	28.000	22.042	2	27.000	.000

각 단계에서 전체 Wilks의 람다를 최소화하는 변수가 입력됩니다.

a. 최대 단계 수는 10입니다.
b. 입력할 최소 부분 F는 3.84입니다.
c. 제거할 최대 부분 F는 2.71입니다.
d. F 수준, 공차한계 또는 VIN 부족으로 계산을 더 수행할 수 없습니다.

[그림 8-12] Wilks 람다

결과 해석　1단계와 2단계의 Wilks 람다값이 나타나 있다. 단계 1에서의 람다값은 0.521로 통계적으로 유의하다(유의확률 0.00 < 0.05). 단계 2에서의 람다값은 0.380으로 통계적으로 유의하다(유의확률 0.00 < 0.05).

고유값

함수	고유값	분산의 %	누적 %	정준 상관
1	1.633ᵃ	100.0	100.0	.788

a. 첫 번째 1 정준 판별함수가 분석에 사용되었습니다.

Wilks의 람다

함수의 검정	Wilks의 람다	카이제곱	자유도	유의확률
1	.380	26.137	2	.000

[그림 8-13] 정준 판별함수의 요약

결과 해석 정준 상관관계는 판별점수와 집단 간의 관련 정도(0.788)를 나타내는 것으로, 이 값이 클수록 판별력은 우수하다고 할 수 있다. 고유값은 집단 내의 분산을 집단 간 분산으로 나눈 값이다. 고유값이 클수록 우수한 판별함수라고 할 수 있다. 고유값(eigenvalue)은 집단 간 분산을 집단 내 분산으로 나눈 비율이므로, 고유값이 여러 개인 경우 고유값의 상대적 크기는 판별함수가 총 분산을 어느 정도 설명해 주고 있는가를 나타낸다. 예를 들어, 판별함수가 2개 도출된 경우 첫 번째 판별함수의 고유값이 1.3494(Pct of Variance 92.1)이고, 두 번째 판별함수의 고유값이 0.1161(Pct of Varinance 7.9)이라고 하자. 이때 고유값을 보고 첫 번째 판별함수가 두 번째 판별함수에 비해 설명력이 상당히 크다는 것을 알 수 있다. 그러나 설명력이 상대적으로 낮은 두 번째 판별함수가 통계적으로 유의한지의 여부를 알 수 있는 검정통계량은 SPSS에서 제공되지 않는다. 여기서는 판별함수의 고유값이 1.633으로 총분산의 100%(분산의 % 100.0)를 설명하고 있다고 알려 주고 있다.

그리고 정준 상관(canonical correlation)은 판별함수의 판별능력을 나타내는 것으로서 이 값이 1에 가까울수록 판별함수의 판별력이 높다는 것을 의미한다. 이것은 일원분산분석(one-way analysis of variance)의 에타(eta)와 같은 것으로서 설명력을 나타낸다. 집단의 수가 2개일 때 Wilks 람다값은 집단 내 분산을 총 분산으로 나눈 비율을 나타낸다. 그러나 집단의 수가 2개 이상일 때에는 각 판별함수의 집단 내 분산/총분산의 곱을 나타낸다. 따라서 람다값이 작을수록 그 판별함수의 설명력은 높아진다. 이 람다값과 자유도를 고려한 χ^2-통계량값으로 환산한 값과 그 확률값이 제공되므로, 이를 이용하여 판별함수의 유의성을 검정할 수 있다. 여기서 $\chi^2 = 26.137$의 확률값은 $0.000 < \alpha = 0.05$이므로 판별함수, 즉 집단 간 판별점수 차는 유의한 것으로 나타났다.

표준화 정준 판별함수 계수

	함수
	1
x2	.830
x5	.665

[그림 8-14] 표준화된 정준 판별함수

결과 해석 첫 번째 판별함수의 계수를 표준화하여 보여주고 있다. 이를 함수로 나타내면 $D = 0.830\,x2 + 0.665\,x5$ 이다. 여기에 자료를 대입할 때는 자료도 표준화해야 한다. 이 판별식에서 계수의 절대값 크기는 변수들 간의 상대적인 중요도를 나타낸다. 즉, x2와 x5 계수의 절대값 크기를 비교해보면 x2가 x5에 비해 설명력이 더 높은 변수임을 알 수 있다.

구조행렬

	함수
	1
x2	.751
x5	.566
x3[a]	-.100
x6[a]	-.042
x4[a]	-.041

판별변수와
표준화 정준
판별함수 간의
집단-내 통합
상관행렬.
변수는 함수내
상관행렬의
절대값
크기순으로
정렬되어
있습니다.

a. 이 변수는
분석에
사용되지
않습니다.

[그림 8-15] 구조행렬

결과 해석 구조행렬에서는 판별함수와 변수들의 상관관계를 나타낸다. 이 상관계수가 높을수록 판별점수도 높아진다. x2의 상관계수가 가장 높기 때문에 이 판별함수에서 가장 영향력이 큰 변수라고 볼 수 있다.

정준 판별함수 계수

	함수
	1
x2	,020
x5	,606
(상수)	-7,842

표준화하지 않은 계수

[그림 8-16] 정준 판별함수(비표준화된 판별함수)

결과 해석   비표준화된 정준 판별함수는 $D = -7.842 + 0.020\,x2 + 0.606\,x5$이다. 이 판별함수에는 원래 자료를 그대로 대입하여 판별점수를 구한다. 그리고 판별함수의 계수는 표준화되지 않았으므로 독립변수($x2$, $x5$)의 상대적인 중요성을 판단하는 데 사용해서는 안 된다.

함수의 집단중심점

	함수
x1	1
1	1,234
2	-1,234

표준화하지 않은 정준 판별함수가
집단 평균에 대해 계산되었습니다.

[그림 8-17] 함수의 집단 중심점

결과 해석   판별식에 의해 구한 판별점수가 분류기준보다 크면 집단 1, 반대로 작으면 집단 2로 분류한다. 아래에 집단 중심점(group centroids) 혹은 각 집단의 평균 판별점수가 나타나 있다. 집단 1의 평균 판별점수는 1.234이고, 집단 2의 평균 판별점수는 -1.234이다. 분류기준은 이 두 집단 중심점의 평균이므로 {1.234+(-1.234)}/2 = 0이다. 그러므로 0보다 큰 값을 갖는 경우는 집단 1(콘도 이용고객)로 분류하고, 0보다 작은 값을 가지면 집단 2(콘도 미이용고객)로 분류한다. 그런데 두 집단의 표본 수가 다른 경우($n_1 \neq n_2$)에는 다음과 같이 계산한다.

$$중심점 = \frac{n_2\,C_1 + n_1\,C_2}{n_1 + n_2}$$

여기서 C_1과 C_2는 각 집단의 중심점이다.

집단에 대한 사전확률

x1	사전확률	분석에 사용된 케이스	
		가중되지 않음	가중될
1	.500	15	15.000
2	.500	15	15.000
합계	1.000	30	30.000

분류 함수 계수

	x1	
	1	2
x2	.200	.151
x5	4.506	3.010
(상수)	-42.918	-23.557

Fisher의 선형 판별함수

[그림 8-18] 분류통계량

결과 해석　각 집단별 판별점수를 결정하는 피셔의 1차 판별함수를 보여주고 있다. 콘도를 이용하는 1집단은 $Y = -42.92 + 0.200\,x2 + 4.506\,x5$, 콘도를 이용하지 않는 2집단은 $Y = -23.56 + 0.151\,x2 + 3.010\,x5$가 된다. 여기서 판별하고자 하는 집단의 변수값들을 한 개씩 대입하면 개별 경우의 집단별 판별점수를 구할 수 있다.

케이스별 통계량

	케이스 수	실제집단	최대집단					두 번째로 큰 최대집단			판별점수
			예측집단	P(D>d | G=g)		P(G=g|D=d)	중심값까지의 제곱 Mahalanobis 거리	집단	P(G=g|D=d)	중심값까지의 제곱 Mahalanobis 거리	함수 1
				확률	자유도						
원래값	1	1	1	.474	1	.783	.512	2	.217	3.075	.519
교차 유효값[a]	1	1	1	.420	1	.747	1.733	2	.253	3.900	

원래 데이터의 경우 제곱 Mahalanobis 거리는 정준 함수를 기준으로 결정됩니다. 교차유효화 데이터의 경우 제곱 Mahalanobis 거리는 관측에 따라 결정됩니다.
a. 분석시 해당 케이스에 대해서만 교차유효화가 수행됩니다. 교차유효화시 각 케이스는 해당 케이스를 제외한 모든 케이스로부터 파생된 함수별로 분류됩니다.

[그림 8-19] 케이스별 통계량

결과 해석　각 사례에 대한 실제집단과 예측집단에 속할 확률과 판별점수가 나타나 있다. $P(D/G)$는 case 1이 집단 2에 속할 때 판별점수 D를 얻을 수 있는 확률을, $P(G/D)$는 판별점수가 D일 때 집단 2에 속한 사후확률을 나타낸다. 그리고 '두 번째로 큰 집단'은 case 1이 판별식에 의해 소속될 확률이 두 번째로 높은 집단은 집단 2라는 것이며, $P(G/D)$는 집단 2의 사후확률을 나타낸다. 그리고 마지막으로 판별점수(discriminant scores)가 제공되고 있다.

첫 번째 표본에서 두 확률 집단의 $P(G/D)$ 수치를 합하면 $0.783 + 0.217 = 1$이 된다. 마지막 열에는 판별점수가 나와 있는데 분류기준 혹은 집단중심점과 비교하여 판별하게 된다. 첫 번째 표본은 판별점수가 0.519로서 0보다 크므로 집단 1, 즉 콘도 이용고객으로 분류되었다. 집단 중심점과 비교하는 경우에는 판별점수가 집단 1의 중심점에 가까우면 집단1로, 집단 2의 중심점에 가까우면 집단 2로 판별되기 때문이다.

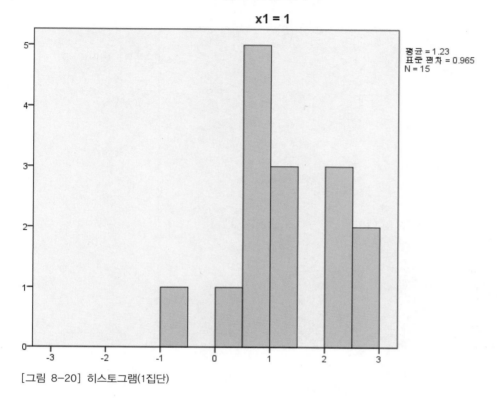

[그림 8-20] 히스토그램(1집단)

결과 해석　0을 기준으로 0보다 크면 1집단(콘도 이용고객), 0보다 작으면 2집단으로 분류되는데, 여기서는 1개의 개체가 2집단으로 잘못 판별되었음을 보여준다. 여기서 막대의 높이는 빈도수를 의미한다.

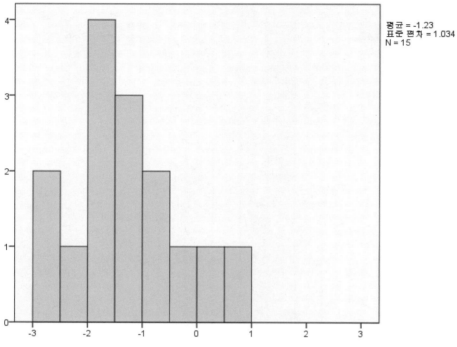

[그림 8-21] 히스토그램(2집단)

결과 해석　　이 그래프에서 집단 2의 자료는 $x1=2$로 표시하고 있다. x축의 0은 중심
값을 나타낸다. 0을 중심으로 오른쪽에는 2개체가 있는데 오판된 부분을 의미한다.

분류결과[b,c]

		x1	예측 소속집단		전체
			1	2	
원래값	빈도	1	14	1	15
		2	2	13	15
	%	1	93.3	6.7	100.0
		2	13.3	86.7	100.0
교차 유효값[a]	빈도	1	14	1	15
		2	2	13	15
	%	1	93.3	6.7	100.0
		2	13.3	86.7	100.0

a. 분석시 해당 케이스에 대해서만 교차유효화가 수행됩니다.
　교차유효화시 각 케이스는 해당 케이스를 제외한 모든 케이
　스로부터 파생된 함수별로 분류됩니다.
b. 원래의 집단 케이스 중 90.0%이(가) 올바로 분류되었습니다.
c. 교차유효화 집단 케이스 중 90.0%이(가) 올바로 분류되었습
　니다.

[그림 8-22] 판별적중률

이 표는 판별한 결과를 정리한 것이다. 집단 1에 속한 15개 중 14개가 집단 1로 판별되었고, 1개가 집단 2로 판별되었으므로 집단 1의 판별 적중률은 93.3%이다. 집단 2의 경우는 13개를 집단 2로, 2개를 집단 1로 판별하여 판별적중률은 86.7%이다. 따라서 전체의 판별적중률은 90%이다. 여기서 판별적중률은 회귀분석의 적합도를 나타내는 r^2의 개념과 비슷하다. 회귀분석에서의 r^2은 선형회귀식이 얼마나 자료를 잘 적합시켰는가를 나타내는 것이고, 판별적중률은 판별식이 대상을 잘 분류하는가를 나타내는 정도라고 할 수 있다.

8.4 새로운 개체의 판별(예측)

[예제 8.2] 지금까지 얻은 정보를 근거로 무작위로 표본을 추출하여 다음 소비자 4명을 조사하여 그린리조트의 이용 가능성 여부를 판별하여 보자.

[표 8-2] 유보표본

구분	$x2$(월평균소득)	$x5$(가족구성원 수)
1	340	4
2	320	5
3	230	3
4	250	3

[1단계] 콘도 이용 여부의 판별에 중요한 영향을 미치는 독립변수들 중에서 중요한 변수의 구성을 살펴보자. $x2$, $x5$의 데이터가 표준화된 자료가 아니므로 [그림 8-16]의 비표준화된 정준 판별함수 $D = -7.842 + 0.020\,x2 + 0.606\,x5$를 이용한다.

[2단계] 이 3명의 소비자가 어느 그룹에 속하는지를 알기 위해서는 다음과 같은 순서에 의해 SPSS의 syntax 명령문 편집기에서 입력하면 된다. **[파일(F)]** → **[새파일(N) ▶]** → **[명령문(S)]** 버튼을 누른다.

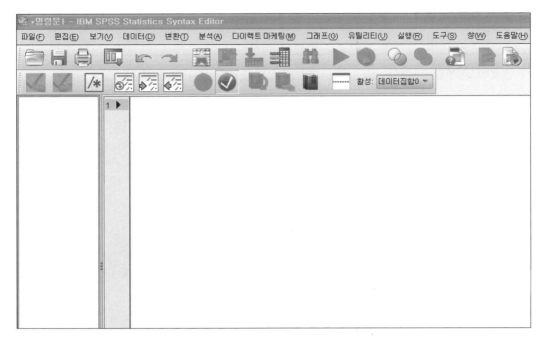

[그림 8-23] 명령문 시작화면

[3단계] 다음과 같은 명령어를 입력한다. 분석자는 SPSS의 명령문에서 명령문 입력이 끝날 때는 마침표(.)를 반드시 찍어야 하고, 명령문이 이어질 경우는 슬래시(/)를 표시해야 한다는 사실을 기억해야 한다.

[그림 8-24] 명령문 작성   [데이터: ch8-2.sps]

```
DATA LIST FREE/x2 x5.
BEGIN DATA.
340  4
320  5
230  3
250  3
END DATA.
COMPUTE SCORE=−7.842+0.020*x2+0.606*x5.
FORMATS SCORE(F6.3).
LIST CASES=4/VARIABLES=x2 x5 SCORE
/FORMATS=NUMBERED.
```

[4단계] 분석자는 마우스로 작성한 명령문의 모든 범위를 지정한 다음 실행키(▶)를 이용하여 실행시킨다. 그러면 새로운 창에서 판별식이 계산된 것을 확인할 수 있다.

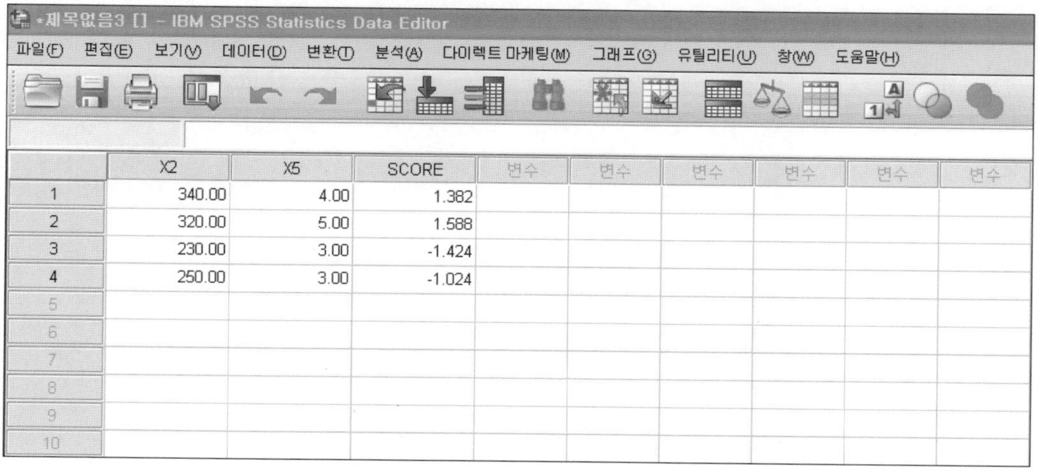

[그림 8-25] 판별 결과

결과 해석   소비자 1과 2는 0보다 크므로 그린리조트를 이용할 가능성이 있는 잠재고객으로 분류된다. 반면에 소비자 3과 4는 0보다 작으므로 그린리조트의 이용 가능성이 없는 것으로 분류하였다. 이 결과가 데이터 보기 창에 저장되어 있는 것을 확인할 수 있다.

1. 판별분석의 개념과 주요 목적을 정리해서 설명하여라.

2. 기업(1＝건전기업, 2＝부도기업)＝$f(x1, x2, x3)$의 함수를 통해서 다음 자료를 이용하여 함수식을 구하여라. 그리고 $x1＝4$, $x2＝2$, $x3＝200$인 기업의 부도 여부를 예측해 보아라.

건전기업(1)			부도기업(2)		
5	110	200	3	90	400
7	120	300	2	80	300
9	130	200	−2	100	500
3	100	400	4	120	600
6	160	150	1	100	450
5	122	154	0	86	350
4	125	204	2	95	300
8	160	185	3	110	380
7	180	250	2	95	320
6	190	230	1	150	300

참고: $x1$(매출액 순이익률)＝(순이익/매출액)×100
$x2$(유동비율)＝(유동자산/유동부채)×100
$x3$(부채비율)＝(타인자본/자기자본)×100

대응일치분석

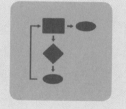

1. 분할표에 대한 χ^2(카이제곱) 검정을 통해 독립성 여부를 판단하여 상관 정도를 나타내는 방법을 이해한다.

2. 대응일치분석을 통해 분할표를 위치도에 나타냄으로써 보다 시각적인 효과를 얻는 방법을 실행할 수 있다.

사회과학적인 연구조사에서 측정대상을 상호 배타적인 집단으로 분류하는 경우 명목척도가 많이 이용되고 있다. 이 명목척도로 응답된 자료는 교차분석에 의해 분할표를 통해 정리될 수 있다. 여기서 분할표란 데이터를 행(row)과 열(column)의 형태로 배열한 것으로, 사실을 쉽게 파악할 수 있도록 하는 테이블을 의미한다.

SPSS 프로그램에서 이러한 분할표를 지각도(perceptual map)로 나타낼 수 있다. 이 통계분석방법을 최적화 척도법(optimal scaling)이라고 부른다. 여기서, 지각도는 일종의 포지셔닝 맵으로서 소비자들이 제품에 대하여 심리적으로 느끼는 공간상의 상대적 위치를 말한다. 지각도를 통해 소비자들이 판단, 선호하는 기업 및 속성의 평가를 통해, 이 결과를 차원에 나타냄으로써 자사와 경쟁기업들과의 위치를 파악할 수 있다. 최적화 척도법의 종류로는 ① 대응일치분석(ANACO; Correspondence Analysis), ② 동질성 분석(HOMALS; Homogeneity Analysis), ③ 비선형 주성분분석(PRINCALS; Nonlinear Principal Components Analysis), ④ 비선형 정준상관분석(OVERALS; Nonlinear Canonical Correlation Analysis) 등이 있다. 이 장에서는 행과 열의 유사성 분석을 통해 상관관계를 파악하는 대응일치분석에 대해 주로 설명하기로 한다.

대응일치분석은 다차원척도분석(MDS; Multidimensional Scaling)의 방법으로, 행(속성)과 열(회사별, 브랜드별, 제품별 등)의 분할표로 나타낼 수 있는 질적 자료의 분석방법이다. 다차원척도에 있어 전통적인 다변량분석방법은 판별분석과 요인분석에 의존하여 왔다. 그러나 대응일치분석기법은 지각도를 나타내는 것으로 최근 개발되었다. 이 기법은 지각도를 구축하여 주고 차원의 수를 줄여주는 데 유용하다. 대응일치분석의 장점은 이항 또는 명목척도 등과 같이 질적 자료로 획득된 자료의 수를 줄여주고, 속성 사이의 각 수준별 관측값들을 저차원(예컨대, 2차원 평면)으로 나타낼 수 있어 비유사성을 확인할 수 있다. 그러나 탐색적인 자료분석기법이므로 가설검정에는 적합하지 않다는 점과 적정한 수의 차원을 제공하지 못한다는 것이 단점이다. 또한 행(속성)과 열(브랜드)에 대한 이상값에 민감하므로 결과 해석 시에 일부 대상 및 속성이 누락될 수 있다. 이와 같이 대응일치분석은 적은 수의 차원을 이용하여 행과 열의 관계를 나타낸다.

앞에서 다룬 다차원척도법은 기업 비교만 가능하다. 그러나 대응일치분석은 회사와 관련된 속성(요인)을 직접적으로 비교할 수 있는 기법이다. 연구자는 지각도를 나타내는 경우 속성과 기업을 동시에 비교할 수 있으므로, 경영 의사결정에 유용하게 이용할 수 있다.

9.2 SPSS 예제 실행

[예제 9.1] 개방과 소통이 중요한 시대를 맞이하여 사회관계서비스(SNS; Social Network Service)에 대한 관심이 높아지고 있다. 각 회사별(페이스북, 트위터, 싸이월드, 카카오톡) 서비스 품질에 대하여 신뢰성·확신성·유형성·감정이입·대응성 속성 측면에서 조사하였다. 조사 참여자는 7명이고, 응답방식은 복수응답방식을 채택하였다. 회사별 서비스 요인의 관계는 다음 표와 같다. 이 자료를 대응일치방법을 이용하여 시각화하여라.

[표 9-1] 놀이공원과 이미지요인의 교차분석 분할표

factor \ company	페이스북 (1)	트위터 (2)	싸이월드 (3)	카카오톡 (4)
신뢰성(1)	5	4	2	3
확신성(2)	4	5	2	5
유형성(3)	5	5	2	3
감정이입(4)	6	3	2	4
대응성(5)	6	4	3	5

[1단계] SPSS 프로그램상에 다음과 같이 자료를 입력한다.

	SNS	요인	변수	변수	변수	변수	변수	변수	변수	변수	변수
1	1	1									
2	1	1									
3	1	1									
4	1	1									
5	1	1									
6	1	2									
7	1	2									
8	1	2									
9	1	2									
10	1	3									
11	1	3									

주: 숫자는 응답자 현황을 나타냄.   [데이터: ch9-1.sav]

[그림 9-1] 데이터 입력

[2단계] [분석(A)] → [차원감소 ▶] → [대응일치분석(C)…]을 누른다.

[그림 9-2] 대응일치분석 1

[3단계] [행(R):]에는 '요인' 변수를 지정한다. 범위지정(D)… 에는 최소값란에 '1', 최대값란에는 '5'를 입력한다. **[열(C):]**에는 'SNS' 변수를 지정한다. 범위지정(I)… 에는 최소값란에 '1', 최대값란에는 '4'를 입력한다.

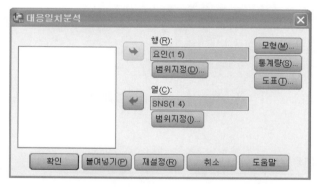

[그림 9-3] 대응일치분석 2

[4단계] 선택창에서 모형(M)… 창은 초기 지정값을 유지하고, 통계량(S)… 창에서는 다음을 지정한다.

[그림 9-4] 대응일치분석: 통계량

[5단계] [계속] 버튼을 누르면 앞의 [그림 9-3]으로 이동한다. [도표①...] 창을 누르고 산점도
에서 ☑행 점(O)과 ☑열 점(M)을 추가로 지정한다.

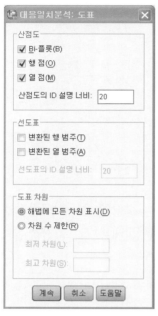

[그림 9-5] 대응일치분석: 도표

[6단계] [계속] 버튼을 누르면 앞의 [그림 9-3]으로 이동한다. 여기서 [확인] 버튼을 누
른다.

대응일치표

요인	SNS				
	페이스북	트위터	싸이월드	카카오톡	액티브 주변
신뢰성	5	4	2	3	14
확신성	4	5	2	5	16
유형성	5	5	2	3	15
감정이입	6	3	2	4	15
대응성	6	4	3	5	18
액티브 주변	26	21	11	20	78

[그림 9-6] SNS와 요인의 대응일치표

결과 해석   예제의 교차분석표와 동일한 교차분석표가 나타나 있다. 여기서 액티브 주
변은 행과 열의 각 합을 말한다.

행 포인트 개요[a]

요인	매스	차원의 점수 1	차원의 점수 2	요약 관성	차원의 관성에 대한 포인트 1	차원의 관성에 대한 포인트 2	포인트의 관성에 대한 차원 1	포인트의 관성에 대한 차원 2	전체
신뢰성	.179	-.001	.313	.002	.000	.179	.000	.991	.991
확신성	.205	.458	-.408	.009	.361	.349	.599	.389	.988
유형성	.192	.292	.428	.005	.137	.360	.362	.638	1.000
감정이입	.192	-.492	-.026	.006	.390	.001	.905	.002	.907
대응성	.231	-.240	-.216	.003	.111	.110	.469	.311	.780
액티브 전체	1.000			.025	1.000	1.000			

a. 대칭 정규화

[그림 9-7] 행 포인트 개요

결과 해석　정확한 차원을 결정하는 일과 X, Y축에 명칭을 부여하는 것은 연구자에게 중요한 과제다. 각 차원과 요인별 좌표가 나타나 있고, SNS 서비스 요인과 2차원에 대한 기여도가 나타나 있다. 신뢰성 요인은 1차원에 0%, 2차원에는 17.9% 기여하는 것으로 나타났다.

열 포인트 개요[a]

SNS	매스	차원의 점수 1	차원의 점수 2	요약 관성	차원의 관성에 대한 포인트 1	차원의 관성에 대한 포인트 2	포인트의 관성에 대한 차원 1	포인트의 관성에 대한 차원 2	전체
페이스북	.333	-.356	.245	.007	.353	.204	.704	.274	.978
트위터	.269	.523	.200	.010	.618	.110	.893	.107	1.000
싸이월드	.141	-.156	-.031	.002	.029	.001	.254	.008	.263
카카오톡	.256	-.001	-.511	.007	.000	.685	.000	.987	.987
액티브 전체	1.000			.025	1.000	1.000			

a. 대칭 정규화

[그림 9-8] 열 포인트 개요

결과 해석　SNS에 대한 차원의 점수가 나타나 있다. 또한, SNS 측면에서 페이스북은 X축(1차원)에 35.3%, Y축(2차원)에 20.4% 기여하는 것으로 나타났다.

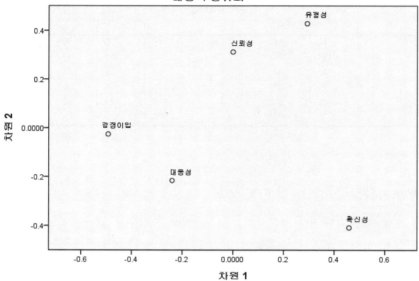

[그림 9-9] 행점

결과 해석　행점(factor)에 대한 차원별 좌표가 나타나 있다.

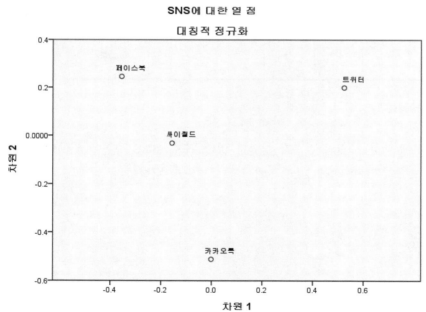

[그림 9-10] 열점

결과 해석　열점(place)에 대한 차원별 좌표가 나타나 있다.

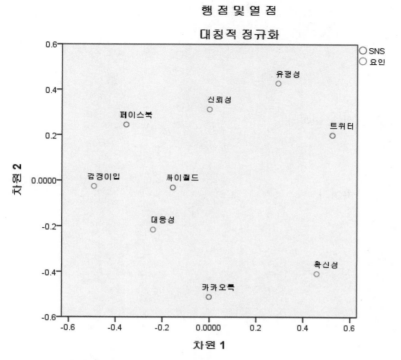

[그림 9-11] 행점 및 열점의 대칭적 정규화

결과 해석　이 결과에는 행(factor) 지각도와 열(place) 지각도를 서로 겹쳐서 만든 행렬 결합 지각도가 나타나 있다. SNS와 서비스 요인을 통해서 서로 근접해 있는 서비스 요인이 이용자 관점에서 SNS의 우위요소가 될 수 있다. 그림에서 트위터 서비스는 신뢰성, 유형성에 우위요소가 있음을 확인할 수 있다.

1. 대응일치분석의 개념을 정리해 보아라.

2. 대응일치분석 절차를 설명하여라.

CMA 이용 메타분석

10장

메타분석의 기본 이해

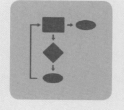
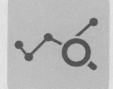

1. 메타분석의 기본 개념을 이해한다.
2. 메타분석의 절차를 숙지한다.
3. 효과크기 계산 및 해석방법을 확인한다.

분석은 일반적으로 1차 분석, 2차 분석, 그리고 메타분석의 세 가지로 나눌 수 있다. 1차 분석(primary analysis)은 연구자가 직접 원천자료를 확보하여 분석하는 방법이고, 2차 분석(secondary analysis)은 타인이나 연구기관에서 실시한 연구보고서를 분석하여 대안을 내놓는 방법이다. 그리고 메타분석(meta analysis)은 기존 문헌을 분석하는 방법이다.

메타분석 관련 영문 용어는 quantitative research synthesis, overview, pooling of results, research synthesis, research review 등 다양하다(오성삼, 2011). 1970년대 중반 이후 교육심리학에서 시작된 메타분석은 이후 다양한 학문 분야에서 문헌연구 수단으로 널리 이용되고 있다. 연구자들이 메타분석을 선호하는 이유는 메타분석이 선행연구의 도출 결과를 통계적 방법을 사용하여 통합해 주기 때문이다.

메타분석은 '분석들의 분석을 한다(analysis of analysis)'라는 의미를 가진다(Glass, 1976). 또한 통계적 방법을 통해 기존 연구들의 결과를 과학적으로 종합하고 효과성을 검증해서 객관적 결과를 도출하는 분석방법을 뜻한다(Borenstein, Hedges, Higgins, & Rothstein, 2009). 이러한 메타분석의 영역을 그림으로 나타내면 다음과 같다.

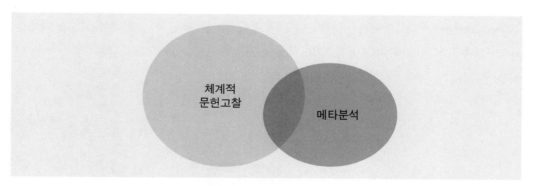

[그림 10-1] 메타분석

다음은 메타분석에 대한 관심의 정도를 알아보기 위해 구글 트랜드(http://www.google.co.kr/trends)에 'Meta Analysis'를 입력한 결과를 나타낸 것이다.

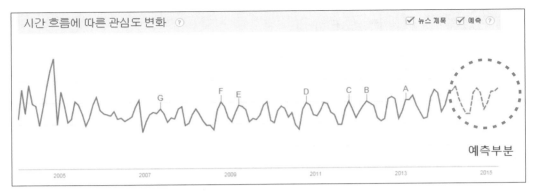

[그림 10-2] 메타분석의 관심 정도

　[그림 10-2]를 보면, 2004년에 관심도가 높았다가 현재까지도 관심도가 지속되고 있음을 알 수 있다. 동그라미 점선부분은 예측을 나타낸다.

　연구자가 연구과정에서 직면하게 되는 일은 한두 가지가 아니다. 실험결과를 이용한 논문들은 대부분 제한된 샘플(통제 및 실험집단 크기)로 이루어지기 때문에 이를 과학적 명제화 혹은 일반화하기가 어려운 것이 현실이다. 연구자는 과거 수십 편의 논문에 나타난 실험결과를 통계적 분석 대상의 관찰값으로 전환하여 실험결과를 일반화하는 분석을 할 수 있다. 즉, 연구자는 모집단(population)에 대한 실험결과를 과거 논문의 관찰값(observation)을 이용해 모집단의 결과로 추정할 수 있다. 이 방법이 앞에서 언급한 메타분석(meta analysis)이다. 연구자는 개별 연구의 효과크기를 통합하기 위하여 표본크기에 따라 가중치를 부여하는 평균효과크기(weighted mean effect size)를 도출할 수 있다. 메타분석을 이해하기 쉽게 그림으로 나타내면 다음과 같다.

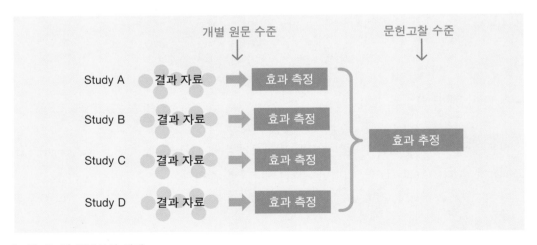

[그림 10-3] 메타분석 이해

메타분석은 문헌고찰이나 방대한 양의 조사가 이루어지지 않으면 표본의 대표성 문제와 연구결과의 왜곡이 있을 수 있다는 점, 사과와 오렌지를 합해 놓고 통합된 결론을 추론한다는 측면에서 비논리적이라는 점, 타당성이 낮은 연구를 타당성이 높은 연구와 혼합함으로써 왜곡된 결론을 유도한다는 점 등의 단점을 가지고 있다. 그러나 이러한 단점에도 불구하고 일반화와 간결성 연구 방향에 적합한 것으로 인정받고 있다. 또한 최근에는 의학 분야 혹은 교육학·사회복지학 등 사회과학 분야에서 한정적 실험결과의 일관성(consistency)을 검증하기 위한 분석방법으로 자주 이용되고 있다. 이들 학문 분야에서는 과거의 실험결과값을 이용해 어떤 실험결과를 일반화하는 분석방법으로 주로 이용되고 있다.

메타분석이란?

계량적 분석을 실시한 선행연구에서 도출한 결과를 통계적 방법을 사용하여 통합하는 연구방법을 말한다.

10.2 메타분석의 절차

메타분석은 관련 주제의 선행연구 결과에 대한 종합적인 연구로, 일반적인 연구 절차와 동일한 과정을 거친다. 사실 연구(research)를 효과적으로 수행하기 위해 필요한 개념들이다. 어떠한 통계분석을 실시하더라도, 연구조사의 목적과 수행절차를 올바르게 이해하는 것이 무엇보다도 중요하다. 여기서 연구는 문제해결을 위해서 정보를 얻을 목적으로 현상을 체계적으로 분석하는 절차를 의미하고, 조사(survey)는 비교적 간단한 연구라고 할 수 있다.

연구자가 연구를 수행하는 목적은 제기된 문제를 잘 이해하거나 또는 합리적인 의사결정을 내릴 수 있는 지식과 정보를 얻기 위해서다. 이론적이든 또는 실제적이든지 간에 연구는 문제를 해결하기 위하여 정보를 얻을 목적으로 이루어진다. 체계적인 연구를 하려면 문제해결의 절차가 논리정연해야 하며, 연구의 자료 및 결과가 타당성과 신뢰성을 가지고 있어야 한다. 다시 말하면, 자의적인 주관성을 배제하면서 경험적이고 객관적인 사실에 근거한 연구가 되어야 한다.

연구를 수행하는 데 있어 정보획득에 필요한 기법이나 도구 등은 많이 개발되어 있다. 특히 컴퓨터의 자료처리능력 덕분에 방대한 자료를 신속하게 정보화할 수 있다. 그리고 전산시스템을 이용한 새로운 계량분석기법 및 통계분석기법이 개발되어 있으며, 이뿐만 아니라 의사소통방법과 측정기법도 많이 개선되고 있다. 이러한 분석기법의 개선은 경영·경제·의학·생물 등의 연구 분야에 커다란 영향을 준다.

그러면 연구과제가 주어졌을 때 어떠한 절차를 통하여 연구를 진행할 것인가를 생각해 보자. 체계적인 메타분석의 연구절차는 다음과 같다.

(1) 문제의 제기
(2) 문헌조사
(3) 통계분석
(4) 결과 해석

(1) 문제의 제기

문제의 제기란 실질적인 중요성과 적합성을 고려하여 문제를 인식하는 것을 의미한다. 연구임무를 부여받은 연구자는 주어진 문제가 연구할 만한 가치가 있는지의 여부를 우선 검토해야 하며, 이에 대한 지식도 갖추어야 한다. 이렇게 해야만 논리성이 정립되는 기초가 마련된다.

문제의 제기 단계에서는 메타분석 목적과 연구가설을 명확하게 설정하는 것이 필요하다. 예를 들어, 어느 가전제품회사에서 유통마진이 계속 떨어지고 있어서 이에 대한 대책을 수립한다고 하자. 연구자는 유통이나 소비자에 관한 책이나 간행물, 회사서류 등을 통하여 또는 유사한 연구내용을 알고 있는 사람과의 면접을 통하여 이 연구가 가치 있는지의 여부를 판단한다. 일반적으로 보면, 문제를 제기하고 인식하는 단계에서는 예비 조사를 통하여 연구과제에 대한 지식을 얻는다. 문제의 제기 과정에서 연구설계는 필수이다. 연구설계는 연구과제에 관련된 정보의 원천이나 종류를 명확히 밝히는 계획이며, 또한 자료의 수집 및 분석방법을 계획한다. 앞의 가전제품회사 연구자는 유통관리에 관한 문헌조사를 계획하면서 이 이론을 바탕으로 중요 품목의 제조−보관−판매−배달의 실태를 면담이나 설문지를 통한 직접 자료수집을 고려할 것이다. 분석방법으로는 통계적 기법이나 계량적 기법인 메타분석 이용을 설계할 것이다.

(2) 문헌조사

연구자는 앞의 문제의 제기단계에서 관심주제를 염두에 두고 관련 문헌을 탐색해야 한다. 그리고 문헌조사단계에서는 실제 자료를 모으게 된다. 문헌조사단계에서 연구자는 자료의 대표성보다는 완전성과 망라성을 중요하게 생각해야 한다. 즉, 문헌조사과정에서 관심주제에 대한 자료를 가급적이면 정확하고 다양하게 조사해야 한다. 이 과정에서 자료수집 방법에는 한 곳에서 얻을 수 있는 비교적 간단한 내용부터 시작하여 수개월 혹은 수년 동안 전국적으로 많은 사람을 인터뷰하여 얻은 내용까지 다양하다. 자료의 원천은 책이나 간행물 같은 것이 있는가 하면 대상을 직접 관찰 또는 조사하여 얻는 방법도 있다. 문헌조사에서는 컴퓨터 이용 문헌조사, 학술지에 의한 문헌조사, 그리고 기존의 석박사 논문 검색 등 다양한 방법을 이용할 수 있다.

예를 들어, 연구자가 '일과 가족 갈등' 관련 연구에 관심을 갖고 있다고 하자. 연구자는 우선 국내 학술 데이터베이스 검색을 통해 일-가족 갈등 관련 연구에 대한 목록을 작성할 것이다. 연구자는 이 과정에서 검색대상 기간을 구체화해야 한다. 예를 들어, 검색방법은 '2006년 1월부터 2010년 12월 사이에 발간된 국내 학술지에 게재된 연구'로 한정할 수 있다. 이와 관련한 검색어는 '일/직장', '가족/가정', '갈등' 등이 될 수 있고, 검색하는 학술 데이터베이스로는 국가과학기술정보센터(NDSL), 누리미디어(DBPIA), 한국교육학술정보원(RISS) 등이 있다. 이 과정에서 연구자는 일-가족 갈등 관련 연구목록을 작성해야 한다. 구조화된 조건을 만족하는 연구목록을 작성하거나 일-가족 갈등 관련 문헌조사를 통해서 측정변수를 결정한다.

(3) 통계분석

원하는 자료를 모두 모으면 통계 패키지, 예컨대 메타분석용 통계프로그램을 이용하여 분석하고 변수들 간의 연관성을 조사한다. 이때 연구자는 메타분석 결과에서 산출되는 효과크기(effective size)를 언급해야 한다. 효과크기는 서로 다른 척도와 방법을 이용하여 연구결과를 의미 있게 비교할 수 있도록 하나의 공통 척도로 나타내는 집단 간 표준화된 평균차를 표시한 수치다. 이에 대한 자세한 설명은 차후에 자세히 다룰 것이다. 그리고 연구자는 연구목적에 맞추어 발견한 내용을 해석한 후에 보고서를 작성한다. 이 과정에서는 앞의 '일-가족 갈등관리' 관련 근무환경 및 직무특성에 관한 대안 및 전략을 수립해야 한다.

(4) 결과 해석

결과 해석을 토대로 보고서를 작성하여 연구의뢰자 및 이해관계자에게 보고해야 한다. 보고는 간단명료하면서도 연구의뢰자가 제기한 문제에 명확한 해답을 제시할 수 있어야 한다.

메타연구

연구는 문제를 해결하기 위한 체계적인 절차다. 이를 수행함으로써 문제를 더 잘 이해하거나 의사결정을 위한 정보를 얻을 수 있다. 메타연구는 문제의 제기, 문헌조사, 통계분석, 결과해석 등의 순서로 진행한다.

이와 같이 연구는 문제해결을 위하여 진행하게 되는데, 이를 위해서는 자료의 수집과 분석단계를 거친다. 연구의 신빙성을 입증하려면 반드시 자료를 통해야 한다. 자료는 어떤 대상에 대한 실험 또는 관찰의 결과로 얻어진 기본적인 사실들로 이루어져 있다. 자료를 체계적으로 수집하려면 이에 관련된 개념을 잘 알고 있어야 한다.

10.3 메타통계분석 통계량

10.3.1 메타분석의 장점

연구자는 다음과 같은 메타분석의 장점을 이용하여 연구가치를 높일 수 있다.

첫째, 메타분석은 정확성과 검정력을 높이기 때문에 1차 연구에서 확보할 수 없었던 검정력과 정확성을 증대시킬 수 있다. 연구자는 1차 연구를 통해서 제시하지 못한 문제에 대해 답을 도출할 수 있으며, 관련 주제에 대한 충분한 문헌고찰을 기반으로 탄탄한 연구 성과를 도출할 수 있다. 또한 메타분석을 통해 연구들 간의 이질성을 검토하여 결과의 일관성(일반화 가능성)을 평가할 수 있다.

둘째, 관심 연구에 대한 효과추정값을 산출할 수 있다. 메타분석은 연구결과의 결합을 통해서 효과추정값을 계산할 수 있다. 즉, 연구들마다 고려한 요인이 다를 수 있고 다른 목적으로 시행되더라도 단일 결과 변수를 언급하는 결과들을 결합할 수 있다. 이 과정을 통해서 1차 연구에서 간과했던 중요한 다른 결과변수에 대한 효과추정값을 산출할 수 있다. 연구자는 효과크기(ES; Effective Size)의 분석결과를 기초로 연구의 주요 특성(characteristics)에 따라 ES가 어떻게 달라지는가를 검토해 볼 수 있다. 또한 개별 연구의 효과크기를 통합하기 위하여 표본크기에 따라 가중치를 부여하는 평균효과크기(weighted mean effect size)를 도출할 수 있다. 연구자는 이를 통해서 지식과 이론의 확장에 기여할 수 있다.

셋째, 연구자는 제각각인 연구결과를 토대로 통합된 연구결과를 제시할 수 있다. 메타분석은 관련 주제에 대한 통합되지 않은 연구결과를 단일 연구결과로 산출할 수 있게 해 준다. 이를 통해서 연구자는 새로운 가설을 생성할 수도 있다.

10.3.2 효과크기 계산 및 해석

일반적으로 선행연구 결과의 효과크기는 측정단위가 다를 수 있으므로 공통적인 측정단위로 바꾸어서 종합적인 결과를 산출할 수 있다. 즉, 개별 연구 공통의 측정단위인 효과크기로 전환하는 작업이 필요하다.

우선 연구자는 연구모델의 형태를 결정해야 한다. 메타분석에서 모델은 고정효과모델과 임의효과모델로 구분한다. 고정효과모델(fixed effects model)은 각 연구에서 관찰된 처리효과들이 하나의 공통된 실제 처리효과를 중심으로 무작위로 나타난 결과들이라는 가정에 근거한다. 가령 연구에서 관찰하고자 하는 실제 처리효과가 각각 서로 다르다는 가정에 기반한 모델이 있을 수 있다. 즉 실제 처리효과에 이질성이 확인되면 각 연구들이 관찰하고자 했던 결과변수의 결과가 같다는 가정하에 사용하는 모델이 변량효과모델(random effects model)이다.

효과크기를 구하는 방법은 다양하다. 우선 효과크기를 공통지수로 나타내기 위해서는 표준화된 평균차(standardized mean difference)로 계산해야 한다. 효과크기는 실험집단의 평균값에서 비교집단의 평균값을 뺀 것을 비교집단의 표준값으로 나눈 것을 말한다. 이 방법은 과거의 방법이라고 할 수 있다. 효과크기 계산방법은 비교집단의 평균과 표준편차가 있는 정규분포를 평균=0, 표준편차=1인 표준 정규분포로 나타낸 것으로 원점수에 해당하는 표준점수(z)와 동일하다.

$$ES = \frac{(\overline{X_e} - \overline{X_c})}{S_c} \tag{10.1}$$

여기서, $\overline{X_e}$ =실험집단의 평균, $\overline{X_c}$ =비교집단의 평균, S_c =비교집단의 표준편차를 나타낸다.

위 식을 이용하여 효과크기를 계산하는 예를 다뤄보자.

[예제 10.1] 감정훈련을 받은 실험집단의 평균($\overline{X_e}$)과 표준편차(S_e)는 각각 33과 10이고, 비교집단의 평균($\overline{X_c}$)과 표준편차(S_c)는 20과 10이다. 효과크기를 구하여라.

[풀이] $ES = \dfrac{(\overline{X_e} - \overline{X_c})}{S_c} = \dfrac{(33 - 20)}{10} = 1.3$

$ES = 1.3$은 평균($\overline{X_c}$)과 표준편차(S_c)가 20과 10인 분포를 $u = 1$, $s = 1$인 정규분포로 바꾸었을 경우, 이 단위 정규분포에서 원점수 33에 해당하는 표준점수(z)와 동일하다. 이를 정규분포로 나타내면 다음과 같다. 효과크기 1.3은 원점수로 환산하면 0.5 + 0.4032로 90점이 된다.

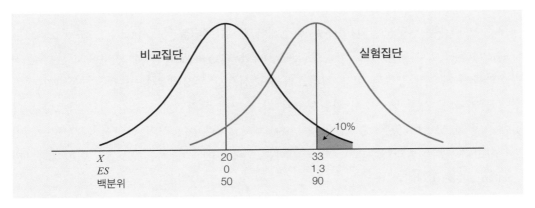

[그림 10-4] 정규분포

정규분포에서 z 점수로 1.3에 해당하는 면적비는 0.0968(0.5-0.4032)이므로 약 10%에 해당한다. 즉 $ES = 1.3$을 기준으로 할 경우, 비교집단에서 이 점수 이상을 받은 사람은 10%, 이 점수 이하를 받은 사람은 90%임을 알 수 있다. ■

최근에는 합동추정 표준편차(S_p)를 사용하여 효과크기를 측정한다. Hedges(1981)는 효과크기를 구하기 위해서 실험집단과 통제집단의 평균과 두 집단의 합동추정값(pooled estimate of variance)으로 표준편차를 사용하였다. 이 방법은 어떤 주제에 관한 선행연구

결과들을 양적으로 분석하기 위해 각 연구들로부터 얻은 효과크기를 평균화하는 방법이다. 메타분석에서는 일반적으로 통합표준편차를 사용한다. 통합표준편차를 이용한 효과크기는 다음과 같다.

$$ES(효과크기) = \frac{\overline{X_E} - \overline{X_c}}{S_p} \qquad (10.2)$$

여기서, $\overline{X_E}$ = 실험집단 평균값, $\overline{X_c}$ = 비교집단 평균값, S_p = 합동추정 표준편차를 나타낸다.

$$S_p = \sqrt{\frac{(n_1-1)S_1^2 + (n_2-1)S_2^2}{n_1+n_2-2}} \qquad (10.3)$$

표본 수가 적을 경우에는 효과크기가 실제보다 높게 산출되는 경향이 있으므로 소표본인 경우($n < 30$)에는 다음과 같은 식을 이용하기도 한다. 개별 연구의 소표본(small sample size)으로 인한 문제점을 교정하기 위해서는 다음과 같이 효과크기의 교정계수(ES'_{sm})를 이용하기도 한다. 앞의 식을 이용할 경우 음수(-)가 나올 수 있는데, 이는 비교집단의 평균이 실험집단의 평균보다 크기 때문이다. 따라서 연구자는 해석할 때 주의해야 한다.

$$ES'_{sm} = ES_{sm}\left[1 - \frac{3}{4N-9}\right] \qquad (10.4)$$

$$ES'_s(소표본\ 효과크기) = ES_s\left[1 - \frac{3}{4N-9}\right] \qquad (10.5)$$

여기서, ES'_{sm} = 효과크기의 교정계수, ES_{sm} = 효과크기, N = 실험집단의 표본 수 + 통제집단의 표본 수를 나타낸다.

메타분석에서 종종 문제가 되는 것은 개별연구 결과의 효과크기가 동일한 모집단에서 도출된 것인가에 관한 것이다. 이를 확인하는 것이 소위 동질성 검증이다. Hedges와 Olkin(1985)은 개별연구를 선정하는 과정에서 랜덤(random) 차이로 인한 랜덤효과모델(random effects model)을 제시하였다. 랜덤효과모델은 연구마다 모집단으로부터 모수가 뽑힐 확률이 일정(random)하다는 표본연구의 기본 가정에서 출발한다. 이 랜덤효과모델을 수식으로 나타내면 다음과 같다.

$$v_\theta(Q) = \frac{Q_T - k - 1}{\sum w - \left(\dfrac{\sum w^2}{SE + v_\theta} \right)} \qquad (10.6)$$

여기서, Q_T=동질성 검증 통계량, k=효과크기의 관측값 수, w=역변량 가중치를 나타낸다.

Hedges와 Olkin(1985)의 동질성 검증의 가설은 다음과 같이 설정할 수 있다.

H_0: 효과크기는 차이가 없다. 또는 효과크기는 동일하다.
H_1: 효과크기는 차이가 있다. 또는 효과크기는 동일하지 않다.

각종 연구물은 각기 다른 표본을 가지기 때문에 연구물에 대해서 같은 비중을 두고 효과크기를 계산하는 것은 문제점이 뒤따른다. 이런 문제점을 보완하기 위해서 가중치를 적용한 평균효과크기 산출방법을 제시할 수 있다. 이는 표준오차의 역수를 가중치로 사용하는 역변량 가중치 방법을 적용하는 것이다.

$$\overline{ES} = \frac{\sum (w \times ES)}{\sum w} \qquad (10.7)$$

여기서, w=역변량 가중치, ES=효과크기, $\overline{ES}$=가중치를 적용한 효과크기의 평균값을 나타낸다.

메타분석에서는 관련 연구주제를 총망라하지 못하고 일부 연구결과만 종합하는 경우가 있다. 이 경우 소위 표본의 대표성 문제가 부각될 수 있는데, Orwin(1983)이 제시한 통계량을 사용할 수 있다.

$$\text{Orwin 통계량} = \frac{N(d - d_c)}{d_c} \qquad (10.8)$$

여기서, N=메타분석에 사용된 연구들의 개수, d=통합한 연구들의 평균효과크기, d_c=가상의 연구들이 메타분석에 추가할 때 d의 값을 나타낸다.

[예제 10.2] 어느 연구에서 실험집단의 사례 수가 10명, 평균점수는 76.6, 표준편차는 16.18로 조사되었다. 비교집단의 사례 수는 10명, 평균점수는 78.6, 표준편차는 14.20이다. 합동추정 표준편차를 사용하여 효과크기를 계산하여라.

실험집단	비교집단
$n_1 = 10$	$n_2 = 10$
$\overline{X_E} = 76.6$	$\overline{X_c} = 78.6$
$S_1 = 16.18$	$S_2 = 14.20$

[풀이] $S_p = \sqrt{\dfrac{(n_1 - 1)S_1^2 + (n_2 - 1)S_2^2}{n_1 + n_2 - 2}}$ 에서

$$S_p = \sqrt{\dfrac{(10 - 1)(16.18)^2 + (10 - 1)(14.20)^2}{10 + 10 - 2}} = 15.22$$

효과크기$(ES) = \dfrac{\overline{X_E} - \overline{X_c}}{S_p} = \dfrac{76.6 - 78.6}{15.22} = -0.13$

소표본 효과크기 $ES_s' = ES_s \left[1 - \dfrac{3}{4N - 9} \right]$ 에서

$$= -0.13 \left[1 - \dfrac{3}{(4(20) - 9)} \right]$$

$$= -0.125$$

앞에서 설명한 효과크기는 표준화된 평균차를 비롯하여 비율, 상관계수, 오즈비 (Odds-ratio, 승산비) 등 다양하다. 비율(proportion)은 중심경향을 나타내고, 상관계수 (correlation coefficient, r)는 선형 관계성을, 오즈비는 이변량의 집단 차이를 나타낸다. 오즈비에서 실험집단과 비교집단이 있는 경우 상황표를 살펴보자.

[표 10-1] 상황표

	성공	실패
실험집단	a	b
비교집단	c	d

여기서, 얻을 수 있는 효과크기의 오즈비식은 다음과 같다.

$$ES_{OR} = \frac{ad}{bc} \tag{10.9}$$

 ## 10.4 효과크기 해석방법

효과크기는 서로 다른 척도와 방법을 이용하여 연구결과를 의미 있게 비교할 수 있도록 하나의 공통 척도로 나타내는 지표이다. 이는 집단 간 표준화된 평균차를 표시하는 수치라고 할 수 있다.

어떤 기술의 치료효과에 대해 한 마디로 설명하고자 할 때 여러 결과들이 표본 변동 등 단일하게 접근할 수 없는 경우 메타분석을 통해 불확실성을 검증하면서 효과크기를 단일 값의 정량화된 수치로 언급할 수 있다.

메타분석에서 효과크기는 실험집단의 평균값이 통제집단의 평균값에 비해 얼마나 더 효과적이었는가의 크기를 표준편차라는 공통의 척도로 변환시켜 놓은 것이다. 즉 효과크기는 어떤 연구대상에서 실험자가 의도하는 실험조치가 가해졌을 때 어느 정도 효과가 있었는지를 Z척도로 환산해 놓은 것이다.

앞에서도 언급한 것처럼, 효과크기는 두 가지 방법에 의해서 해석할 수 있다.

첫째, 신뢰구간을 이용하는 방법이다. 이 방법은 일반적으로 95%의 신뢰구간을 제시하여 0을 포함하고 있는지의 여부를 확인하는 방법이다. 계산된 신뢰구간이 0을 포함하고 있으면 실험집단의 평균과 통제집단의 평균차가 없다고 해석한다. 반대로 신뢰구간이 0을 포함하고 있지 않으면 실험집단의 평균과 통제집단의 평균차가 있다고 해석한다. 즉, 신뢰구간에 0이 포함되어 있지 않아서 유효하게 평균효과가 존재한다고 하면 된다.

둘째, Cohen(1988)의 효과크기 해석기준을 따르는 방법이다. 효과크기의 해석방법은 다음 표와 같다.

Cohen 효과크기(effect size: d) 해석방법

작은 효과크기: $ES = 0.2 \sim 0.5$

보통 효과크기: $ES = 0.5 \sim 0.8$

큰 효과크기: $ES \geq 0.8$

효과크기의 통계적 의미는 전체 효과검정과 95% 신뢰구간 안에 0을 포함하고 있으면 두 그룹 간의 평균차가 유의하지 않고, 0을 포함하지 않으면 유의하다고 판단하였다. 또 다른 방법의 효과크기는 Cohen(1988)의 효과 해석의 기준에 의거하여, 0.2~0.5 사이의 효과크기는 '작은 효과', 0.5~0.8은 '보통효과', 0.8 이상이면 '큰 효과'를 의미한다.

셋째, 유의수준 5%를 통한 검정을 사용하는 방법이다. 유의수준 5%는 이질성 검정과 총효과(overall effect)에 대한 효과검정을 평가할 때 활용한다. 출판편향(publication bias)을 점검하기 위해 깔때기 그림(funnel plot)을 살펴보기로 한다. 깔때기 그림은 메타분석에서 출판편향을 확인하는 데 사용되며, 추정으로부터의 분산이라고 할 수 있다. 이 점들이 삼각형 모양 내에 골고루 분포되어 있으면 출판편향이 발생하지 않은 것으로 해석할 수 있다. 또한 출판편향에 대한 신뢰도 검증으로 안전계수(fail-safe number, nfs)를 $nfs = N(\overline{d} - dc)/dc$ 공식으로 계산하는데, N은 메타분석 대상 논문 수, $\overline{d}$는 메타분석 대상 논문의 효과크기 평균, dc는 효과크기 평균의 최소값을 의미한다. 안전계수가 $5N + 10$ 이상이면 대체로 안전하다고 판단한다.

 ## 10.5 메타분석에서 유의할 사항

일반적으로 메타분석을 사과와 오렌지의 혼합으로 비유한다. 메타분석 시 유념해야 할 세 가지를 정리하면 다음과 같다.

첫째, 선정된 각각의 연구자료는 동일한 연구질문으로 이루어져야 한다. 메타분석자는 메타분석 결과를 통해서 연구 간의 차이점, 분석결과를 통해서 얻을 수 있는 시사점 등을 고려해야 한다.

둘째, 관심연구에 대한 연구자료가 광범위하면 분석결과는 의미가 없을 수 있다. 다양한 연구자료는 연구자가 얻고자 하는 참효과를 상쇄시킬 수 있어서 이에 대한 고려를 해

야 한다.

셋째, 연구자료들이 왜곡 정도가 심하면 메타분석결과를 신뢰할 수 없다. 경영정보관리에서 "쓰레기를 집어넣으면 쓰레기가 나온다(garbage in garbage out)."라는 말을 자주 사용한다. 메타분석과정에서 신뢰성 있는 연구자료를 사용해야 하는 이유가 여기에 있으며, 그 중요성은 더해지고 있다. 메타분석자는 연구결과를 대표할 만한 자료를 엄선하고 이들 연구결과를 조합하도록 노력해야 한다.

1. 메타분석의 개념과 분석절차에 대해 설명하여라.

2. 다음 자료를 이용하여 효과크기를 계산하고 설명하여라.

연구	실험집단		비교집단	
	$\overline{X}$	s	$\overline{X}$	s
1	66.75	19.92	62	19.75
2	89.71	8.58	82.7	8.56
3	41.15	10.79	41.01	10.01
4	39.42	12.89	41.41	12.52
5	50.58	14.33	25.88	12.7
6	39.13	7.11	38.59	7.42
7	38.4	14.06	31.69	7.64

[풀이]

연구	실험집단		비교집단		ES
	$\overline{X}$	s	$\overline{X}$	s	
1	66.75	19.92	62	19.75	0.24
2	89.71	8.58	82.7	8.56	0.82
3	41.15	10.79	41.01	10.01	0.01
4	39.42	12.89	41.41	12.52	−0.16
5	50.58	14.33	25.88	12.7	1.94
6	39.13	7.11	38.59	7.42	0.07
7	38.4	14.06	31.69	7.64	0.88
				ES의 평균	0.54

11장

CMA 이용
메타분석

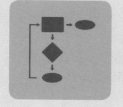

1. CMA 프로그램의 운용방법을 이해한다.
2. 엑셀에 데이터를 정리하고 CMA 프로그램에 붙여넣기를 할 수 있다.
3. 데이터의 특성에 따른 CMA 분석절차를 이해한다.

11.1 CMA 프로그램 설치하기

　최근 메타분석을 쉽게 이용할 수 있는 프로그램에 대한 관심이 높아지고 있다. 이 메타분석을 쉽고 정확하게 이용할 수 있는 프로그램이 바로 CMA(Comprehensive Meta-Analysis)이다. 미국과 영국의 전문가들에 의해서 개발된 CMA는 데이터 입력·분석·평가를 위한 정교한 옵션의 다양한 배열을 포함하고 있으며, 메타분석용으로 전세계적으로 가장 많이 사용되고 있는 프로그램이다. CMA의 특징 및 장점을 구체적으로 나타내면 다음과 같다.

CMA의 특징 및 장점

- 최첨단 분석절차 제공
- 빠른 속도와 유연성으로 메타분석을 실시할 수 있음
- 데이터의 실제 데이터와 관련한 시각적인 결과물 도출
- 고밀도 플롯을 생성할 수 있고, 결과물을 파워포인트나 워드파일로 생성 가능
- 조절변수의 영향을 분산분석과 메타-회귀분석으로 분석 가능
- 출판편향(publication bias)의 평가

　CMA 프로그램의 정식 버전을 구입하거나 시험용 버전을 다운로드하려면 다음 홈페이지에서 가능하고, 시험용 버전은 10일 동안 사용할 수 있다.
- http://www.meta-analysis.com

11.2 CMA 이용 메타분석

　CMA를 이용한 메타분석을 실시하기 위해서 예제를 이용하기로 한다. 본 예제는 가상의 문헌고찰 문제임을 미리 밝혀 둔다.

[예제 11.1] 연구자는 커피 종류에 따른 24시간 시점의 두통 수를 알아보기로 하였다. 실험은 치료군과 대조군으로 나누어 실시하는데, 치료군은 카페인 음료를 마신 그룹(Caffeinated drink), 대조군은 디카페인 음료를 마신 그룹(Decaffeinated drink)이다.

가상의 문헌고찰: 주간 졸음방지를 위한 카페인 섭취

카페인 커피   vs   디카페인 커피

- 각성 상태(RR)
- 과민성(MD/SMD)
- 두통(RR)

Study of Subgroup	Caffeinated coffee		Decaffeinated coffee	
Amore-Coffee 2000	2	31	10	34
Deliciozza 2004	10	40	9	40
Mama-Kaffa 1999	12	53	9	61
Morrocona 1998	3	15	1	17
Norscafe 1998	19	68	9	64
Oohlahlazza 1998	4	35	2	37
Pizza-Allerta 2003	8	35	6	37

[데이터: meta1.xlsx]

[1단계] 먼저 관련 자료를 엑셀창에 입력한다. 이 과정은 관련 문헌조사 결과를 엑셀에 정리하는 과정이다. 이를 그림으로 나타내면 다음과 같다.

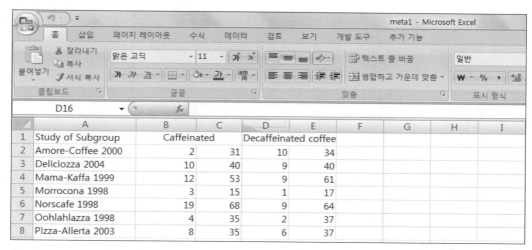

[그림 11-1] 엑셀 데이터 입력창

[데이터: meta1.xlsx]

[2단계] http://www.meta-analysis.com에 접속하여 **DOWNLOAD 10 Day Trial** 을 다운로드하여 설치한다.

[3단계] 아이콘 버튼을 눌러 실행하면 다음 화면이 나타난다.

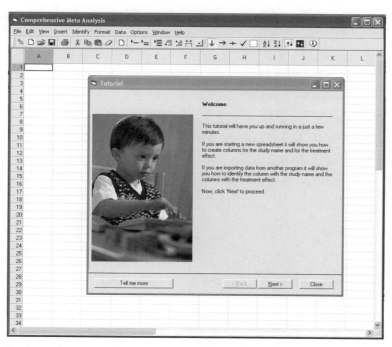

[그림 11-2] Comprehensive Meta Analysis 진행화면 1

[4단계] 이어서 <u>Next ></u> 버튼을 누르면 새로운 프로젝트를 진행할 것인지 아니면 다른 프로그램에서 데이터 불러오기를 할 것인지를 결정하는 창이 뜬다. 여기서 ⊙ I want to start a new project를 클릭한다.

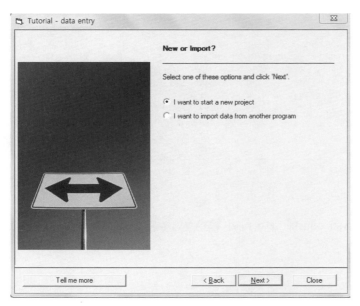

[그림 11-3] Comprehensive Meta Analysis 진행화면 2

[5단계] <u>Next ></u> 버튼을 누르면 연구주제를 명명하는 화면이 나타난다.

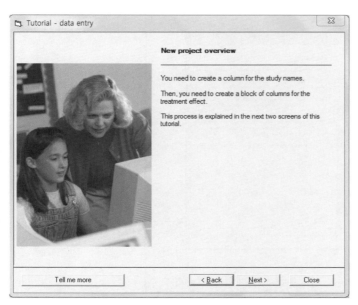

[그림 11-4] Comprehensive Meta Analysis 진행화면 3

[6단계] 다시 <u>Next ></u> 버튼을 누르면 다음과 같은 Comprehensive Meta Analysis 초기
화면이 나타난다.

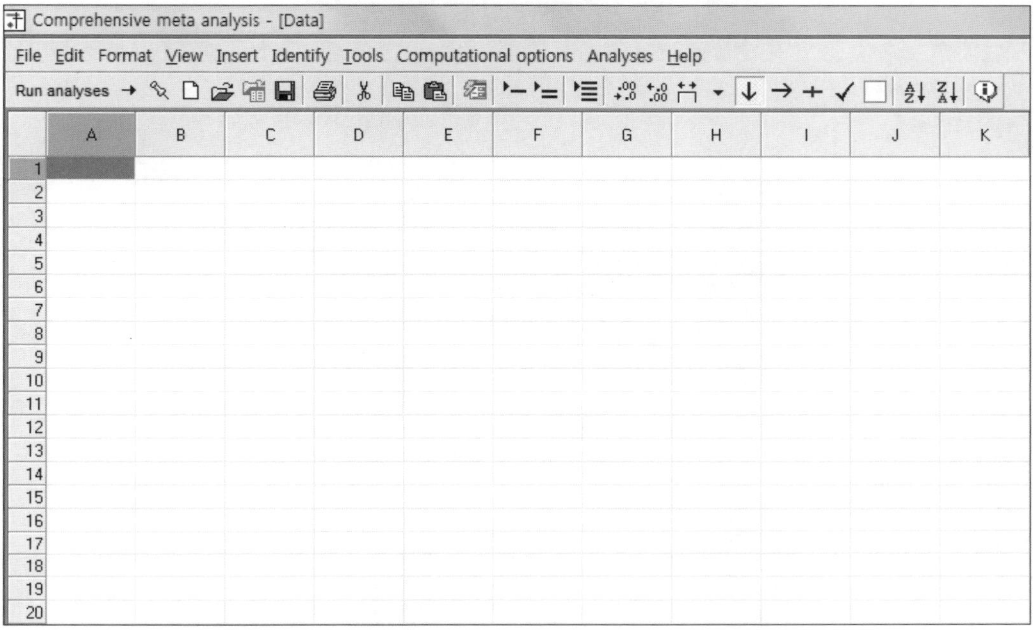

[그림 11-5] Comprehensive Meta Analysis 초기화면

[7단계] 메뉴에서 [Insert…] → [Column for…] → [Study names]를 선택한다.

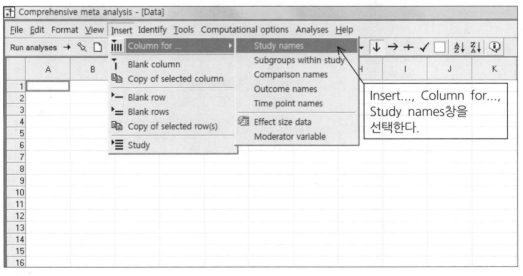

[그림 11-6] Study names 선택창

[8단계] 그러면 다음과 같이 Study name이 열(column)에 생성된 것을 확인할 수 있다.

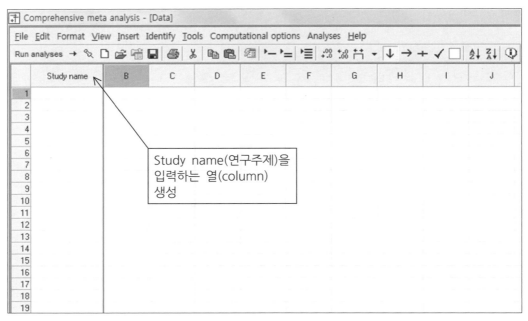

[그림 11-7] Study names 선택창

[9단계] 다시 메뉴에서 [Insert…] → [Column for…] → [Effect size data]를 선택한다.

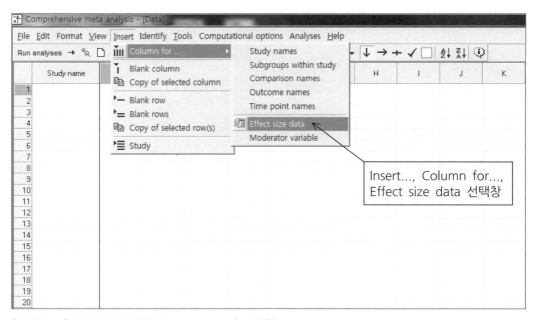

[그림 11-8] 유효크기 데이터(effect size data) 선택창 1

[10단계] 그러면 다음과 같은 화면이 나타난다. 여기서는 **Show common formats only** (일반적인 포맷형식 보여주기)를 클릭한다.

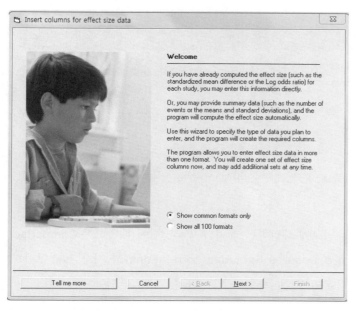

[그림 11-9] 유효크기 데이터(effect size data) 선택창 2

[11단계] Next > 버튼을 누르면 다음 화면이 나타난다.

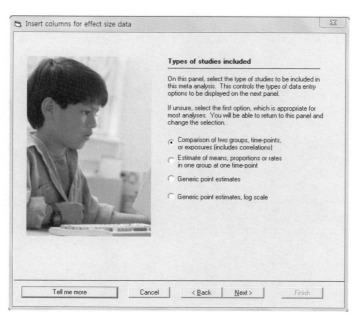

[그림 11-10] 연구유형 결정하기 1

앞에 나와 있는 네 가지 데이터 입력유형을 표로 정리하면 다음과 같다.

[표 11-1] 데이터 입력유형 설명

데이터 입력유형	설명
○ Comparison of two groups, time-points or exposures (includes correlations)	두 집단 비교, 중재 비교 데이터 입력방법
○ Estimate of means, proportions or rates in one group at one time-point	한 시점에서 한 집단의 평균, 비율 추정
○ Generic point estimates	일반 시점 추정값
○ Generic point estimates, log scale	일반 시점 추정값, 로그 단위 자료

[12단계] 다집단 비교, 중재집단 비교에 해당하는 데이터 입력방법에 해당하는 Comparison of two groups, time-points or exposures (includes correlations)를 지정한다. 그런 다음 Next > 버튼을 누르면 다음과 같은 화면이 나타난다.

[그림 11-11] 데이터 입력유형 결정 1

앞에 나와 있는 내용을 표로 정리하면 다음과 같다.

[표 11-2] 데이터 입력형식

데이터 입력형식	설명
◈ Two groups or correlation	두 집단 또는 상관분석
◐ Dichotomous (number of events)	이변량(사건 수)
◈ Continuous (means)	연속형(평균)
◈ Correlation	상관관계

이변량(사건 수)을 나타내는 Dichotomous (number of events)를 지정한다.

[13단계] 이어서 Unmatched groups, prospective (e.g., controlled trials, cohort studies)를 지정한다.

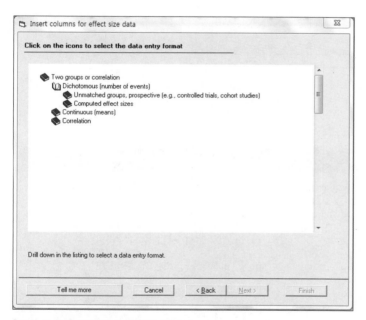

[그림 11-12] 데이터 입력유형 결정 2

[14단계] Events and sample size in each group(각 집단에서 사건 수와 표본 수)을 지정한다.

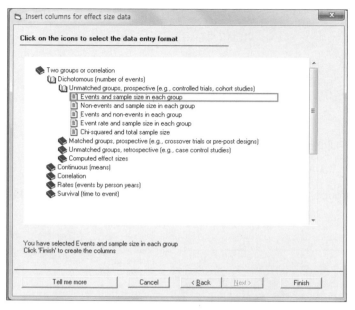

[그림 11-13] 데이터 입력유형 결정 3

[표 11-3] 데이터 입력형식

데이터 입력형식	설명
Events and sample size in each group	각 집단 내에서 사건 수와 표본 수
Non-events and sample size in each group	각 집단 내에서 비사건 수와 표본 수
Events and non-events in each group	각 집단 내에서 사건 수와 비사건 수
Event rate and sample size in each group	집단 내에서 사건비율과 표본크기
Chi-squared and total sample size	카이제곱, 총 표본 수
Computed effect sizes	계산된 효과크기

[15단계] Events and sample size in each group을 선택하고 ▇Finish▇ 버튼을 누른다. 그러면 다음과 같은 화면이 나타난다.

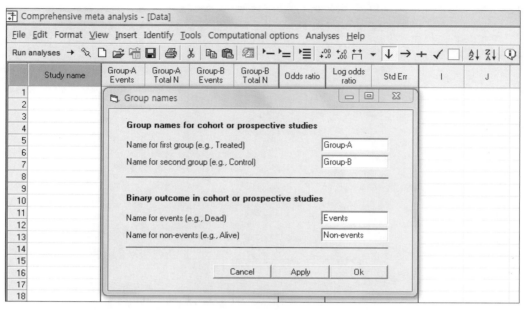

[그림 11-14] 데이터 입력유형 결정 4

[16단계] [Group names] 창에서 Group names for cohort or prospective studies의 실험집단에서 Name for first group (e.g., Treated)에는 'Caffeinated'로, Name for second group (e.g., Control)에는 'Decaffeinated'로 변경한다. 그러면 다음과 같은 화면이 나타난다.

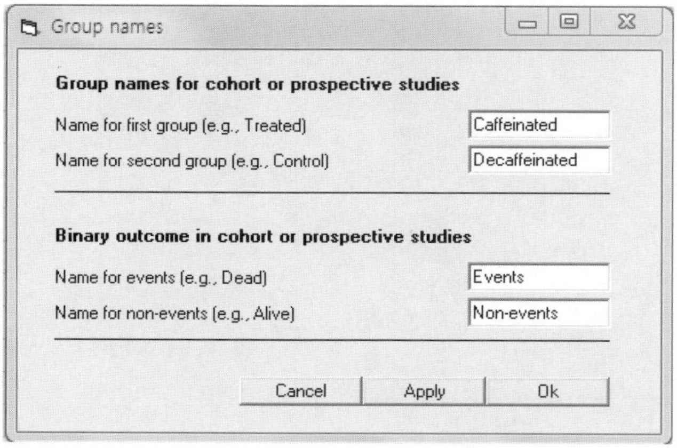

[그림 11-15] 데이터 입력유형 결정 5

[17단계] [Ok] 버튼을 누르면 다음 화면이 나타난다.

	Study name	Caffeinated Events	Caffeinated Total N	Decaffeinated coffee Events	Decaffeinated coffee Total N	Odds ratio	Log odds ratio	Std Err	I
1									
2									
3									
4									
5									
6									
7									
8									
9									
10									
11									
12									
13									
14									
15									
16									
17									

[그림 11-16] 데이터 입력유형 결정 6

[18단계] 앞의 [그림 11-1] 엑셀 데이터 입력창의 meta1.xlsx 파일에서 데이터 범위를 복사(Ctrl+C)하여 붙이기(Ctrl+V)를 한다.

	Study name	Caffeinated Events	Caffeinated Total N	Decaffeinated coffee Events	Decaffeinated coffee Total N	Odds ratio	Log odds ratio	Std Err	I
1	Amore-Coffee 2000	2	31	10	34	0.166	-1.799	0.822	
2	Deliciozza 2004	10	40	9	40	1.148	0.138	0.526	
3	Mama-Kaffa 1999	12	53	9	61	1.691	0.525	0.488	
4	Morrocona 1998	3	15	1	17	4.000	1.386	1.216	
5	Norscafe 1998	19	68	9	64	2.370	0.863	0.450	
6	Oohlahlazza 1998	4	35	2	37	2.258	0.815	0.900	
7	Pizza-Allerta 2003	8	35	6	37	1.531	0.426	0.601	
8									
9									
10									
11									
12									
13									
14									
15									
16									
17									

[그림 11-17] 데이터 입력유형 결정 7

[19단계] Analyses → Run 버튼을 눌러 실행하면 다음과 같은 결과물을 얻을 수 있다.

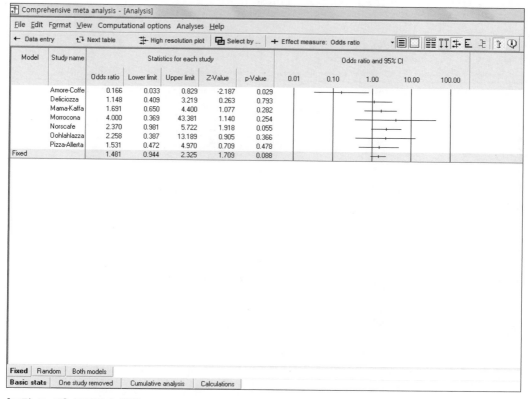

[그림 11-18] 분석결과 화면

결과 해석　고정효과(fixed effect) 결과를 보고 다음과 같은 결론을 내릴 수 있다. 본 연구의 가설설정은 다음과 같이 할 수 있다.

H_0: 효과 차이가 없을 것이다.

H_1: 효과 차이는 있을 것이다.

Z-value = 1.709, $p = 0.088 > \alpha = 0.05$ 이므로 두 치료군[카페인 커피를 마신 그룹 (Caffeinated coffee), 디카페인 커피를 마신 그룹(Decaffeinated coffee)] 간의 차이는 유의하지 않음을 알 수 있다. 즉, 임상적 유의성의 차이가 없음을 알 수 있다. 또는 신뢰구간이 귀무가설(null hypothesis)을 포함하고 있어 '효과가 없다'는 귀무가설을 채택한다.

[20단계] 메타분석결과를 그림으로 체계적이며 서술적인 결과요약을 하기 위해서 ▣□▥Ⅱ▦Ε▐ 아이콘을 이용하여 Forest Plots를 그릴 수 있다.

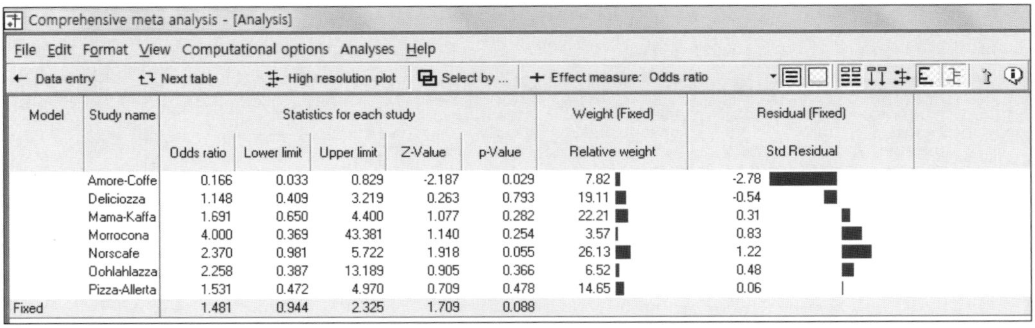

Comprehensive meta analysis - [Analysis]

File Edit Format View Computational options Analyses Help

← Data entry   ↕ Next table   ‡ High resolution plot   🗗 Select by ...   ✛ Effect measure: Odds ratio   ▾▣□▥Ⅱ▦Ε▐ ↕ ⓘ

Model	Study name	Statistics for each study					Weight (Fixed)	Residual (Fixed)
		Odds ratio	Lower limit	Upper limit	Z-Value	p-Value	Relative weight	Std Residual
	Amore-Coffe	0.166	0.033	0.829	-2.187	0.029	7.82	-2.78
	Deliciozza	1.148	0.409	3.219	0.263	0.793	19.11	-0.54
	Mama-Kaffa	1.691	0.650	4.400	1.077	0.282	22.21	0.31
	Morrocona	4.000	0.369	43.381	1.140	0.254	3.57	0.83
	Norscafe	2.370	0.981	5.722	1.918	0.055	26.13	1.22
	Oohlahlazza	2.258	0.387	13.189	0.905	0.366	6.52	0.48
	Pizza-Allerta	1.531	0.472	4.970	0.709	0.478	14.65	0.06
Fixed		1.481	0.944	2.325	1.709	0.088		

[그림 11-19] 분석결과 화면

결과 해석 고정효과에 대한 각 실험요소의 Odds ratio, 신뢰구간(Lower limit, Upper limit), Z-Value(Z통계량)와 유의확률(p-Value) 등이 나타나 있다. 고정효과는 "모수효과 크기가 동질적이다."라는 가정 아래 효과크기 모수가 고정된 경우를 말한다. 고정효과는 특정 연구의 결합에 대한 추론을 가정한다. 결과에는 각 연구자료에 부여되는 상대적 가중치도 나타나 있다. 여기서는 Norscafe(1998)의 연구가 상대적인 가중치가 가장 높은 것으로 나타났다(26.13%).

1. CMA를 이용하여 메타분석을 실시하고 진단적 유의성을 고려해 보아라.

Study or subgroup	Antibiotics		Placebo	
	Events	Total	Events	Total
Appleman 1991	14	70	12	56
Bruke 1991	20	111	29	114
Damoiseaux 2000	69	117	89	123
Haisted 1968	17	62	7	27
Kaleida 1991	19	488	38	492
Le Saux 2005	43	253	53	246
Mygind 1981	15	72	29	77
Thalin 1985	15	158	25	158
vanBuchmem 1981a	6	48	10	38
vanBuchmem 1981b	10	48	11	35

12장

메타교차분석

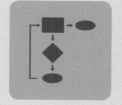
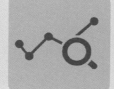

1. 메타교차분석의 개념을 이해한다.
2. 메타교차분석을 실행하는 절차를 이해한다.
3. 메타교차분석 실시 후 해석방법을 터득한다.

12.1 메타교차분석 개념

통계자료를 수집·분석할 때 그 자료를 일정 분류기준에 따라 표로 만들어 정리하면 복잡한 자료를 쉽게 이해할 수 있다. 이것을 분할표(contingency table)라고 하는데, 일반적으로 행(row)에는 r개, 열에는 c개의 범주가 있다. 우리는 행과 열의 분류기준에 의하여 관찰대상을 분류하여 $r \times c$ 분할표를 만들 수 있다. 이 장에서는 분할표를 이용하여 여러 모집단의 성질에 대하여 설명하는 교차분석(crosstabulation analysis)을 다루기로 한다.

교차분석은 두 변수 간에 어떠한 관계가 있는가에 대한 가장 기본적인 분석방법이다. 분할표로 정리된 자료를 분석하는 데는 χ^2검정(chi-square test)이 이용되는데, χ^2검정은 다음 세 가지 목적을 가진다.

첫째, 자료를 범주에 따라 분류하였을 때 그 범주 사이에 관계가 있는지의 여부를 파악한다. 이를 독립성 검정이라고 한다.

둘째, 통계분석에서 모집단에 대한 확률분포를 이론적으로 가정하는 경우에 조사자료가 어떤 특정 분포에서 나온 것인가를 파악한다. 이를 적합성 검정이라고 한다.

셋째, 두 개 이상의 다항분포가 동일한지 여부를 검정한다. 이를 동일성 검정이라고 한다.

메타교차분석은 각종 연구물을 분할표로 정리해 놓고 연구결과에 대한 연관성을 파악하기 위한 방법이다. 메타교차분석에서는 범주형 자료(categorical data)로 정리된 데이터를 자주 사용한다. 여기서는 오즈(odds), 오즈비(odds ratio), 상대위험도[relative risk (chance)]와 같은 용어를 자주 사용하는데, 이런 용어를 처음 접하는 사람들은 대부분 생소한 개념 때문에 앞으로 나가지 못하고 포기하기도 한다. 다음 분할표를 통해서 오즈, 오즈비, 상대위험도에 대하여 알아보자.

[표 12-1] 분할표

	Event	Not Event	Total
Treat(GRa)	4(A)	119(B)	123(A+B)
Control(GRb)	11(C)	128(D)	139(C+D)
Total	15	247	262

분할표에서 행(row)란에는 처리집단(Treat), 통제집단(Control)을 표시하고, 열(column)란에는 사건 수(Event), 비사건 수(Not Event)를 나타낸다. 각 셀에 나타난 수치를 알파벳 대문자로 나타내면 다음과 같다.

A = Group-a의 사건 수 = 4

B = Group-a의 총합 − Group-a의 사건 수 = 123 − 4 = 119

C = Group-b의 사건 수 = 11

D = Group-b의 총합 − Group-b의 사건 수 = 139 − 11 = 128

먼저, 오즈에 대하여 알아보자. 오즈는 연구자가 실험을 통해 획득하는 사건 확률(P) / 실험을 통해 획득하지 못할 확률($1-P$)로, 실험발생확률이 실험을 통해 획득하지 못할 확률의 몇 배가 되는가의 값이 된다. 처리집단의 경우, 실험발생확률이 실험을 통해 획득하지 못할 확률의 0.034배임을 알 수 있다.

$$실험집단\ 오즈 = A/B = 4/119 = 0.03$$

통제집단인 경우의 오즈는 연구자가 실험을 통해 획득하는 사건확률(P) / 실험을 통해 획득하지 못할 확률($1-P$)로, 실험발생확률이 훨씬 작아진다.

$$통제집단\ 오즈 = C/D = 11/128 = 0.09 \tag{12.1}$$

이어 오즈비에 대하여 알아보자. 오즈비는 앞에서 구한 오즈의 비율로, 실험집단의 사건비율과 통제집단의 사건비율을 말한다. 오즈비는 전체 모집단 수를 알 수 없는 경우에 사용한다.

$$실험집단의\ 사건비율\ vs.\ 통제집단의\ 사건비율의\ 오즈비 = 0.03/0.09 = 0.39 \tag{12.2}$$

다음으로 로그 오즈비(log odds ratio), 로그 오즈 분산(log odds variance), 로그 오즈 표준오차(log odds SE), 상대위험도[relative risk(chance)]에 대하여 알아보자.

$$log\ odds\ ratio = log[(A*D)/(B*C)]$$
$$log\ odds\ ratio = log[(4*128)/(119*11)] = -0.939$$

로그 오즈비는 다음과 같이 해석한다.

로그 오즈비 해석방법

부정적인 관련성(negative relationship) < 0

관련성 없음(no relationship) = 0

유의한 관련성(positive relationship) > 0

$$\text{log odds variance} = (1/A+1/B+1/C+1/D) \tag{12.3}$$
$$= (1/4+1/119+1/11+1/128) = 0.357$$

$$\text{log odds SE} = \text{Sqr(Log Odds Variance)}$$
$$= 0.598$$

$$\text{odds ratio} = \text{Exp(Log Odds Ratio)}$$
$$= \log(-0.939) = 0.39$$

상대위험도는 실험집단의 사건확률과 통제집단의 사건확률의 대비확률을 말한다.

$$\text{실험집단의 사건확률} = A/(A+B) = 4/(4+119) = 0.03$$
$$\text{통제집단의 사건확률} = C/(C+D) = 11/(11+128) = 0.08$$
$$\text{상대위험도} = (\text{실험집단의 사건확률})/\text{통제집단의 사건확률}$$
$$= 0.03/0.08 = 0.41$$

12.2 고정효과모델과 변량효과모델

1) 고정효과모델

연구자는 2×2분할표의 빈도수에 의해서 실험집단의 성공확률이 비교집단의 성공확률과 비교해 상대적으로 어느 정도인지 알아볼 수 있다. 고정효과모델(fixed-effects model)은 각 연구에서 관찰된 처리효과들이 하나의 공통된 실제 처리효과를 중심으로 무작위로 나타난 결과들이라는 가정에 근거한다. 그리고 각 연구의 처리효과들 간에 보이는 변동크기가 단순한 표본추출오차에 기인한 정도라고 믿어지는 경우, 각 연구들의 연구설계나 방법론 등이 서로 유사한 경우에 사용되는 모형이다. 고정효과모델의 필요가정은 첫째, 모든 연구들은 동일한 크기의 오즈비(OR; odds-ratio)를 가지고 있다. 둘째, 각 연구에서 얻은 오즈비들을 서로 다르게 관찰한 이유는 각 연구 내에서 표본추출 변동(within-study variation)이 발생했기 때문이다.

[표 12-2] 실험결과표

실험조치	빈도		합계
	성공	실패	
실험집단	a	b	a+b
비교집단	c	d	c+d
합계	a+c	b+d	

고정효과모델의 계산방법은 다음과 같다.

[1] 각 연구의 오즈비(OR)에 대해 자연로그를 취한다. 예를 들어, i번째 연구의 경우는 다음과 같다.

$$\ln(OR_i) = \ln\left(\frac{a \times d}{b \times c}\right) \tag{12.4}$$

[2] 각 연구의 ln(OR)값에 대한 표준오차(SE)를 구한다. i번째 연구의 ln(OR)값에 대한 표준오차는 다음 식으로 계산한다.

$$SE_i = \sqrt{\frac{1}{a} + \frac{1}{b} + \frac{1}{c} + \frac{1}{d}} \tag{12.5}$$

[3] 각 연구에 대한 고정효과모델의 가중치를 계산한다.

$$w_i = \frac{1}{SE_i^2} \tag{12.6}$$

[4] ln(OR)에 관한 결합추정값(pooled estimate)을 구한다.

$$\ln(OR_{pooled}) = \frac{\sum_{i=1}^{k} w_i \ln(OR_i)}{\sum_{i=1}^{k}} \tag{12.7}$$

[5] ln(OR) 결합추정값에 대한 표준오차(SE)를 구한다.

$$SE_{pooled} = \frac{1}{\sqrt{\sum_{i=1}^{k} w_i}} \qquad (12.8)$$

[6] 오즈비(OR)에 관한 결합추정값인 OR_{pooled}를 구하기 위해서 [4]번의 $\ln(OR)$ 결합추정값을 역-로그 변환한다.

$$OR_{pooled} = e^{\ln(OR_{pooled})} \qquad (12.9)$$

[7] 결합추정값 OR_{pooled}에 대한 95% 신뢰구간을 구하기 위해서 앞의 [4], [5]번 결과를 이용한다.

$$95\% \ 신뢰구간(OR_{pooled}) \ = \ e^{\ln(OR_{pooled}) \pm 1.96 \times SE_{pooled}} \qquad (12.10)$$

[8] 결과해석방법은 다음과 같다.

- OR_{pooled}는 고정효과모델을 사용하여 얻은 결합처리효과를 의미한다.
- 이 OR_{pooled}에 대한 95% 신뢰구간은 실제 처리효과가 존재할 것으로 믿어지는 범위를 나타낸다.
- 만일, 이 신뢰구간이 1을 포함하고 있지 않다면 처리(실험집단)와 처리(비교집단)의 효과는 서로 다르다고 해석한다.
- 만일, 이 신뢰구간이 1을 포함하고 있으면 두 처리의 효과가 서로 다르다는 통계적인 증거는 없다고 해석한다.

2) 변량효과모델(random-effects model)

변량효과모델은 연구에서 보고자 하는 실제 처리효과가 각각 서로 다르다는 가정에 기반한 모델이다. 각 연구는 연구모집단·상황·처방 등이 모두 다를 수 있어 연구들이 동일한 처리효과를 추구했다고 볼 수 없다는 관점이다. 따라서 변량효과모델은 두 가지 가정에서 출발한다. 첫째, 각 연구의 실제 오즈비가 서로 다르다. 둘째, 관찰된 오즈비가 서로 다르다. 이유는 각 연구 내 표본추출변동뿐만 아니라 연구 간 변동, 즉 연구 간 이질성(heterogeneity) 때문이다.

[표 12-3] 실험결과표

실험조치	빈도		합계
	성공	실패	
실험집단	a	b	a+b
비교집단	c	d	c+d
합계	a+c	b+d	

변량효과모델의 계산방법은 다음과 같다.

[1] 연구들 간의 이질성 존재 여부를 검정한다. 이질성 여부 파악은 코크란 Q검정 (Cochran Q test)을 실시하는 방법과 Higgins의 I^2값을 이용하는 방법이 있다. 여기서는 자주 사용하는 코크란 Q검정에 대하여 설명하기로 한다.

H_0: k개의 실제 오즈비(OR)들은 모두 동일한 값이다.
H_1: k개의 실제 오즈비(OR)들은 모두 동일한 값이 아니다.

코크란 Q검정통계량은 다음과 같다.

$$Q = \sum_{i=1}^{k} w_i (OR_i - OR_F) \tag{12.11}$$

여기서, w_i=고정효과에서 계산된 i번째 가중치, OR_i=i번째 연구에서 관찰된 OR값, OR_F=고정효과모델을 사용해서 얻은 OR에 대한 결합추정값을 의미한다.

[2] 연구 간 변동에 관한 추정값을 계산한다.

$$\tau = \max\left(0, \frac{Q - (k-1)}{\sum_{i=1}^{k} w_i - \left(\dfrac{\sum_{i=1}^{k}}{\sum_{i=1}^{k} w_i} \right)} \right) \tag{12.12}$$

[3] 각 연구에 대한 변량효과모델의 가중치를 계산한다.

$$w_i^* = \frac{1}{\frac{1}{w_i} + \tau} \qquad (12.13)$$

[4] $\ln(OR)$에 관한 결합추정값을 구한다.

$$\ln(OR_{pooled}) = \frac{\displaystyle\sum_{i=1}^{k} w_i \ln(OR_i)}{\displaystyle\sum_{i=1}^{k}} \qquad (12.14)$$

[5] $\ln(OR)$ 결합추정값에 대한 표준오차(SE)를 구한다.

$$SE_{pooled} = \frac{1}{\sqrt{\displaystyle\sum_{i=1}^{k} w_i^*}} \qquad (12.15)$$

[6] OR에 관한 결합추정값을 구하기 위해 식 (12.14)의 $\ln(OR)$ 결합추정값을 역-로그 변환시킨다.

$$OR_{pooled} = e^{\ln(OR_{pooled})} \qquad (12.16)$$

[7] 결합추정값 OR_{pooled}에 대한 95% 신뢰구간을 구하기 위해서 식 (12.14), (12.5)의 결과를 이용한다.

$$95\% \ \text{신뢰구간}(OR_{pooled}) \ = \ e^{\ln(OR_{pooled}) \pm 1.96 \times SE_{pooled}} \qquad (12.17)$$

[8] 결과해석방법은 다음과 같다.

 − $Q = k - 1$ 또는 Q의 확률값(p) < 0.1이면 연구들 간에 통계적 이질성(statistical heterogeneity)에 관한 증거가 있다고 본다. 만일, $Q < k - 1$이면($p > 0.1$이면) 오즈비 (OR)가 서로 다르다는 증거는 없다고 해석한다.

 − OR_{pooled}는 변량효과모델을 사용해서 얻어진 결합처리효과를 나타낸다.

 − 이 OR_{pooled}에 대한 95% 신뢰구간은 실제 처리효과가 존재할 것으로 믿어지는 범위를 나타낸다.

 − 만일, 이 신뢰구간이 1을 포함하고 있지 않다면 실험집단의 처리와 비교집단의 처리효과는 서로 다르다고 해석한다. 반대로 이 신뢰구간이 1을 포함하고 있으면 두 처리의 효과가 서로 다르다는 통계적인 증거는 없다고 해석한다.

[예제 12.1] 다음 분할표 예제를 가지고 CMA 프로그램으로 메타교차분석을 실시하여 보자.

연구	group A		group B	
	group A 사건 수	전체 표본	group B 사건 수	전체 표본
Aronson, 1948	4	123	11	139
Ferguson & Simes, 1949	6	306	29	303
Rosenthal, 1960	3	231	11	220
Hart & Sutherland, 1977	62	13,598	248	12,867
Frimodt-Moller, 1973	33	5,069	47	5,808
Stein & Aronson, 1953	180	1,541	372	1,451
Vandiviere, 1973	8	2,545	10	629
Madras, 1980	505	88,391	499	88,391
Coetze & Berjak, 1968	29	7,499	45	7,277
Rosenthal, 1961	17	1,716	65	1,665
Comstock, 1974	186	50,634	141	27,338
Comstock & Webster, 1969	5	2,498	3	2,341
Comstock, 1976	27	16,913	29	17,854

[데이터: ch12-1.xlsx]

[1단계]  버튼을 눌러 CMA 프로그램을 실행한다.

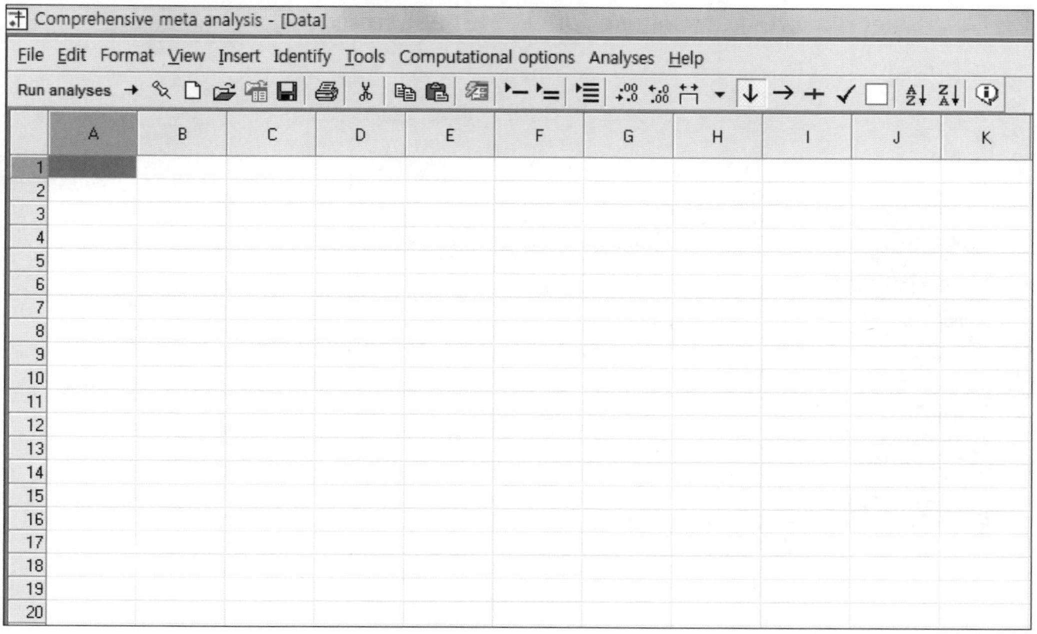

[그림 12-1] CMA 초기화면

[2단계] 메뉴에서 [Select Insert…] → [Column for… Study names] 버튼을 누르면 다음 과 같은 화면이 나타난다.

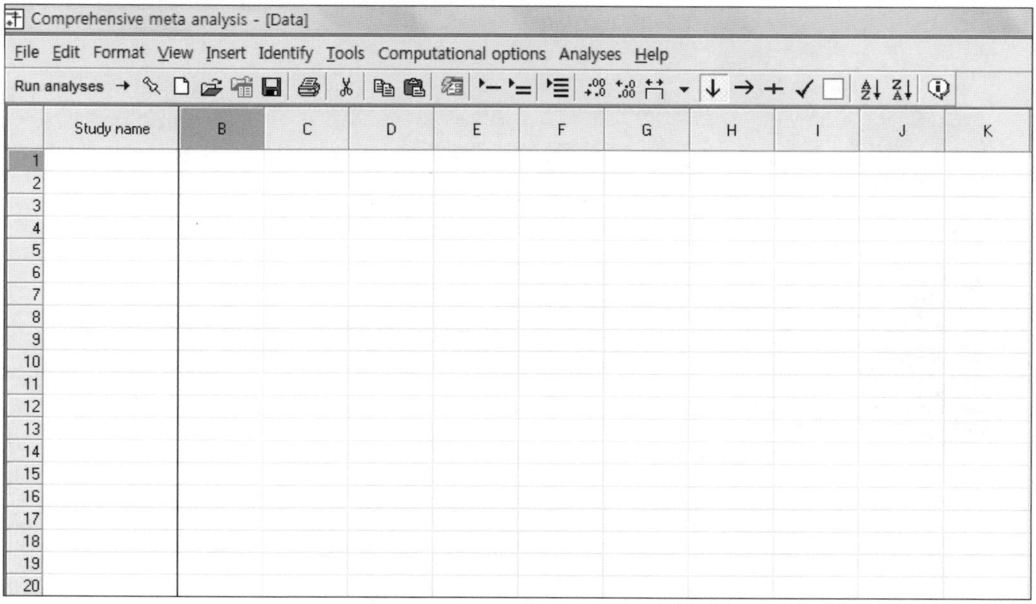

[그림 12-2] CMA Study name 생성화면

[3단계] [Select Insert···] →[Column for···] →[Effect size data] 버튼을 누르면 다음과 같은 화면이 나타난다.

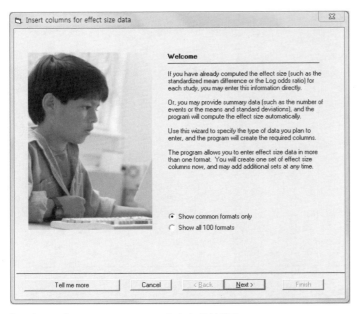

[그림 12-3] CMA effect size 데이터 생성화면 1

[4단계] Show common formats only를 체크한 다음 [Next >] 버튼을 누른다.

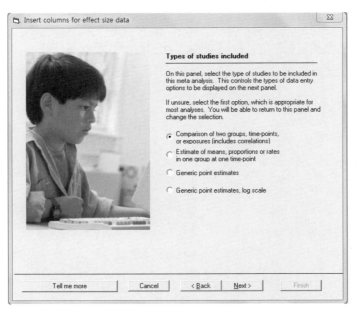

[그림 12-4] CMA effect size 데이터 생성화면 2

[5단계] Comparison of two groups, time-points, or exposures (includes correlations) 를 클릭한다. 이는 수집된 데이터가 두 집단 비교에 해당되기 때문이다. 이어 Next > 버튼을 누른다.

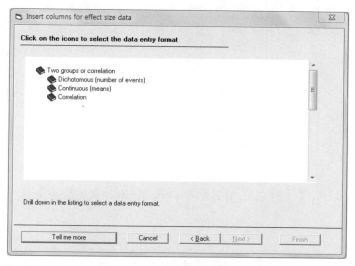

[그림 12-5] CMA effect size 데이터 생성화면 3

[6단계] • Dichotomous (number of events), • Unmatched groups, prospective (e.g., controlled trials, cohort studies), Events and sample size in each group을 지정한다.

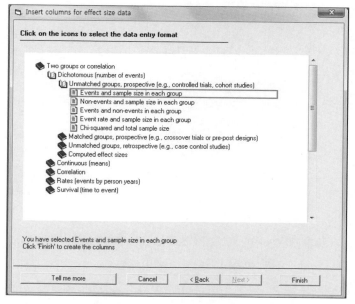

[그림 12-6] CMA effect size 데이터 생성화면 4

[7단계] 이어서 [Finish] 버튼을 누른다.

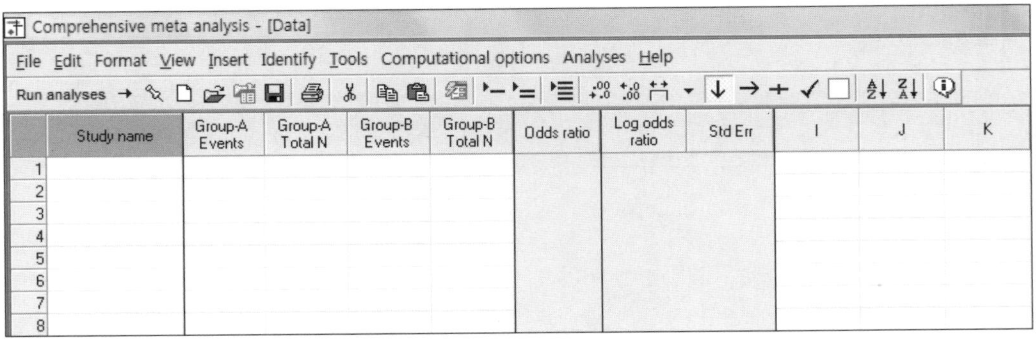

[그림 12-7] CMA 데이터 입력창

[8단계] 앞의 [데이터: ch12-1.xlsx]에서 데이터 범위를 정하고 복사(Ctrl+C)한 다음 붙이기(Ctrl+V)를 한다.

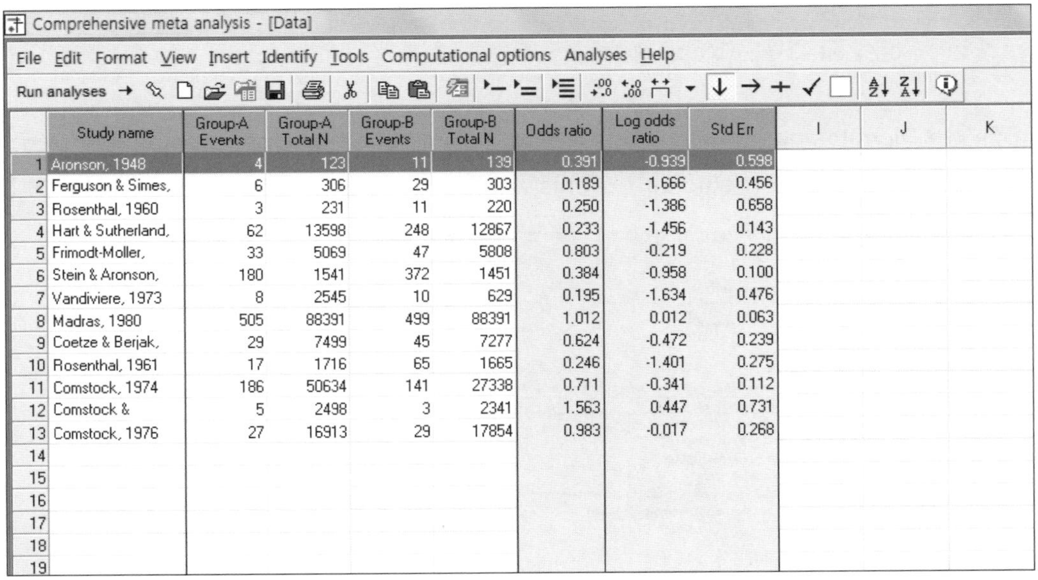

	Study name	Group-A Events	Group-A Total N	Group-B Events	Group-B Total N	Odds ratio	Log odds ratio	Std Err	I	J	K
1	Aronson, 1948	4	123	11	139	0.391	-0.939	0.598			
2	Ferguson & Simes,	6	306	29	303	0.189	-1.666	0.456			
3	Rosenthal, 1960	3	231	11	220	0.250	-1.386	0.658			
4	Hart & Sutherland,	62	13598	248	12867	0.233	-1.456	0.143			
5	Frimodt-Moller,	33	5069	47	5808	0.803	-0.219	0.228			
6	Stein & Aronson,	180	1541	372	1451	0.384	-0.958	0.100			
7	Vandiviere, 1973	8	2545	10	629	0.195	-1.634	0.476			
8	Madras, 1980	505	88391	499	88391	1.012	0.012	0.063			
9	Coetze & Berjak,	29	7499	45	7277	0.624	-0.472	0.239			
10	Rosenthal, 1961	17	1716	65	1665	0.246	-1.401	0.275			
11	Comstock, 1974	186	50634	141	27338	0.711	-0.341	0.112			
12	Comstock &	5	2498	3	2341	1.563	0.447	0.731			
13	Comstock, 1976	27	16913	29	17854	0.983	-0.017	0.268			
14											
15											
16											
17											
18											
19											

[그림 12-8] CMA 데이터 결과창   [데이터: ch12-1.cma]

[9단계] Study name(연구명)에 자료를 입력하면 오즈비(Odds ratio), 로그 오즈비(Log odds ratio), 표준오차(Std Err) 등이 나타난다. 이어 오즈비, 로그 오즈비, 표준오차 관련 계산식을 알아보기 위해서 0.391에 마우스를 올려 놓고 더블클릭하면 다음과 같은 정보를 얻을 수 있다. 이에 대해서는 12.1절에서 자세히 다루었으므로 참고하기 바란다.

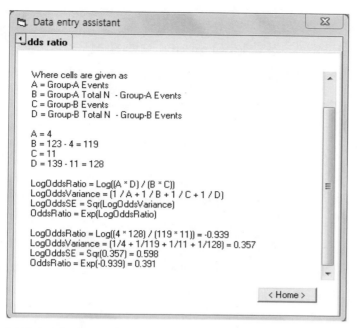

[그림 12-9] CMA 계산식 화면

[10단계] Run analyses → 를 실행하면 다음 결과가 나타난다.

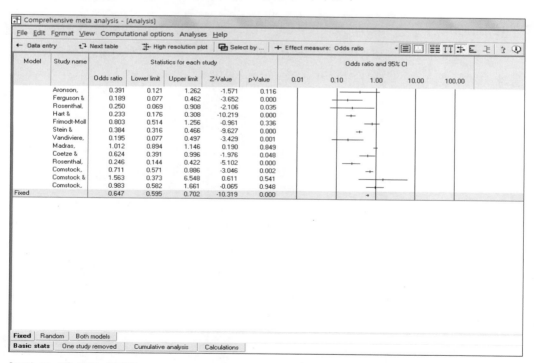

[그림 12-10] CMA 결과창

결과 해석 연구 모수는 고정되어 있다. 이 모형으로부터 나온 결과에 대한 추론에는 분석대상에 포함된 연구들로 한정하는 고정모형(fixed model)에 대한 각 연구의 오즈비가 나타나 있다. 오즈비의 신뢰구간을 계산하면 다음과 같다. 아론슨(Aronson, 1948)의 신뢰구간을 구하면 다음과 같다.

$$하한값 = 오즈비 - 1.96(표준오차), \quad 0.39 - 1.96(0.598)$$
$$= 0.121$$
$$상한값 = 오즈비 + 1.96(표준오차), \quad 0.39 + 1.96(0.598)$$
$$= 1.262$$

여기서, 95% 신뢰구간에 '1'이 포함되지 않는 경우 통계적으로 유의하다고 판단한다. 전체적인 통합모델을 살펴보면,

H_0: 평균은 서로 같다.
H_1: 평균은 서로 다른 값이 있다.

고정모델의 가설 중 $p = 0.000 < \alpha = 0.05$ 이므로 "평균은 서로 같다."라는 귀무가설을 기각하고 연구가설을 채택한다. 고정모델은 연구결과가 서로 다르게 나타난 이유를 연구들의 표본추출 오차 때문이라고 가정하는 모형이다.

1. 다음은 게임에 노출된 집단(G1)과 통제집단(G2)의 주의력 정도(양호 1, 불량 2)를 측정한 표이다. 고정모형(fixed model)에 대한 각 연구의 오즈비를 구하고, 연구가설을 설정하여 $\alpha = 0.05$에서 채택 여부를 언급하여라.

실험조치		집단		합계
		게임노출집단(G1)	통제집단(G2)	
주의력 정도	양호	21	8	29
	불량	35	33	68
합계		57	43	97

13장

메타회귀분석

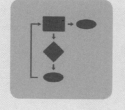
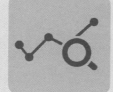

1. 메타회귀분석의 개념을 이해한다.
2. 메타회귀분석의 활용방법을 터득한다.

13.1 메타회귀분석의 개념

회귀분석(regression analysis)은 독립변수들과 종속변수의 관계를 통해서 현상을 예측(forecast), 통제(control), 기술(description)하는 방법이고, 메타회귀분석(meta regression)은 효과크기, 연속형 변수 혹은 이산형 변수들과의 관계를 파악하는 분석방법이다. 즉, 메타회귀분석은 연구수준 공변량과 효과크기의 관계를 평가하는 방법으로, 고정효과모델(fixed-effect model)과 랜덤효과모델(random effect model)을 이용한다. 고정효과모델과 랜덤효과모델을 그림으로 나타내면 다음과 같다.

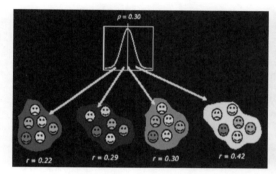

| (a) 고정효과모델 | (b) 랜덤효과모델 |

[그림 13-1] 고정효과모델과 랜덤효과모델

고정효과모델은 모든 연구가 일반 효과크기(effect size)를 공유하는 것을 가정한다. 고정효과모델에서는 표본대상의 표본오차분산이 체계적일 것이라는 가정 아래 실시한다. 고정효과모델에서 관찰효과(observed effect)는 각 연구의 표본 수에 의존하는 평균(μ)과 분산(σ^2)에 분포하게 되며, 이를 그림으로 나타내면 다음과 같다.

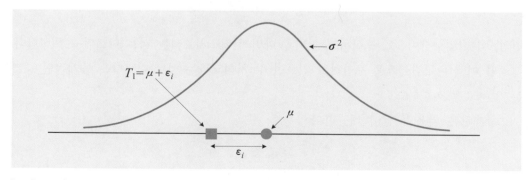

[그림 13-2] 고정효과모델

고정효과모델에서 관찰효과(T_1)는 참효과(μ)와 분산(σ^2)으로 추출된 효과이며, 식으로 나타내면 다음과 같다.

$$T_1 = \mu + \epsilon_i \tag{13.1}$$

이를 이용한 각 연구의 가중치는 다음과 같다.

$$w_i = \frac{1}{v_i} \tag{13.2}$$

여기서, v_i는 연구 (i)번째 내부 – 연구분산을 나타낸다.

가중평균($\overline{T.}$)은 다음과 같이 계산한다.

$$\overline{T.} = \frac{\displaystyle\sum_{i=1}^{k} w_i T_i}{\displaystyle\sum_{i=1}^{k} w_i} \tag{13.3}$$

가중평균은 효과크기의 총분산(the variance of the combined effect)의 역수로 나타낼 수 있다.

$$V. = \frac{1}{\displaystyle\sum_{i=1}^{k} w_i} \tag{13.4}$$

그리고 효과크기의 표준오차(the standard error of the combined effect)는 분산의 제곱근이다.

$$SE(\overline{T.}) = \sqrt{v.} \tag{13.5}$$

기울기(slope)의 95% 신뢰구간의 계산식은 다음과 같다.

$$\overline{T.} = \mu \pm 1.96 \times SE(\overline{T.}) \tag{13.6}$$

만약, 이 신뢰구간이 1을 포함하고 있지 않다면 실험조치효과는 서로 다르다고 해석한다. 그러나 이 신뢰구간이 1을 포함하고 있으면 두 처리효과는 서로 다르다는 통계적인 증거는 없다고 해석한다.

Z통계량은 다음과 같이 계산한다.

$$Z = \frac{\overline{T.}}{SE(\overline{T.})} \tag{13.7}$$

한편, 랜덤효과모델(random effects model)은 연구대상이 하나의 모집단으로부터 추출된 표본 연구라는 가정하에서 적용하는 방법이다. 연구자는 랜덤효과모델로 산출결과의 추론을 모집단으로 일반화시킬 수 있다. 랜덤효과모델은 관찰되지 않은 변수들이 모든 관찰변수와 강한 관련성이 없는 경우를 추정하는 방법으로, 종종 오차가 크게 발생하는 경우가 있을 수 있으나 시간이 동일한(time-invariant) 변수들의 효과를 측정할 수 있도록 하는 효과가 있다. 랜덤효과모델은 일반최소자승법(GLS; Generalized Least Squares)을 사용한다. 랜덤효과모델에서 인자는 수준의 선택이 임의적으로 이루어지며 각 수준이 기술적 의미를 가지고 있지 않은 효과 인자를 말한다. 예를 들어 '원료의 종류마다 평균은 모두 같은 것들이다.'라고 하면 이는 랜덤효과모델이 된다. 무선효과 인자만 사용된 경우 무선효과모델(random-effects model, 변량효과모델)이라고 한다. 이 경우 각 수준은 임의적으로 결정되었기 때문에 각 수준의 모평균값의 추정이 의미가 없으며 단지 인자에 의한 산포의 정도를 추정하는 것에 의미를 두고 있다.

대부분의 경우는 랜덤효과모델을 사용하며, 효과크기에 대한 관련성 크기를 양적화하는 것이 중요하다. 이는 R^2과 유사한 경우로 참분산의 감소비율을 나타내는 것이다.

회귀분석의 전형적인 예를 통해서 회귀분석의 기본을 이해해 보자. 양적인 독립변수가 1개이고 양적인 종속변수가 1개인 경우의 단순회귀식은 다음 그림과 같은 추정회귀선으로 나타낼 수 있다.

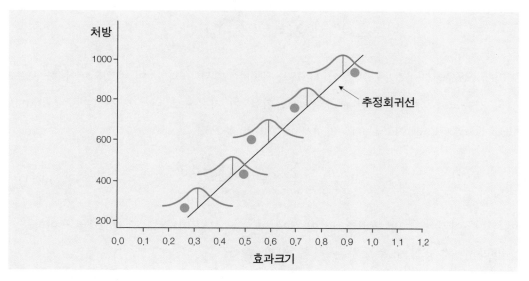

[그림 13-3] 추정회귀선

추정회귀식을 모집단과 표본으로 구분하여 다음과 같이 나타낼 수 있다.

모집단: $Y = \beta_0 + \beta_1 X + \epsilon$ (13.8)

여기서, $\epsilon_i \sim N(0, \sigma^2), Cov(\epsilon_i, \epsilon_j) = 0$

표본: $\hat{Y} = b_0 + b_1 X$ (13.9)

최소자승법 이용

$$b_1 = \frac{n\sum X_i Y_i - (\sum X_i)(\sum Y_i)}{n\sum X_i^2 - (\sum X_i)^2} = \frac{\sum(X_i - \overline{X})(Y_i - \overline{Y})}{(X_i - \overline{X_i})^2}$$

$$b_0 = \frac{1}{n}\left(\sum Y_i - b_1 \sum X_i\right) = \overline{Y} - b_1 \overline{X}$$

이어 추정회귀선 정도(精度)를 알아보는 방법에 대하여 살펴보자. 추정회귀선의 정도란 회귀선이 관찰자료를 어느 정도 설명하는지를 추정하는 것을 말한다. 추정회귀선의 정도를 알아보는 방법에는 크게 두 가지가 있는데, 추정의 표준오차(standard error of estimate)와 결정계수(coefficient determination)이다.

추정회귀식의 추정의 표준오차는 다음과 같이 나타낸다.

$$SSE = \sum_{i=1}^{n}(Y_i - \hat{Y_i})^2 = \sum_{i=1}^{n}(Y_i - b_0 - b_1 X_i)^2$$ (13.10)

$$= \sum_{i=1}^{n} Y_i^2 - b_0 \sum_{i=1}^{n} Y_i - b_1 \sum_{i=1}^{n} X_i Y_i$$

여기서 SSE의 자유도는 $n-2$이다. $\hat{Y_i}$을 구하는 데서 β_0와 β_1이 추정되어야 하므로 2개의 자유도를 상실하게 된다. 잔차 제곱합을 이 자유도로 나누면 잔차평균제곱(MSE; Mean Squares Error)이 되는데, 이것을 $S_{y.x}^2$ 이라 놓으면,

$$S_{y.x}^2 = \frac{SSE}{n-2} = \frac{\sum e_i^2}{n-2} = \frac{\sum(Y_i - \hat{Y_i})^2}{n-2}$$ (13.11)

이 된다. 이것이 σ^2의 불편추정값이 된다. $S_{y.x}^2 = MSE$이므로, $E(MSE) = \sigma^2$이다.

따라서, 추정의 표준오차는 다음 식과 같다.

$$S_{y.x} = \sqrt{\frac{\sum(Y_i - \hat{Y_i})^2}{n-2}} = \sqrt{\frac{\sum(Y_i - a - b_1 X_i)^2}{n-2}} = \sqrt{\frac{\sum Y_i^2 - a\sum Y_i - b_1 \sum X_i Y_i}{n-2}}$$ (13.12)

이어 결정계수를 통해서 추정회귀선 정도(精度)를 알아보는 방법에 대하여 살펴보자. 결정계수는 종속변수의 변동 중 회귀식에 의해 설명되는 비율을 말한다. 결정계수에 대한 식은 다음과 같다.

$$r^2 = \frac{SSR}{SST} = 1 - \frac{SSE}{SST} \tag{13.13}$$

여기서, SST는 총변동, 즉 $SST = \sum (Y_i - \overline{Y})^2$을 나타내고, SSR는 설명된 변동, 즉 $SSR = \sum (\widehat{Y_i} - \overline{Y})^2$을 나타낸다. 그리고 SSE는 설명되지 않는 변동, $SSE = \sum (Y_i - \widehat{Y})$을 나타낸다.

추정회귀모형의 적합성은 분산분석표(F분포표)를 이용하여 회귀선이 통계적으로 유의한지 여부를 검정한다.

H_0: 회귀선은 유의하지 않다. ($\beta_1 = 0$)
H_1: 회귀선은 유의하다. ($\beta_1 \neq 0$)

검정통계량 $F(=MSR/MSE)$가 임계값보다 크면 귀무가설을 기각하고, 회귀선이 유의하다고 결론을 내린다.

[표 13-1] 회귀모형 적합성(분산분석표)

원천	제곱합(SS, Q)	자유도(DF)	평균제곱(MS)	F
회귀(model)	$SSR = \sum (\widehat{Y} - \overline{Y})^2$	k	$MSR = \dfrac{SSR}{k}$	$\dfrac{MSR}{MSE}$
잔차(residual)	$SSE = \sum (Y - \widehat{Y})^2$	$n - (k+1)$		
합계	$SST = \sum (Y - \overline{Y})^2$	$n - 1$		

주: k = 독립변수의 수, n = 표본 수를 나타냄.

연구자는 회귀계수의 통계적 추론을 실시한다. 회귀모형이 유의하면, 각 계수에 대한 유의성과 신뢰구간을 추정한다. 각 계수에 대한 유의성은 t값(비표준화계수/표준화된 오차)으로 판단한다.

13.2 메타회귀분석의 실행

다음 예제를 이용하여 CMA 프로그램으로 메타회귀분석을 실시하여 보자.

[예제 13.1] 본 자료는 각 실험집단과 통제집단 관련 자료이다. 여기서 연속형 변수인 장소 관련 위도(latitude)변수가 포함되었음을 알 수 있다. 이는 연구장소 위도의 영향력을 고찰하기 위한 목적이 있다.

[표 13-2] 메타교차분석 예제

Study name	Treated		Control		Odds ratio	Log odds ratio	Std Err	Latitude
	Events	Total N	Events	Total N				
Aronson, 1948	4	123	11	139	0.391138	−0.938694141	0.597599	44
Ferguson & Simes, 1949	6	306	29	303	0.188966	−1.666190729	0.456215	55
Rosenthal, 1960	3	231	11	220	0.25	−1.386294361	0.658341	42
Hart & Sutherland, 1977	62	13,598	248	12,867	0.233064	−1.456443549	0.142529	52
Frimodt−Moller, 1973	33	5,069	47	5,808	0.803208	−0.219141086	0.227929	13
Stein & Aronson, 1953	180	1,541	372	1,451	0.383613	−0.958122041	9.95E−02	44
Vandiviere, 1973	8	2,545	10	629	0.195191	−1.633775838	0.476455	19
Madras, 1980	505	88,391	499	88,391	1.012093	1.20E−02	6.33E−02	13
Coetze & Berjak, 1968	29	7,499	45	7,277	0.623912	−0.471746036	0.238699	27
Rosenthal, 1961	17	1,716	65	1,665	0.246299	−1.401210139	0.27463	42
Comstock, 1974	186	50,634	141	27,338	0.711166	−0.340849646	0.111916	18
Comstock & Webster, 1969	5	2,498	3	2,341	1.563043	0.446634682	0.730864	33
Comstock, 1976	27	16,913	29	17,854	0.982808	−1.73E−02	0.267647	33

[데이터: ch13−1.xlsx]

[1단계] 메타회귀분석을 실시하기 위해서는 연속형 변수를 생성해야 한다. 그리고 열함수 (column function)를 '조절(moderator)'로, 데이터 유형(data type)을 '소수(decimal)' 또는 '수 치(numeric)'로 표시한다. 이를 그림으로 나타내면 다음과 같다.

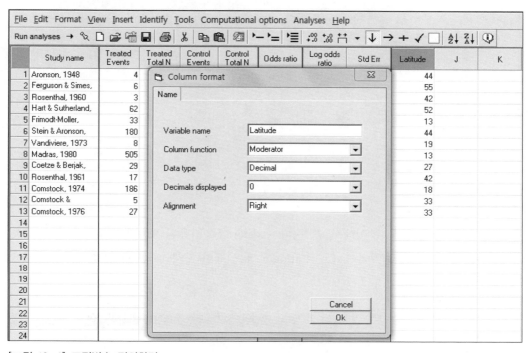

[그림 13-4] 조절변수 정의화면

[2단계] 메뉴에서 [Analyses] → → Run analyses 를 누른다. 효과측정(effect measure)에서 + Effect measure: Log odds ratio ▼ 를 누르면 다음과 같은 화면이 나타나며, Log odds ratio는 메타회귀분석에서 효과크기를 계산하기 위한 통계량이다.

Model	Study name	Statistics for each study							Log odds ratio and 95% CI				
		Log odds ratio	Standard error	Variance	Lower limit	Upper limit	Z-Value	p-Value	-1.00	-0.50	0.00	0.50	1.00
	Aronson,	-0.939	0.598	0.357	-2.110	0.233	-1.571	0.116					
	Ferguson &	-1.666	0.456	0.208	-2.560	-0.772	-3.652	0.000					
	Rosenthal,	-1.386	0.658	0.433	-2.677	-0.096	-2.106	0.035					
	Hart &	-1.456	0.143	0.020	-1.736	-1.177	-10.219	0.000					
	Frimodt-Moll	-0.219	0.228	0.052	-0.666	0.228	-0.961	0.336					
	Stein &	-0.958	0.100	0.010	-1.153	-0.763	-9.627	0.000					
	Vandiviere,	-1.634	0.476	0.227	-2.568	-0.700	-3.429	0.001					
	Madras,	0.012	0.063	0.004	-0.112	0.136	0.190	0.849					
	Coetze &	-0.472	0.239	0.057	-0.940	-0.004	-1.976	0.048					
	Rosenthal,	-1.401	0.275	0.075	-1.939	-0.863	-5.102	0.000					
	Comstock,	-0.341	0.112	0.013	-0.560	-0.121	-3.046	0.002					
	Comstock &	0.447	0.731	0.534	-0.986	1.879	0.611	0.541					
	Comstock,	-0.017	0.268	0.072	-0.542	0.507	-0.065	0.948					
Fixed		-0.436	0.042	0.002	-0.519	-0.353	-10.319	0.000					

[그림 13-5] 분석결과

[3단계] 메타회귀분석을 실시하기 위해서 **[Analyses]** → ※ Meta regression 을 누른다.

Model	Study name	Log odds ratio	Standard error	Variance	Lower limit	Upper limit	Z-Value	p-Value	Log odds ratio and 95% CI
	Aronson,	-0.939	0.598	0.357	-2.110	0.233	-1.571	0.116	
	Ferguson &	-1.666	0.456	0.208	-2.560	-0.772	-3.652	0.000	
	Rosenthal,	-1.386	0.658	0.433	-2.677	-0.096	-2.106	0.035	
	Hart &	-1.456	0.143	0.020	-1.736	-1.177	-10.219	0.000	
	Frimodt-Moll	-0.219	0.228	0.052	-0.666	0.228	-0.961	0.336	
	Stein &	-0.958	0.100	0.010	-1.153	-0.763	-9.627	0.000	
	Vandiviere,	-1.634	0.476	0.227	-2.568	-0.700	-3.429	0.001	
	Madras,	0.012	0.063	0.004	-0.112	0.136	0.190	0.849	
	Coetze &	-0.472	0.239	0.057	-0.940	-0.004	-1.976	0.048	
	Rosenthal,	-1.401	0.275	0.075	-1.939	-0.863	-5.102	0.000	
	Comstock,	-0.341	0.112	0.013	-0.560	-0.121	-3.046	0.002	
	Comstock &	0.447	0.731	0.534	-0.986	1.879	0.611	0.541	
	Comstock,	-0.017	0.268	0.072	-0.542	0.507	-0.065	0.948	
Fixed		-0.436	0.042	0.002	-0.519	-0.353	-10.319	0.000	

[그림 13-6] 메타회귀분석 실시화면

[4단계] 이어서 메타회귀분석에서 공변량(covariate)으로 사용된 조절변수(moderator variable)를 선택창에서 지정한다. 여기서는 'Latitude'를 선택한다. 선택창에는 모든 양적 조절변수가 나타나게 된다.

[그림 13-7] 조절변수 지정화면

[5단계] 조절변수를 선택하면 회귀분석 관련 추정회귀식과 산포도가 나타난다.

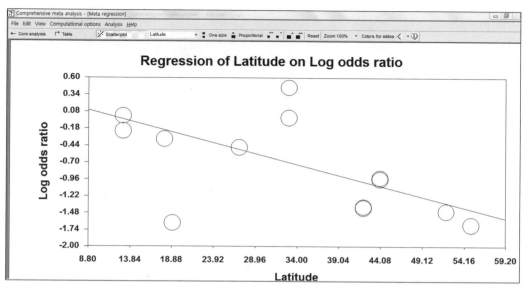

[그림 13-8] 추정회귀식과 산포도

결과 해석　분석에서 개별 가중치가 다름에도 불구하고 모든 연구는 동일한 크기의 원
으로 나타난다.

[6단계] 앞의 화면에서 ▪ Proportional 을 누르면 각 연구의 가중치에 비례하는 추정회귀식과
산포도를 얻을 수 있다.

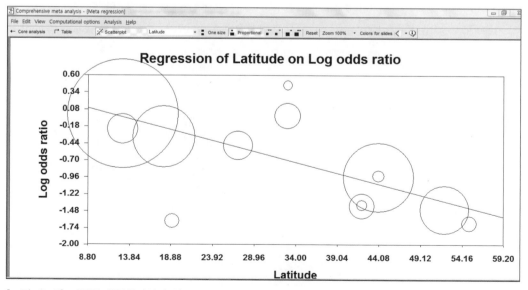

[그림 13-9] 가중된 추정회귀식과 산포도

[7단계] 메타회귀분석에서 분석유형을 선택하기 위해서 [Computational options]를 누른다. 여기서 Fixed effect(고정효과)를 선택한 다음 [View] → ⌐ Table 을 누른다.

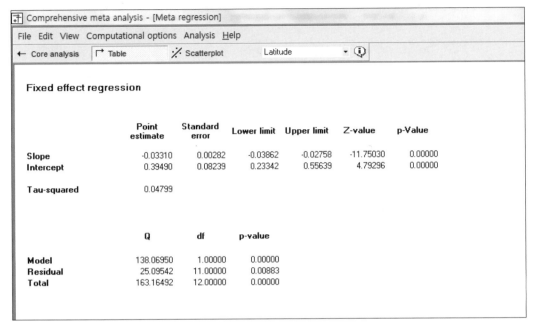

[그림 13-10] 메타회귀분석 결과

결과 해석   추정회귀식은 다음과 같다.

In(R^2) = 0.39490 + (− 0.03310X). 여기서, X = 절대위도를 나타낸다.

기울기는 $p = 0.000 < \alpha = 0.05$이므로 유의함을 알 수 있다. 또한 전체(Total) 추정회귀식은 $p = 0.000 < \alpha = 0.05$이므로 유의함을 알 수 있다.

기울기(slope)의 95% 신뢰구간의 계산식은 다음과 같다.

$$기울기의\ 95\%\ 신뢰구간 = B \pm 1.96 \times SE_B$$
$$= -0.03310 \pm 1.96(0.00282)$$
$$= [-0.03862, -0.02758]$$

총분산(Q)은 다음과 같이 계산된다.

$$Q = \sum_{i=1}^{k} w_i (T_i - \overline{T})^2$$

자유도(d.f) = 총연구 수 −1이다.

연구과제 사이의 분산(Tau-squared, τ^2)을 나타내면 다음 식과 같다. 이는 연구 간의 변동량을 나타낸다.

$$\tau^2 = \begin{cases} \dfrac{Q-df}{C} & \text{if } Q > df \\ 0 & \text{if } Q \le df \end{cases}$$

$$C = \sum w_i - \frac{\sum w_i^2}{\sum w_i}$$

분석결과에서 $\tau^2 = 0.04799$임을 알 수 있다. 본 연구결과에서는 연구 간의 변동량이 극히 적으며, 연속형 변수인 장소 관련 위도(Latitude)변수는 조절변수로서 효과크기의 예측변량에 유의한 영향을 미치고 있음을 알 수 있다($p = 0.000 < \alpha = 0.05$).

[8단계] 메뉴에서 [View] → [Show iterations]를 누르면 다음과 같은 결과를 얻을 수 있다.

Comprehensive meta analysis - [Meta regression]

File Edit View Computational options Analysis Help

← Core analysis   ⌐ Table   ✂ Scatterplot   Latitude ▾ ⓘ

Model	B1	seb1	z1	B0	seb0	z0
Fixed	-0.03309986211	0.00281693816	-11.75029776280	0.39490043231	0.08239169168	4.79296424485

[그림 13-11] 메타회귀분석 추정회귀식 정보

결과 해석 메타분석 최종 결과에서 비표준화 계수 −0.033, 표준오차 0.0028, 표준화값($z1$) −11.750, 상수항(B_0) 0.394 등이 나타나 있다.

[9단계] [View] → [Show Calculations]를 누르면 메타회귀분석에 포함된 결과물이 나타
난다.

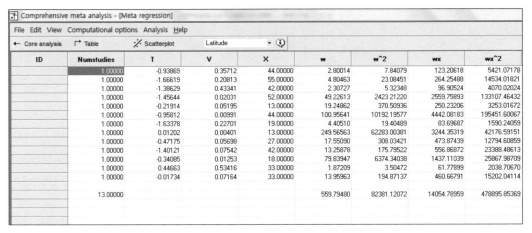

[그림 13-12] 메타회귀분석 계산정보

결과 해석   메타회귀분석의 계산정보가 나타나 있다.

1. 고정효과모델과 랜덤효과모델의 차이점을 설명하여라.

2. 메타회귀분석의 개념을 설명하여라.

3. 다음 예제를 입력하고 메타회귀분석을 실시한 뒤 결과에 대하여 해석하여라.

Study name	Vaccinated		Control		Latitude
	TB	Total	TB	Total	
Vandiviere et al., 1973	8	2,545	10	629	19
Ferguson & Simes, 1949	6	306	29	303	55
Hart & Sutherland, 1977	62	13,593	248	12,867	52
Rosenthal et al., 1961	17	1,716	65	1,665	42
Rosenthal et al., 1960	3	231	11	220	42
Aronsonm, 1948	4	123	11	139	44
Stein & Aaronson, 1953	180	1,541	372	1,451	44
Coetzee & Berjak, 1968	29	7,499	45	7,277	27
Comstock et al., 1974	186	50,634	141	27,338	18
Fimodt-Moller et al., 1973	33	5,069	47	5,808	13
Comstock et al., 1976	27	16,913	29	17,854	33
TB Prevention Trial, 1980	505	88,391	499	88,391	13
Comstock & Webster, 1969	5	4,298	3	2,341	33

[데이터: ch13-1.xlsx]

14장

출판편향 검증

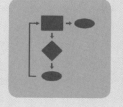
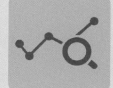

1. 출판편향 개념을 이해한다.
2. 출판편향 검증방법을 이해한다.
3. 예제실행 후 출판경향을 확인하고 설명할 수 있다.

14.1 출판편향의 개념

출판편향(publication bias)은 연구자들이 연구결과를 발표할 때 긍정적인 발견(positive finding, 어떤 실험이 효과가 있는 것으로 나타난 경우)이 부정적인 발견(negative finding, 무엇이 효과가 없는 것으로 나타난 경우)에 비해 더 많은 비중을 차지하는 것을 말한다. 가령 연구자가 A약에 대한 실험결과가 유의하였다고 하자. 즉, 특정 질병에 효과가 있다면 연구자는 논문을 써서 발표하고 언론에도 알릴 것이다. 그러나 A약이 효과가 없다면 연구자는 연구결과를 발표하지 않고 컴퓨터 저장소에 꼭꼭 숨겨 놓을 것이다.

상황에 따라서는 부정적인 결과(negative finding)가 더 중요할 수 있다. 즉 부정적인 연구결과를 사람들에게 널리 알려 공유할 가치가 있을 수 있다. 가령 A약이 효과가 없다면, 이 결과를 널리 알려 그 질병에 사용하지 않아야 한다고 주장할 수 있다. 그러나 보통 긍정적인 발견이 더 영향력이 클 수 있다. 즉, 연구비 지원자의 이익과 관련하여 출판편향이 사장될 수 있기 때문이다. 이렇듯 출판편향의 주된 이유는 연구자들이 모든 실험자료를 발표하지 않고 자신들이 중요하다고 생각하는 결과만을 발표하는 데 있다. 다시 말하면, 출판편향은 문헌고찰과 탐색과정에서 긍정적인 결과(positive finding)를 보인 연구들이 더 많이 파악되어 결과적으로 메타분석결과가 왜곡될 수 있는 편향(bias)을 발생시키는 것을 말한다.

 ## 14.2 출판편향 확인방법

모든 연구는 관련 연구의 품질을 높인다. 출판편향이 존재하는지 여부를 확인할 수 있는 방법으로 깔때기 그림(funnel plot)이 있다. 연구결과에 대한 분포 경향이 깔때기 모양으로 이루어져 깔때기 그림이라고 부른다. 이 깔때기 그림은 x축과 y축으로 표시하며, x축에는 연구의 처리효과에 해당하는 처리효과나 표본 수를 표시한다. x축에는 척도의 대칭성을 위해 로그변환값을 나타내고, y축에는 관련 연구의 정밀성을 판단하는 척도인 표준오차를 표시한다. 이 그림은 연구의 표본 수가 커지면 커질수록 효과에 대한 추정이 더욱 정밀해지는 특징이 있다.

그러면 깔때기 그림으로 연구가설을 검증하는 방법에 대하여 알아보자. 메타분석에서 연구결과는 항상 양쪽으로 분포한다. 출판편향이 개입되지 않은 경우는 소규모의 표본연구는 연구의 정밀성이 낮아 연구들 간 변동폭이 클 것이다. 이 경우는 해당 점들이 산점도의 아랫부분 좌우로 넓게 퍼지게 될 것이다. 깔때기 그림에서 점 하나는 시행연구 하나를 의미한다. 표본이 크면 클수록 표준오차(standard error)가 작아지기 때문에, 위쪽으로 갈수록 표본이 대규모라고 할 수 있다. 이는 대규모 표본은 정밀성이 높은 연구들이라서 서로 비슷한 크기의 처리효과 추정값을 제공하여 서로 윗부분에 위치하며, 점들은 뒤집힌 깔때기를 기준으로 대칭형태를 보일 것이다. 반면에, 아래로 갈수록 소규모 연구라고 보면 된다. 가령 출판편향이 발생하는 경우라면 점들은 한 방향으로 치우치는 비대칭적인 형태의 산포도를 보일 것이다.

 ## 14.3 실습예제

[예제 14.1] 다음 연구자료를 이용하여 출판편향을 분석하여라.

	Study name	Data format	Treated Events	Treated Total N	Control Events	Control Total N	Odds ratio	Log odds ratio	Std Err	Patient Type	K	L
1	Fletcher	Cohort 2x2	1	12	4	11	0.159	-1.838	1.218	Acute		
2	Dewar	Cohort 2x2	4	21	7	21	0.471	-0.754	0.723	Acute		
3	1st European	Cohort 2x2	20	83	15	84	1.460	0.379	0.383	Chronic		
4	Heikinheimo	Cohort 2x2	22	219	17	207	1.248	0.222	0.339	Chronic		
5	Italian	Cohort 2x2	19	164	18	157	1.012	0.012	0.350	Chronic		
6	2nd European	Cohort 2x2	69	373	94	357	0.635	-0.454	0.180	Acute		
7	2nd Frankfurt	Cohort 2x2	13	102	29	104	0.378	-0.973	0.369	Acute		
8	1st Australian	Cohort 2x2	26	264	32	253	0.754	-0.282	0.280	Acute		
9	NHLBI SMIT	Cohort 2x2	7	53	3	54	2.587	0.950	0.719	Chronic		
10	Valere	Cohort 2x2	11	49	9	42	1.061	0.060	0.509	Chronic		
11	Frank	Cohort 2x2	6	55	6	53	0.959	-0.042	0.612	Acute		
12	UK Collab	Cohort 2x2	48	302	52	293	0.876	-0.133	0.219	Acute		
13	Klein	Cohort 2x2	4	14	1	9	3.200	1.163	1.214	Acute		
14	Austrian	Cohort 2x2	37	352	65	376	0.562	-0.576	0.221	Acute		
15	Lasierra	Cohort 2x2	1	13	3	11	0.222	-1.504	1.242	Chronic		
16	N German	Cohort 2x2	63	249	51	234	1.215	0.195	0.215	Chronic		
17	Witchitz	Cohort 2x2	5	32	5	26	0.778	-0.251	0.696	Chronic		
18	2nd Australian	Cohort 2x2	25	112	31	118	0.806	-0.215	0.309	Chronic		
19	3rd European	Odds ratio					0.416	-0.877	0.276	Acute		
20	ISAM	Odds ratio					0.872	-0.137	0.192	Chronic		
21	GISSI-1	Odds ratio					0.807	-0.214	0.057	Chronic		
22	ISIS-2	Odds ratio					0.746	-0.293	0.050	Chronic		
23												

[그림 14-1] 연구예제   [자료: ch14-1.cma]

[1단계] 메뉴에서 [Analyses]→[Run analyses]를 눌러 메타분석을 실시한다.

[2단계] 이어서 [Analyses]→[Publication bias]를 누른다. 그러면 다음과 같은 결과가 나타난다.

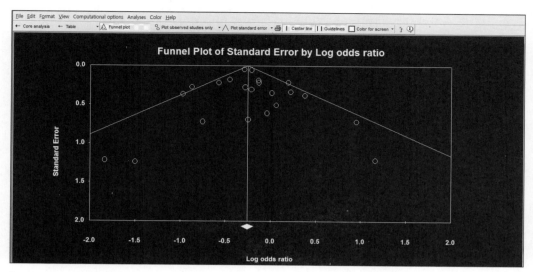

[그림 14-2] 깔때기 그림(funnel plot)

결과 해석 깔때기 그림의 x축에는 연구의 효과크기(effect size)가 나타나 있고, y축에는 표준오차가 나타나 있다. x축의 처리효과는 일반적으로 x축 척도의 대칭성을 위해서 로그변환한 값을 사용한다.

[3단계] 아래와 같이 [Computational Options] 창에서 [Plot random effects]와 [Plot precision]을 선택하면 다음 화면이 나타난다.

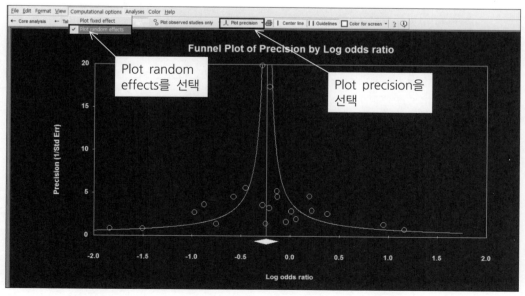

[그림 14-3] 깔때기 그림

결과 해석　정확성을 나타내는 그림은 전통적인 형태이다. 대표본 연구의 경우는 점들이 그래프의 윗부분에 위치하고 효과크기 평균 근처에 자리하게 된다. 작은 표본의 경우는 점들이 그래프 하단에 위치한다. 그 이유는 작은 표본에서는 정밀성이 낮고 처리효과의 크기도 작기 때문이다. 그림 모양이 깔때기 모양과 흡사하여 깔때기 그림이라고 부른다. 대규모 연구는 정밀성이 높은 연구여서 서로 비슷한 크기의 처리효과 추정값을 제공하고 출판편향이 없음을 나타낸다. 따라서 분석결과 출판편향이 대체로 없음을 알 수 있다.

[4단계] 메뉴에서 [View]→[Trim & Fill]을 선택한다. 그러면 다음의 결과를 얻을 수 있다.

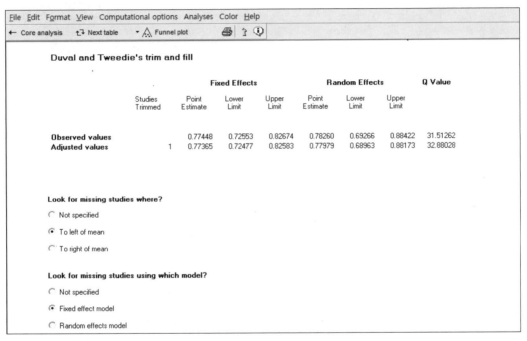

[그림 14-4] 정리하기와 채우기

결과 해석　이 결과는 두벌(Duval)과 트위디(Tweedie)의 정리하기와 채우기를 나타낸다. 두벌과 트위디는 연구 중 무응답이 있는 부분을 채우고 재계산하는 방법을 고안하였다. 왼쪽 결과는 고정효과모델(fixed effect model), 오른쪽 결과는 랜덤효과모델(random effect model)을 나타낸다.

고정효과모델에서는 점추정(point estimate)과 95% 신뢰수준이 나타나 있다. 점추정의 값은 0.77448이며 신뢰구간은 [0.72553, 0.82674]이다.

랜덤효과모델에서는 점추정과 95% 신뢰수준이 나타나 있다. 점추정의 값은 0.78260이며 신뢰구간은 [0.69266, 0.88422]이다.

[5단계] [Plot observed and imputed]를 선택하면 다음과 같은 결과를 얻을 수 있다.

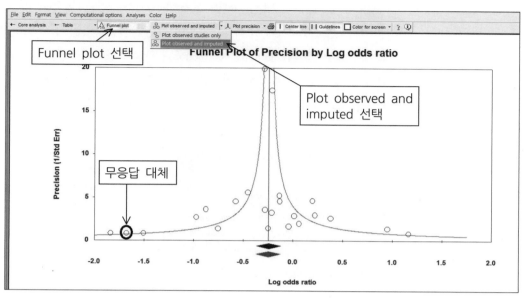

[그림 14-5] 무응답값 대체

결과 해석 무응답값에 대한 대체가 검은색 점으로 나타나 있다.

[6단계] 메뉴에서 [View] → [Rank correlation test]를 선택한다.

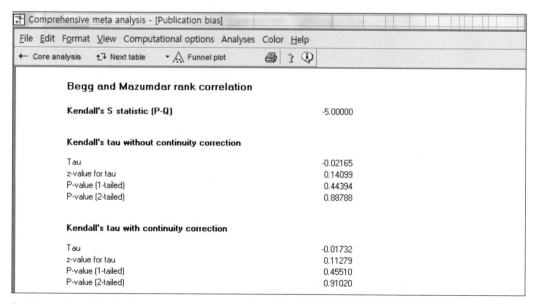

[그림 14-6] 순위상관 결과

결과 해석   Begg와 Mazumdar이 제시한 표준화된 효과크기와 분산(또는 표준오차) 간의 순위상관(rank correlation) 검정이 나타나 있다. Tau는 상관계수와 유사한 방법으로 해석된다. 만약 Tau의 값이 0이라면 효과크기와 정확성 간의 관련성이 전혀 없는 경우를 나타낸다. 연속 관련성을 가정한 경우(continuity correction) 단측검정에서 켄달 타우(Kendall's tau)는 −0.01732, 확률값은 0.45510이다. 양측검정의 p값은 0.91020으로 $\alpha = 0.05$에서 유의하지 않음을 알 수 있다.

[7단계] 메뉴에서 [View] → [Regression test]를 선택한다.

```
Comprehensive meta analysis - [Publication bias]

File  Edit  Format  View  Computational options  Analyses  Color  Help

← Core analysis   ↑↓ Next table   ▾ △ Funnel plot      🖨 ⬆ ⓘ


        Egger's regression intercept

        Intercept                               0.09631
        Standard error                          0.35766
        95% lower limit (2-tailed)             -0.64975
        95% upper limit (2-tailed)              0.84237
        t-value                                 0.26928
        df                                     20.00000
        P-value (1-tailed)                      0.39524
        P-value (2-tailed)                      0.79048
```

[그림 14-7] Egger의 회귀분석 상수항

결과 해석   위의 화면은 에저의 회귀분석 상수항(Egger's regression intercept)에 관한 정보이다. 에저의 선형회귀분석방법은 순위상관 검정과 동일하다. 이는 깔때기 그림에 의해서 얻을 수 있는 오차를 양적화한 것이다. 에저는 효과크기와 정확성을 실제 수치화하였다. 표준화된 효과는 정확성(표준오차의 역수)에 회귀한다. 적은 수의 연구는 높은 표준오차로 0에 가까운 정확성을 가진다.

상수항이 평균으로부터 벗어났다면 출판회귀의 원인이 될 수 있다. 앞의 순위상관검정과 마찬가지로 양측검정을 실시한 결과, 상수항(B_0)은 0.09631이다. 상수항의 95% 신뢰구간은 [−0.64975, 0.84237]이다. 양측검정의 p값은 0.79048로 $\alpha = 0.05$에서 유의하지 않음을 알 수 있다.

[8단계] 메뉴에서 [View] → [Fail-Safe N]을 선택한다.

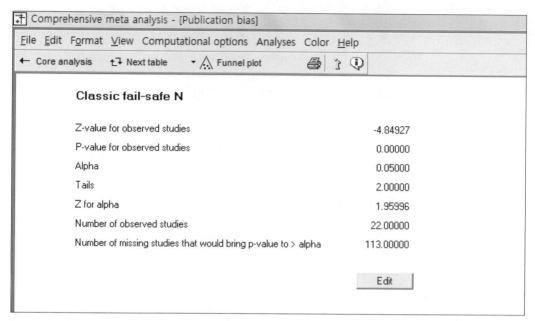

[그림 14-8] Rosenthal Fail-Safe N

결과 해석　Rosenthal의 fail-safe N은 주요 효과가 0인 무응답값 연구의 수를 계산하는 검정이다. 주요 효과가 0인 무응답값은 통계적으로 유의하지 않은 경우 추가분석을 실시할 필요가 있다. 연구자는 알파(Alpha) 수준과 꼬리(Tails) 분포를 편집할 수 있다. 분석결과 Rosenthal의 fail-safe N은 113이다. 이는 양측검정을 기준으로 $\alpha = 0.05$ 수준을 초과하는 원인임을 알 수 있다.

1. 출판편향에 대한 개념을 이해하고 해석방법을 설명하여라.

2. 깔때기 그림(funnel plot)의 해석방법을 설명하여라.

15장

메타분석 응용

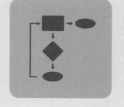
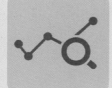

1. 메타분석의 응용방법을 터득한다.
2. 실제 과제나 프로젝트를 수행하고 메타분석을 실시한다.

본 연구는 여성가족부가 2011년 9월 30일에 발행한 <일-가족 갈등과 개인, 일, 가족 특성의 관련성 메타분석>을 참고한 것이다.

요약: 최근 5년간 선행연구에서 '일-가족 갈등과의 관련성 분석'에 자주 사용된 17개 변수 중 '일-가족 갈등과의 관련성'이 상대적으로 강한 변수를 파악하기 위하여 메타분석을 실시하였다. 분석결과, 가족친화적 조직분위기(조직문화)와 일-가족 갈등과의 관련성이 강했다. 특히 가족친화적 조직분위기(조직문화)는 일로 인한 가족생활에서의 갈등(일-가족 갈등) 수준과 강한 상관관계가 있는 것으로 나타났다. 이러한 연구결과는 일과 가족의 양립을 지원하는 정책을 추진함에 있어 가족친화적 직장문화 조성에 우선순위를 둘 필요가 있음을 시사한다.

1) 연구목적

국내 연구에서 일-가족 갈등과의 관련성 분석에 자주 사용된 개인, 일, 가족 특성변수의 효과크기를 통합하는 메타분석을 실시하여 평균효과크기가 상대적으로 큰 변수, 즉 일-가족 갈등과의 관련성이 상대적으로 강한 변수를 파악함으로써 일-가족 양립정책의 우선순위 및 방향성을 제안하고자 한다.

일-가족 갈등이란?

- 일영역에서 요구되는 역할과 가족영역에서 요구되는 역할이 상충될 때 발생하는 갈등을 말한다.
- 일로 인한 가족생활에서의 갈등(일 → 가족 갈등)과 가족 역할로 인한 직장생활에서의 갈등(가족 → 일 갈등)으로 구분된다.

메타분석이란?

- 계량적 분석을 실시한 선행연구에서 도출한 결과를 통계적 방법을 사용하여 통합하는 연구방법이다.
- 개별 연구의 효과크기를 통합하기 위하여 표본크기에 따라 가중치를 부여하는 평균효과크기(weighted mean effect size)를 도출한다.

2) 연구의 필요성

- 맞벌이 가족의 증가, 삶의 질에 대한 관심 등을 배경으로 일과 가족의 양립이 사회적·정책적 이슈로 부각되고 있다. 그러나 장시간 근무하는 일중심의 직장문화로 인해 일-가족 갈등을 경험하는 근로자가 많아지고 있다.
- 다양한 학문분야에서 일-가족 갈등과 관련된 연구를 진행하고 있으나, 선행연구의 결

과를 체계적으로 통합한 연구는 부재한 실정이다. 일–가족 갈등이라는 주제의 시의성
과 선행연구의 규모를 감안할 때 선행연구의 결과를 통합적으로 분석·정리하는 작업
이 필요하다.

- 일–가족 갈등 관련 변수의 상대적 효과크기를 통합한 본 연구의 결과는 일–가족 갈
  등 수준을 완화하고 일과 가족의 양립을 지원하는 정책의 우선순위와 설정에 근거
  (evidence)자료로 활용될 수 있다.

3) 연구방법

[1단계] 국내 학술 데이터베이스 검색을 통해 일–가족 갈등 관련 연구에 대한 목록을 작
성한다.

- 검색방법
  - 검색대상: 2006년 1월 ~ 2010년 12월에 발간된 국내 학술지에 게재된 연구
  - 검색어: '일/직장', '가족/가정', '갈등'
  - 검색 학술 데이터베이스: 국가과학기술정보센터(NDSL), 누리미디어(DBPIA), 한국
    교육학술정보원(RISS), 한국학술정보원(KISS)
- 일–가족 갈등 관련 연구목록 작성: 학술 데이터베이스 검색결과 확인된 연구 내용을
  검토하여 다음 두 가지 조건을 만족하는 연구목록을 작성한다.
  ① 구조화된 조건을 만족하는 연구목록 작성
  ② 일–가족 갈등(일–가정 갈등, 직장–가정 갈등)을 측정하여 변수로 사용하는 연구

[2단계] 일–가족 갈등 관련 주요 변수 파악

- 1단계에서 평가한 일–가족 갈등 관련 연구 내용을 검토하여 일–가족 갈등과의 관련
  성 분석에 사용된 변수 100여 개의 목록을 작성하고 각각의 사용빈도를 파악한다.
- 100여 개의 변수 중 상대적으로 자주 사용된 변수 17개를 선정하고, 이 중 연구에 따라
  범주화 방식에 차이가 큰 직종을 제외한 16개 변수를 메타분석 대상변수로 선정한다.

[3단계] 메타분석 실시

- 2단계에서 메타분석 대상으로 선정한 16개 변수를 [표 15-1]과 같이 개인특성, 일특
  성, 가족특성으로 분류한다. 일특성에 생성변수인 '가족친화적 조직문화' 변수를 추가
  하여 총 17개 변수를 분석한다.

[표 15-1] 메타분석에 포함된 일-가족 갈등 관련 변수

분류	변수
① 개인특성	성별, 연령, 교육수준
② 일특성	본인 소득, 직급, 근속연수, 직무만족도, 직무몰입, 조직몰입, 가족친화적 조직문화 (가족친화적 조직분위기, 직장상사의 지원, 직장동료의 지원)
③ 가족특성	결혼지위, 가구소득, 자녀 수, 결혼만족도

- 개별 연구를 통해 계산한 17개 변수와 일-가족 갈등 간 관련성의 효과크기를 통합하는 평균효과크기(weighted mean effect size)를 도출한다.
- 일-가족 갈등 전이 방향 고려
  - 일로 인한 가족생활에서의 갈등(일→가족)과 가족 역할로 인한 직장생활에서의 갈등(가족→일)을 분리하여 측정한 연구는 두 개의 효과크기를 별도로 계산하여 분석한다.
  - 일-가족 갈등의 전이 방향을 분리하지 않고 측정한 연구는 단일 효과크기를 계산한다.

4) 연구결과

- 일-가족 갈등과 개인·일·가족 특성의 관련성
  - 일-가족 갈등과 17개 변수 간 관련성의 효과분석을 실시한 결과를 나타내면 [표 15-2]와 같다.

[표 15-2] 일-가족 갈등과 개인·일·가족 특성의 관련성 효과분석

변수	효과크기 수 (k)	표본크기 합 (N)	평균효과크기 (Zr)	95% 신뢰구간	범주 내 동질성 (Q)
개인특성					
성별(여성)	14	6,235	−0.02	−0.05~0.00	168.13***
연령	26	11,863	0.07	0.05~.08	604.03***
교육수준	16	8,180	−0.01	−0.04~.01	47.09***
일특성					
본인 소득	8	6,078	.01	−.02~.04	18.52**
직급	6	3,071	.06	0.02~.11	9.44
근속연수	13	6,148	.00	−0.03~.03	51.07***
직무만족도	16	11,497	−.21	−.23~−.19	52.59***
직무몰입	4	2,120	−.11	−.18~−.04	12.27**
조직몰입	9	4,808	−.18	−.21~−.14	26.86***
가족친화적 조직문화	19	8,943	−.29	−.31~−.26	365.00***
가족친화적 조직분위기	12	6,596	−.36	−.38~−.33	275.87***
직장상사의 지원	10	3,417	−.11	−.15~−.07	103.50***
직장동료의 지원	2	476	−.6	−.64~.53	2.15
가족특성					
결혼지위 (기혼)	6	2,512	.00	−.05~.05	9.40
가구소득	8	3,140	0.01	−.04~−.05	30.78***
자녀 수	11	7,188	.02	−.00~.05	35.76**
결혼만족도	6	7,308	−.04	−.07~−.01	6.39

$^{*}p<.05$, $^{**}p<.01$, $^{***}p<.001$

· [표 15-2]의 결과를 토대로 일-가족 갈등과 유의미한 관련이 있는 개인·일·가족

특성변수를 평균효과크기의 절대값순으로 나열하고 해석하면 [표 15-3]과 같다.

[표 15-3] 개인·일·가족 특성변수 효과크기

변수	Zr	해석
개인특성		
연령	.07	• 연령이 높은 근로자가 상대적으로 낮은 수준의 일-가족 갈등을 경험함
일특성		
가족친화적 조직분위기	−.36	• 가족친화적 분위기(조직문화)에서 근무하는 경우 상대적으로
가족친화적 조직문화	−.29	낮은 수준의 일-가족 갈등을 경험함
직무만족도	−.21	• 직무만족도, 조직몰입도, 조직몰입 수준이 높은 근로자가 상대
조직몰입	−.18	적으로 낮은 수준의 일-가족 갈등을 경험함
직무몰입	−.11	• 직장상사의 지원을 받는 근로자가 상대적으로 낮은 수준의
직장상사의 지원	−.11	일-가족 갈등을 경험함
직급	.06	• 직급이 낮은 근로자가 상대적으로 낮은 수준의 일-가족 갈등을 경험함
가족특성		
결혼만족도	−.04	• 결혼만족도가 높은 근로자가 상대적으로 낮은 수준의 일-가족 갈등을 경험함

• 일-가족 갈등의 전이 방향별 개인·일·가족 특성의 관련성
  · 일로 인한 가족생활에서의 갈등(일→가족 갈등)과 가족역할로 인한 직장생활에서의
    갈등(가족→일 갈등)을 분리하여 분석한 연구만을 대상으로 개별 연구의 효과크기를
    통합한 결과를 나타내면 [표 15-4]와 같다.

[표 15-4] 개별 연구의 효과크기 통합결과

변수	일→가족 갈등 일로 인한 가정생활에서의 갈등				가족→일 갈등 가족 역할로 인한 직장생활에서의 갈등			
	효과크기 수(k)	표본크기 합(N)	평균효과 크기(Zr)	95% 신뢰구간	효과크기 수(k)	표본크기 합(N)	평균효과 크기(Zr)	95% 신뢰구간
개인특성								
성별(여성)	2	1,055	.02	−.37~.41	2	1,055	.04	−.35~.43
연령	9	3,858	.01	−.02~.05	9	3,858	−.02	−.06~.02
교육수준	6	3,359	.03	−.01~.08	6	3,359	.01	−.03~.05
일특성								
본인 소득	3	1,257	.03	−.09~.15	3	1,257	−.05	−.18~.07
직급	3	1,670	.11	.01~.22	3	1,670	.04	−.06~.15
근속연수	4	1,629	.09	.01~.17	4	1,629	−.01	−.09~.07
직무만족도	6	2,429	−.21	−.26~−.15	6	2,429	−.19	−.25~−.14
직무몰입	2	1,495	−.03	−.36~.30	2	1,495	−.13	−.46~.20
조직몰입	2	2,180	−.15	−.42~.12	1	413	−.20	
가족친화적 조직문화	8	4,160	−.40	−.43~−.36	7	2,393	−.16	−.21~−.11
가족친화적 조직분위기	3	2,822	−.51	−.59~−.43	2	1,055	−.24	−.63~.15
직장상사의 지원	6	1,976	−.21	−.27~−.15	6	1,976	−.12	−.18~−.06
가족특성								
결혼지위 (기혼)	3	1,711	.02	−.08~.13	3	1,711	.06	−.04~.17
가구소득	3	1,388	.02	−.10~.13	3	1,388	−.00	−.12~.11
자녀 수	4	2,326	−.00	−.07~.06	4	2,326	.01	−.06~.08
결혼만족도	4	2,056	.01	−.07~.08	4	2,056	−.10	−.17~−.02

· [표 15-4]의 결과를 토대로 일로 인한 가정생활에서의 갈등(일→가족 갈등)과 유의미한 관련이 있는 변수를 평균효과크기의 절대값순으로 나열하고 해석하면 [표 15-5]와 같다.

[표 15-5] 일-가족 갈등과 유의미한 관련이 있는 변수

변수	Zr	해석
일특성		
가족친화적 조직분위기	-.51	· 가족친화적 분위기(조직문화)에서 근무하는 경우 상대적으로 낮은 수준의 일-가족 갈등을 경험함
가족친화적 조직문화	-.40	· 직장상사의 지원을 받는 근로자가 상대적으로 낮은 수준의 일-가족 갈등을 경험함
직장상사의 지원	-.21	
조직몰입	-.15	· 조직몰입 수준이 높은 근로자가 상대적으로 낮은 수준의 일-가족 갈등을 경험함
직급	-.11	· 직급이 낮거나 근속연수가 짧은 근로자가 상대적으로 낮은 수준의 일-가족 갈등을 경험함
근무연수	.09	
가족특성 결혼만족도	-.04	· 결혼만족도가 높은 근로자가 상대적으로 낮은 수준의 일-가족 갈등을 경험함

· [표 15-5]의 결과를 토대로 가족 역할로 인한 직장생활에서의 갈등(가족 → 일 갈등)과 유의미한 관련이 있는 변수를 평균효과크기의 절대값순으로 나열하고 해석하면 [표 15-6]과 같다.

[표 15-6] 가족-일 갈등과 유의미한 관련이 있는 변수

변수	Zr	해석
일특성		
직무만족도	-.51	· 직무만족도가 높은 근로자가 상대적으로 낮은 수준의 가족-일 갈등을 경험함
가족친화적 문화	-.40	· 가족친화적 문화에서 근무하는 경우 상대적으로 낮은 수준의 가족-일 갈등을 경험함
직장상사의 지원	-.21	· 직장상사의 지원을 받는 근로자가 상대적으로 낮은 수준의 가족-일 갈등을 경험함
가족특성 결혼만족도	-.10	· 결혼만족도가 높은 근로자가 상대적으로 낮은 수준의 가족-일 갈등을 경험함

5) 정책적 시사점 및 제언

● 개인·일·가족 특성 중 전반적으로 일특성변수가 일-가족 갈등과 유의미한 관련이 있었고 평균효과크기도 컸다. 즉, 근무환경 및 직무특성과 같은 일특성요인이 근로자

의 일−가족 갈등 수준과 밀접한 관련이 있는 것으로 나타났다. 따라서, 일−가족 갈등을 완화하고, 일과 가정의 양립을 지원하는 정책은 근로자의 직장 및 직무 관련 요인에 초점을 맞출 필요가 있다.

- 메타분석을 실시한 17개 변수 중 일−가족 갈등과 가장 관련성이 많은 변수는 가족친화적 분위기(조직문화)로 나타났다. 특히 가족친화적인 조직분위기(조직문화)와 일로 인한 가정생활에서의 갈등(일−가족 갈등) 간 관련성의 효과크기는 강한 수준(large deffect size)이었다. 따라서, 일−가족 갈등을 완화하고 일과 가족의 양립을 지원하는 정책은 가족친화적 직장문화의 조성을 최우선과제로 설정하고 이에 집중적인 투자를 할 필요가 있다.

- 가족친화적 직장문화란 직장이 근로자의 일과 가족생활의 양립을 지원하고 중시한다는 가정, 신념, 가치관, 기대 등을 소속 구성원들이 공유하고 있는 상태를 말한다.

- 가족친화적 직장문화 조성방안 제언
  - 일에만 전념하는 것이 바람직하다는 분위기에서 일과 가족의 양립을 위해 노력하는 것이 바람직하다는 분위기로 전환
  - 조직 차원에서 근로자의 가족 역할과 책임을 배려하는 분위기 조성
  - 가족친화제도를 자유롭게 이용할 수 있으며 이용할 경우 불이익을 받지 않는 문화 조성
  - 장시간 근로를 이상적으로 여기는 관행 개선
  - 가족친화기업 인증제도 활성화
  - 가족친화경영 컨설팅 및 임직원 교육 활성화

1. 메타분석을 통해서 과제수행 절차를 설명해 보자.

2. 프로젝트 수행 시 메타분석을 이용하여 보자.

통계도표

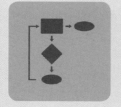

◆ 표준정규분포표

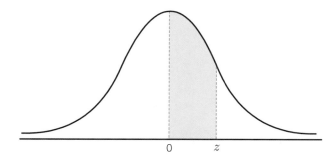

이 표는 $z = 0$에서 z값까지의 면적을 나타낸다. 예를 들어 $z = 1.25$일 때 0~1.25 사이의 면적은 0.395이다.

z	.00	.01	.02	.03	.04	.05	.06	.07	08	.09
0.0	.0000	.0040	.0080	.0120	.0160	.0199	.0239	.0279	.0319	.0359
0.1	.0398	.0438	.0478	.0517	.0557	.0596	.0636	.0675	.0714	.0753
0.2	.0793	.0832	.0871	.0910	.0948	.0987	.1026	.1064	.1103	.1141
0.3	.1179	.1217	.1255	.1293	.1331	.1368	.1406	.1443	.1480	.1517
0.4	.1554	.1591	.1628	.1664	.1700	.1736	.1772	.1808	.1844	.1879
0.5	.1915	.1950	.1985	.2019	.2054	.2088	.2123	.2157	.2190	.2224
0.6	.2257	.2291	.2324	.2357	.2389	.2422	.2454	.2486	.2517	.2549
0.7	.2580	.2611	.2642	.2673	.2704	.2734	.2764	.2794	.2823	.2852
0.8	.2881	.2910	.2939	.2967	.2995	.3023	.3051	.3078	.3106	.3133
0.9	.3159	.3186	.3212	.3238	.3264	.3289	.3315	.3340	.3365	.3389
1.0	.3413	.3438	.3461	.3485	.3508	.3531	.3554	.3577	.3599	.3621
1.1	.3643	.3665	.3686	.3708	.3279	.3749	.3770	.3790	.3810	.3830
1.2	.3849	.3869	.3888	.3907	.3925	.3944	.3962	.3980	.3997	.4015
1.3	.4032	.4049	.4066	.4082	.4099	.4115	.4131	.4147	.4162	.4177
1.4	.4192	.4207	.4222	.4236	.4251	.4265	.4279	.4292	.4306	.4319
1.5	.4332	.4345	.4357	.4370	.7382	.4394	.4406	.4418	.4429	.4441
1.6	.4452	.4463	.4474	.4484	.4495	.4505	.4515	.4525	.4535	.4545
1.7	.4554	.4564	.4573	.4582	.4591	.4599	.4608	.4616	.4625	.4633
1.8	.4641	.4649	.4656	.4664	.4671	.4678	.4686	.4693	.4699	.4706
1.9	.4713	.4719	.4726	.4732	.4738	.4744	.4750	.4756	.4761	.4767
2.0	.4772	.4778	.4783	.4788	.4793	.4798	.4803	.4808	.4812	.4817
2.1	.4821	.4826	.4830	.4834	.4838	.4842	.4846	.4850	.4856	.4857
2.2	.4861	.4864	.4868	.4871	.4875	.4878	.4881	.4884	.4887	.4890
2.3	.4893	.4896	.4898	.4901	.4904	.4906	.4909	.4911	.4913	.4916
2.4	.4918	.4920	.4922	.4925	.4927	.4929	.4931	.4932	.4934	.4936
2.5	.4938	.4940	.4941	.4943	.4945	.4946	.4948	.4949	.4951	.4952
2.6	.4953	.4955	.4956	.4957	.4959	.4960	.4961	.4962	.4963	.4964
2.7	.4965	.4966	.4967	.4968	.4969	.4970	.4971	.4972	.4973	.4974
2.8	.4974	.4975	.4976	.4977	.4977	.4978	.4979	.4979	.4980	.4981
2.9	.4981	.4982	.4982	.4983	.4984	.4984	.4985	.4985	.4986	.4986
3.0	.4987	.4987	.4987	.4988	.4988	.4989	.4989	.4989	.4990	.4990

◆ t-분포표

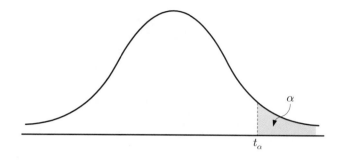

d.f.	$t_{.250}$	$t_{.100}$	$t_{.050}$	$t_{.025}$	$t_{.010}$	$t_{.005}$
1	1.000	3.078	6.314	12.706	31.821	63.657
2	0.816	1.886	2.920	4.303	6.965	9.925
3	0.745	1.638	2.353	3.182	4.541	5.841
4	0.741	1.533	2.132	2.776	3.747	4.604
5	0.727	1.476	2.015	2.571	3.365	4.032
6	0.718	1.440	1.943	2.447	3.143	3.707
7	0.711	1.415	1.895	2.365	2.998	3.499
8	0.706	1.397	1.860	2.306	2.896	3.355
9	0.703	1.383	1.833	2.262	2.821	3.250
10	0.700	1.372	1.812	2.228	2.876	3.169
11	0.697	1.363	1.796	2.201	2.718	3.106
12	0.695	1.356	1.782	2.179	2.681	3.055
13	0.694	1.350	1.771	2.160	2.650	3.012
14	0.692	1.345	1.761	2.145	2.624	2.977
15	0.691	1.341	1.753	2.131	2.602	2.947
16	0.690	1.337	1.746	2.120	2.583	2.921
17	0.689	1.333	1.740	2.110	2.567	2.898
18	0.688	1.330	1.734	2.101	2.552	2.878
19	0.688	1.328	1.729	2.093	2.539	2.861
20	0.687	1.325	1.725	2.086	2.528	2.845
21	0.686	1.323	1.721	2.080	2.518	2.831
22	0.686	1.321	1.717	2.074	2.508	2.819
23	0.685	1.319	1.714	2.069	2.500	2.807
24	0.685	1.318	1.711	2.064	2.492	2.797
25	0.684	1.316	1.708	2.060	2.485	2.787
26	0.684	1.315	1.706	2.056	2.479	2.779
27	0684	1.314	1.703	2.052	2.473	2.771
28	0.683	1.313	1.701	2.048	2.467	2.763
29	0.683	1.311	1.699	2.045	2.464	2.756
30	0.683	1.310	1.697	2.042	2.457	2.750
40	0.681	1.303	1.684	2.021	2.423	2.704
60	0.697	1.296	1.671	2.000	2.390	2.660
120	0.677	1.289	1.658	1.980	2.358	2.617
∞	0.674	1.282	1.645	1.960	2.326	2.576

d.f.	$t_{0.0025}$	$t_{0.001}$	$t_{0.0005}$	$t_{0.00025}$	$t_{0.0001}$	$t_{0.00005}$	$t_{0.000025}$	$t_{0.00001}$
1	127.321	318.309	636.919	1,273.239	3,183.099	6,366.198	12,732.395	31,380.989
2	14.089	22.327	31.598	44.705	70.700	99.950	141.416	223.603
3	7.453	10.214	12.924	16.326	22.204	28.000	35.298	47.928
4	5.598	7.173	8.610	10.306	13.034	15.544	18.522	23.332
5	4.773	5.893	6.869	7.976	9.678	11.178	12.893	15.547
6	4.317	5.208	5.959	6.788	8.025	9.082	10.261	12.032
7	4.029	4.785	5.408	6.082	7.063	7.885	8.782	10.103
8	3.833	4.501	5.041	5.618	6.442	7.120	7.851	8.907
9	3.690	4.297	4.781	5.291	6.010	6.594	7.215	8.102
10	3.581	4.144	4.587	5.049	5.694	6.211	6.757	7.527
11	3.497	4.025	4.437	4.863	5.453	5.921	6.412	7.098
12	3.428	3.930	4.318	4.716	5.263	5.694	6.143	6.756
13	3.372	3.852	4.221	4.597	5.111	5.513	5.928	6.501
14	3.326	3.787	4.140	4.499	4.985	5.363	5.753	6.287
15	3.286	3.733	4.073	4.417	4.880	5.239	5.607	6.109
16	3.252	3.686	4.015	4.346	4.791	5.134	5.484	5.960
17	3.223	3.646	3.965	4.286	4.714	5.044	5.379	5.832
18	3.197	3.610	3.922	4.233	4.648	4.966	5.288	5.722
19	3.174	3.579	3.883	4.187	4.590	4.897	5.209	5.627
20	3.153	3.552	3.850	4.146	4.539	4.837	5.139	5.543
21	3.135	3.527	3.819	4.110	4.493	4.784	5.077	5.469
22	3.119	3.505	3.792	4.077	4.452	4.736	5.022	5.402
23	3.104	3.485	3.768	4.048	4.415	4.693	4.992	5.343
24	3.090	3.467	3.745	4.021	4.382	4.654	4.927	5.290
25	3.078	3.450	3.725	3.997	4.352	4.619	4.887	5.241
26	3.067	3.435	3.707	3.974	4.324	4.587	4.850	5.197
27	3.057	3.421	3.690	3.954	4.299	4.558	4.816	5.157
28	3.047	3.408	3.674	3.935	4.275	4.530	4.784	5.120
29	3.038	3.396	3.659	3.918	4.254	4.506	4.756	5.086
30	3.030	3.385	3.646	3.902	4.234	4.482	4.729	5.054
40	2.971	3.307	3.551	3.788	4.094	4.321	4.544	4.835
60	2.915	3.232	3.460	3.681	3.962	4.169	4.370	4.631
100	2.871	3.174	3.390	3.598	3.862	4.053	4.240	4.478
∞	2.807	3.090	3.291	3.481	3.719	3.891	4.056	4.265

◆ χ^2-분포표

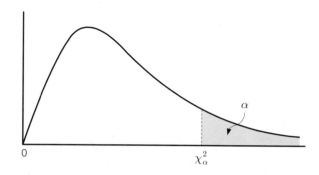

d.f.	$\chi_{0.990}$	$\chi_{0.975}$	$\chi_{0.950}$	$\chi_{0.900}$	$\chi_{0.500}$	$\chi_{0.100}$	$\chi_{0.050}$	$\chi_{0.025}$	$\chi_{0.010}$	$\chi_{0.005}$
1	0.0002	0.0001	0.004	0.02	0.45	2.71	3.84	5.02	6.63	7.88
2	0.02	0.05	0.10	0.21	1.39	4.61	5.99	7.38	9.21	10.60
3	0.11	0.22	0.35	0.58	2.37	6.25	7.81	9.35	11.34	12.84
4	0.30	0.48	0.71	1.06	3.36	7.78	9.49	11.14	13.28	14.86
5	0.55	0.83	1.15	1.61	4.35	9.24	11.07	12.83	15.09	16.75
6	0.87	1.24	1.64	2.20	5.35	10.64	12.59	14.45	16.81	18.55
7	1.24	1.69	2.17	2.83	6.35	12.02	14.07	16.01	18.48	20.28
8	1.65	2.18	2.73	3.49	7.34	13.36	15.51	17.53	20.09	21.95
9	2.09	2.70	3.33	4.17	8.34	14.68	16.92	19.02	21.67	23.59
10	2.56	3.25	3.94	4.87	9.34	15.99	18.31	20.48	23.21	25.19
11	3.05	3.82	4.57	5.58	10.34	17.28	19.68	21.92	24.72	26.76
12	3.57	4.40	5.23	6.30	11.34	18.55	21.03	23.34	26.22	28.30
13	4.11	5.01	5.89	7.04	12.34	19.81	22.36	24.74	27.69	29.82
14	4.66	5.63	6.57	7.79	13.34	21.06	23.68	26.12	29.14	31.32
15	5.23	6.26	7.26	8.55	14.34	22.31	25.00	27.49	30.58	32.80
16	5.81	6.91	7.96	9.31	15.34	23.54	26.30	28.85	32.00	34.27
17	6.41	7.56	8.67	10.09	16.34	24.77	27.59	30.19	33.41	35.72
18	7.01	8.23	9.39	10.86	17.34	25.99	28.87	31.53	34.81	37.16
19	7.63	8.91	10.12	11.65	18.34	27.20	30.14	32.85	36.19	38.58
20	8.26	9.59	10.85	12.44	19.34	28.41	31.14	34.17	37.57	40.00
21	8.90	10.28	11.59	13.24	20.34	29.62	32.67	35.48	38.93	41.40
22	9.54	10.98	12.34	14.04	21.34	30.81	33.92	36.78	40.29	42.80
23	10.20	11.69	13.09	14.85	22.34	32.01	35.17	38.08	41.64	44.18
24	10.86	12.40	13.85	15.66	23.34	33.20	36.74	39.36	42.98	45.56
25	11.52	13.12	14.61	16.47	24.34	34.38	37.92	40.65	44.31	46.93
26	12.20	13.84	15.38	17.29	25.34	35.56	38.89	41.92	45.64	48.29
27	12.83	14.57	16.15	18.11	26.34	36.74	40.11	43.19	46.96	49.64
28	13.56	15.31	16.93	18.94	27.34	37.92	41.34	44.46	48.28	50.99
29	14.26	16.05	17.71	19.77	28.34	39.09	42.56	45.72	49.59	52.34
30	14.95	16.79	18.49	20.60	29.34	40.26	43.77	46.98	50.89	53.67
40	22.16	24.43	26.51	29.05	39.34	51.81	55.76	59.34	63.69	66.77
50	29.71	32.36	34.76	37.69	49.33	63.17	67.50	71.42	76.15	79.49
60	37.48	40.48	43.19	46.46	59.33	74.40	79.08	83.30	88.38	91.95
70	45.44	48.76	51.74	55.33	69.33	85.53	90.53	95.02	100.43	104.21
80	53.54	57.15	60.39	64.28	79.33	96.58	101.88	106.63	112.33	116.32
90	61.75	65.65	69.13	73.29	89.33	107.57	113.15	118.14	124.12	128.30
100	70.06	74.22	77.93	82.36	99.33	118.50	124.34	129.56	135.81	140.17

◆ *F*-분포표

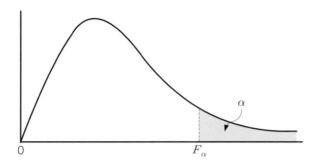

d.f.	α=0.01								
	1	2	3	4	5	6	7	8	9
1	4052.0	4999.0	5403.0	5625.0	5764.0	5859.0	5928.0	5982.0	5022.0
2	98.50	99.00	99.17	99.25	99.30	99.33	99.36	99.37	99.39
3	34.12	30.82	29.46	28.71	28.24	27.91	27.67	27.49	27.34
4	21.20	18.00	16.69	15.98	15.52	15.21	14.98	14.80	14.66
5	16.26	13.27	12.06	11.39	10.97	10.67	10.46	10.29	10.16
	13.74								
6	13.74	10.92	9.78	9.15	8.75	8.47	8.26	8.10	7.98
7	12.25	9.55	8.45	7.85	7.46	7.19	6.99	6.84	6.72
8	11.26	8.65	7.59	7.01	6.63	6.37	6.18	6.03	5.91
9	10.56	8.02	6.99	6.42	6.06	5.80	5.61	5.47	5.35
10	10.04	7.56	6.55	5.99	5.64	5.39	5.20	5.06	4.94
11	9.65	7.21	6.22	5.67	5.32	5.07	4.89	4.74	4.63
12	9.33	6.93	5.95	5.41	5.06	4.82	4.64	4.50	4.39
13	9.07	6.70	5.74	5.21	4.86	4.62	4.44	4.30	4.19
14	8.86	6.51	5.56	5.04	4.69	4.46	4.28	4.14	4.03
15	8.68	6.36	5.42	4.89	4.56	4.32	4.14	4.00	3.89
16	8.53	6.23	5.29	4.77	4.44	4.20	4.03	3.89	3.78
17	8.40	6.11	5.18	4.67	4.34	4.10	3.93	3.79	3.68
18	8.29	6.01	5.09	4.58	4.25	4.01	3.84	3.71	3.60
19	8.18	5.93	5.01	4.50	4.17	3.94	3.77	3.63	3.52
20	8.10	5.85	4.94	4.43	4.10	3.87	3.70	3.56	3.46
21	8.02	5.78	4.87	4.37	4.04	3.81	3.64	3.51	3.40
22	7.95	5.72	4.82	4.31	3.99	3.76	3.59	3.45	3.35
23	7.88	5.66	4.76	4.26	3.94	3.71	3.54	3.41	3.30
24	7.82	5.61	4.72	4.22	3.90	3.67	3.50	3.36	3.26
25	7.77	5.57	4.68	4.18	3.85	3.63	3.46	3.32	3.22
26	7.72	5.53	4.64	4.14	3.82	3.59	3.42	3.29	3.18
27	7.68	5.49	4.60	4.11	3.78	3.56	3.39	3.26	3.15
28	7.64	5.45	4.57	4.07	3.75	3.53	3.36	3.23	3.12
29	7.60	5.42	4.54	4.04	3.73	3.50	3.33	3.20	3.09
30	7.56	5.39	4.51	4.02	3.70	3.47	3.30	3.17	3.07
40	7.31	5.18	4.31	3.83	3.51	3.29	3.12	2.99	2.89
60	7.08	4.98	4.13	3.65	3.34	3.12	2.95	2.82	2.72
120	6.85	4.79	3.95	3.48	3.17	2.96	2.79	2.66	2.56
∞	6.63	4.61	3.78	3.32	3.02	2.80	2.64	2.51	2.41

d.f.	10	15	20	24	30	40	60	120	∞
					$\alpha = 0.01$				
1	6056.0	6157.0	6209.0	6235.0	6261.0	6387.0	6313.0	6339.0	6366.0
2	99.40	99.43	99.45	99.46	99.47	99.47	99.48	99.49	99.50
3	27.23	26.87	26.69	26.60	26.50	26.41	26.32	26.22	26.12
4	14.55	14.20	14.02	13.93	13.84	13.74	13.65	13.56	13.46
5	10.05	9.72	9.55	9.47	9.38	9.29	9.20	9.11	9.02
6	7.87	7.56	7.40	7.31	7.23	7.14	7.06	6.97	6.88
7	6.62	6.31	6.16	6.07	5.99	5.91	5.82	5.74	5.65
8	5.81	5.52	5.36	5.28	5.20	5.12	5.03	4.95	4.86
9	5.26	4.96	4.81	4.73	4.65	4.57	4.48	4.40	4.31
10	4.85	4.56	4.41	4.33	4.25	4.17	4.08	4.00	3.91
11	4.54	4.25	4.10	4.02	3.94	3.86	3.78	3.69	3.60
12	4.30	4.01	3.86	3.78	3.70	3.62	3.54	3.45	3.36
13	4.10	3.82	3.66	3.59	3.51	3.43	3.34	3.25	3.17
14	3.94	3.66	3.51	3.43	3.35	3.27	3.18	3.09	3.00
15	3.80	3.52	3.37	3.29	3.21	3.13	3.05	2.96	2.87
16	3.69	3.41	3.26	3.18	3.10	3.02	2.93	2.84	2.75
17	3.59	3.23	3.16	3.08	3.00	2.92	2.83	2.75	2.65
18	3.51	3.23	3.08	3.00	2.92	2.84	2.75	2.66	2.57
19	3.43	3.15	3.00	2.92	2.84	2.76	2.67	2.58	2.49
20	3.37	3.09	2.94	2.86	2.78	2.69	2.61	2.52	2.42
21	3.31	3.03	2.88	2.80	2.72	2.64	2.55	2.46	2.36
22	3.26	2.98	2.83	2.75	2.67	2.58	2.50	2.40	2.31
23	3.21	2.93	2.78	2.70	2.62	2.54	2.45	2.35	2.26
24	3.17	2.89	2.74	2.66	2.58	2.49	2.40	2.31	2.21
25	3.13	2.85	2.70	2.62	2.54	2.45	2.36	2.27	2.17
26	3.09	2.81	2.66	2.58	2.50	2.42	2.33	2.23	2.13
27	3.06	2.78	2.63	2.55	2.47	2.38	2.29	2.20	2.10
28	3.03	2.75	2.60	2.52	2.44	2.35	2.26	2.17	2.06
29	3.00	2.73	2.57	2.49	2.41	2.33	2.23	2.14	2.03
30	2.98	2.70	2.55	2.47	2.39	2.30	2.21	2.11	2.01
40	2.80	2.52	2.37	2.29	2.20	2.11	2.02	1.92	1.80
60	2.63	2.35	2.20	2.12	2.03	1.94	1.84	1.73	1.60
120	2.47	2.19	2.03	1.95	1.86	1.76	1.66	1.53	1.38
∞	2.32	2.04	1.88	1.79	1.70	1.59	1.47	1.32	1.00

α=0.05								
d.f.	1	2	3	4	5	6	7	8	9
1	161.45	199.50	215.71	224.58	230.16	233.99	236.77	238.88	240.54
2	18.51	19.00	19.16	19.25	19.30	19.33	19.35	19.37	19.38
3	10.13	9.55	9.28	9.12	9.01	8.94	8.89	8.85	8.81
4	7.71	6.94	6.59	6.39	6.26	6.16	6.09	6.04	6.00
5	6.61	5.79	5.41	5.19	5.05	4.95	4.88	4.82	4.77
6	5.99	5.14	4.76	4.53	4.39	4.28	4.21	4.15	4.10
7	5.59	4.74	4.35	4.12	3.97	3.87	3.79	3.73	3.68
8	5.32	4.46	4.07	3.84	3.69	3.58	3.50	3.44	3.39
9	5.12	4.26	3.86	3.63	3.48	3.37	3.29	3.23	3.18
10	4.96	4.10	3.71	3.48	3.33	3.22	3.14	3.07	3.02
11	4.84	3.98	3.59	3.36	3.20	3.09	3.01	2.95	2.90
12	4.75	3.89	3.49	3.26	3.11	3.00	2.91	2.85	2.80
13	4.67	3.81	3.41	3.18	3.03	2.92	2.83	2.77	2.71
14	4.60	3.74	3.34	3.11	2.96	2.85	2.76	2.70	2.65
15	4.54	3.68	3.29	3.06	2.90	2.79	2.71	2.64	2.59
16	4.49	3.63	3.24	3.01	2.85	2.74	2.66	2.59	2.54
17	4.45	3.59	3.20	2.96	2.81	2.70	2.61	2.55	2.49
18	4.41	3.52	3.16	2.93	2.77	2.66	2.58	2.51	2.46
19	4.38	3.52	3.13	2.90	2.74	2.63	2.54	2.48	2.42
20	4.35	3.49	3.10	2.87	2.71	2.60	2.51	2.45	2.39
21	4.32	3.47	3.07	2.84	2.68	2.57	2.49	2.42	2.37
22	4.30	3.44	3.05	2.82	2.66	2.55	2.46	2.40	2.34
23	4.28	3.42	3.03	2.80	2.64	2.53	2.44	2.37	2.32
24	4.26	3.40	3.01	2.78	2.62	2.51	2.42	2.36	2.30
25	4.24	3.39	2.99	2.76	2.60	2.49	2.40	2.34	2.28
26	4.23	3.37	2.98	2.74	2.59	2.47	2.39	2.32	2.27
27	4.21	3.35	2.96	2.73	2.57	2.46	2.37	2.31	2.25
28	4.20	3.34	2.95	2.71	2.56	2.45	2.36	2.29	2.24
29	4.18	3.33	2.93	2.70	2.55	2.43	2.35	2.28	2.22
30	4.17	3.32	2.92	2.69	2.53	2.42	2.33	2.27	2.21
40	4.08	3.23	2.84	2.61	2.45	2.34	2.25	2.18	2.12
60	4.00	3.15	2.76	2.53	2.37	2.25	2.17	2.10	2.04
120	3.92	3.07	2.68	2.45	2.29	2.17	2.09	2.02	1.96
∞	3.84	3.00	2.60	2.37	2.21	2.10	2.01	1.94	1.88

d.f.	10	15	20	24	30	40	60	120	∞
				$\alpha = 0.05$					
1	241.88	245.95	248.01	249.05	250.09	251.14	252.20	253.25	254.32
2	19.40	19.43	19.45	19.45	19.46	19.47	19.48	19.49	19.50
3	8.76	8.70	8.66	8.64	8.62	8.59	8.57	8.55	8.53
4	5.96	5.86	5.80	5.77	5.75	5.72	5.69	5.66	5.63
5	4.74	4.62	4.56	4.53	4.50	4.46	4.43	4.40	4.36
6	4.06	3.94	3.87	3.84	3.81	3.77	3.74	3.70	3.67
7	3.64	3.51	3.44	3.41	3.38	3.34	3.30	3.27	3.23
8	3.35	3.22	3.15	3.12	3.08	3.04	3.01	2.97	2.93
9	3.14	3.01	2.94	2.90	2.86	2.83	2.79	2.75	2.71
10	2.98	2.84	2.77	2.74	2.70	2.66	2.62	2.58	2.54
11	2.85	2.72	2.65	2.61	2.57	2.53	2.49	2.45	2.40
12	2.75	2.62	2.54	2.51	2.47	2.43	2.38	2.34	2.30
13	2.67	2.53	2.46	2.42	2.38	2.34	2.30	2.25	2.21
14	2.60	2.46	2.39	2.35	2.31	2.27	2.22	2.18	2.13
15	2.54	2.40	2.33	2.29	2.25	2.20	2.16	2.11	2.07
16	2.49	2.35	2.28	2.24	2.19	2.15	2.11	2.06	2.01
17	2.45	2.31	2.23	2.19	2.15	2.10	2.06	2.01	1.96
18	2.41	2.27	2.19	2.15	2.11	2.06	2.02	1.97	1.92
19	2.38	2.23	2.16	2.11	2.07	2.03	1.98	1.93	1.88
20	2.35	2.20	2.12	2.08	2.04	1.99	1.95	1.90	1.84
21	2.32	2.18	2.10	2.05	2.01	1.96	1.92	1.87	1.81
22	2.30	2.15	2.07	2.03	1.98	1.94	1.89	1.84	1.78
23	2.27	2.13	2.05	2.00	1.96	1.91	1.86	1.81	1.76
24	2.25	2.11	2.03	1.98	1.94	1.89	1.84	1.79	1.73
25	2.24	2.09	2.01	1.96	1.92	1.87	1.82	1.77	1.71
26	2.22	2.07	1.99	1.95	1.90	1.85	1.80	1.75	1.69
27	2.20	2.06	1.97	1.93	1.88	1.84	1.79	1.73	1.67
28	2.19	2.04	1.96	1.91	1.87	1.82	1.77	1.71	1.65
29	2.18	2.03	1.94	1.90	1.85	1.81	1.75	1.70	1.64
30	2.16	2.01	1.93	1.89	1.84	1.79	1.74	1.68	1.62
40	2.08	1.92	1.84	1.79	1.74	1.69	1.64	1.58	1.51
60	1.99	1.84	1.75	1.70	1.65	1.59	1.53	1.47	1.39
120	1.91	1.75	1.66	1.61	1.55	1.50	1.43	1.35	1.25
∞	1.83	1.67	1.57	1.52	1.46	1.39	1.31	1.22	1.00

α=0.10									
d.f.	1	2	3	4	5	6	7	8	9
1	39.86	49.50	53.59	55.83	57.24	58.20	58.91	59.44	59.86
2	8.53	9.00	9.16	9.24	9.26	9.33	9.35	9.37	9.38
3	5.54	5.46	5.39	5.34	5.31	5.28	5.27	5.25	5.24
4	4.54	5.32	4.19	4.11	4.05	4.01	3.98	3.95	3.94
5	4.06	3.78	3.62	3.52	3.45	3.40	3.37	3.34	3.32
6	3.78	3.46	3.29	3.18	3.11	3.05	3.01	2.98	2.96
7	3.59	3.26	3.07	2.96	2.88	2.83	2.78	2.75	2.72
8	3.46	3.11	2.92	2.81	2.73	2.67	2.62	2.59	2.56
9	3.36	3.01	2.81	2.69	2.61	2.55	2.51	2.47	2.44
10	3.28	2.92	2.73	2.61	2.52	2.46	2.41	2.38	2.35
11	3.23	2.86	2.66	2.54	2.45	2.39	2.34	2.30	2.27
12	3.13	2.81	2.61	2.48	2.39	2.33	2.28	2.24	2.21
13	3.14	2.76	2.56	2.43	2.35	2.28	2.23	2.20	2.16
14	3.10	2.73	2.52	2.39	2.31	2.24	2.19	2.15	2.12
15	3.07	2.70	2.49	2.36	2.27	2.21	2.16	2.12	2.09
16	3.05	2.67	2.46	2.33	2.24	2.18	2.13	2.09	2.06
17	3.03	2.64	2.44	2.31	2.22	2.15	2.10	2.06	2.03
18	3.01	2.62	2.42	2.29	2.20	2.13	2.08	2.04	2.00
19	2.99	2.61	2.40	2.27	2.18	2.11	2.06	2.02	1.98
20	2.97	2.59	2.38	2.25	2.16	2.09	2.04	2.00	1.96
21	2.96	2.57	2.36	2.23	2.14	2.08	2.02	1.98	1.95
22	2.95	2.56	2.35	2.22	2.13	2.06	2.01	1.97	1.93
23	2.94	2.55	2.34	2.21	2.11	2.05	1.99	1.95	1.92
24	2.93	2.54	2.33	2.19	2.10	2.04	1.98	1.94	1.91
25	2.92	2.53	2.32	2.18	2.09	2.02	1.97	1.93	1.89
26	2.91	2.52	2.31	2.17	2.08	2.01	1.96	1.92	1.88
27	2.90	2.51	2.30	2.17	2.07	2.00	1.95	1.91	1.87
28	2.89	2.50	2.29	2.16	2.06	2.00	1.94	1.90	1.87
29	2.89	2.50	2.28	2.15	2.06	1.99	1.93	1.89	1.86
30	2.88	2.49	2.28	2.14	2.05	1.98	1.93	1.88	1.85
40	2.84	2.44	2.23	2.09	2.00	1.93	1.87	1.83	1.79
60	2.79	2.39	2.18	2.04	1.95	1.87	1.82	1.77	1.74
120	2.75	2.35	2.13	1.99	1.90	1.82	1.77	1.72	1.68
∞	2.71	2.30	2.08	1.94	1.85	1.77	1.72	1.67	1.63

d.f.	10	12	15	20	24	30	40	60	120	∞
					$\alpha = 0.10$					
1	60.20	60.71	61.22	61.74	62.00	62.26	62.53	62.79	63.06	63.83
2	9.39	9.41	9.42	9.44	9.45	9.46	9.47	9.47	9.48	9.49
3	5.23	5.22	5.20	5.18	5.18	5.17	5.16	5.15	5.14	5.13
4	3.92	3.90	3.87	3.84	3.83	3.82	3.80	3.79	3.78	3.76
5	3.30	3.27	3.24	3.21	3.19	3.17	3.16	3.14	3.12	3.10
6	2.94	2.90	2.87	2.84	2.82	2.80	2.78	2.70	2.74	2.72
7	2.70	2.67	2.63	2.59	2.58	2.56	2.54	2.51	2.49	2.47
8	2.54	2.50	2.46	2.42	2.40	2.38	2.36	2.34	2.32	2.29
9	2.42	2.38	2.34	2.30	2.28	2.25	2.23	2.21	2.18	2.16
10	2.32	2.28	2.24	2.20	2.18	2.16	2.13	2.11	2.08	2.06
11	2.25	2.21	2.17	2.12	2.10	2.08	2.05	2.03	2.00	1.97
12	2.19	2.15	2.10	2.06	2.04	2.01	1.99	1.96	1.93	1.90
13	2.14	2.10	2.05	2.01	1.98	1.96	1.93	1.90	1.88	1.85
14	2.10	2.05	2.01	1.96	1.94	1.91	1.89	1.86	1.83	1.80
15	2.06	2.02	1.97	1.92	1.90	1.87	1.85	1.82	1.79	1.76
16	2.03	1.99	1.94	1.89	1.87	1.84	1.81	1.78	1.75	1.72
17	2.00	1.96	1.91	1.86	1.84	1.81	1.78	1.75	1.72	1.69
18	1.98	1.93	1.89	1.84	1.81	1.78	1.75	1.72	1.69	1.66
19	1.96	1.91	1.86	1.81	1.79	1.76	1.73	1.70	1.67	1.63
20	1.94	1.89	1.84	1.79	1.77	1.74	1.71	1.68	1.64	1.61
21	1.92	1.88	1.83	1.78	1.75	1.72	1.69	1.66	1.62	1.59
22	1.90	1.86	1.81	1.76	1.73	1.70	1.67	1.64	1.60	1.57
23	1.89	1.84	1.80	1.74	1.72	1.69	1.66	1.62	1.59	1.55
24	1.88	1.83	1.78	1.73	1.70	1.67	1.64	1.61	1.57	1.53
25	1.87	1.82	1.77	1.72	1.69	1.66	1.63	1.59	1.56	1.52
26	1.86	1.81	1.76	1.71	1.68	1.65	1.61	1.58	1.54	1.50
27	1.85	1.80	1.75	1.70	1.67	1.64	1.60	1.57	1.53	1.49
28	1.84	1.79	1.74	1.69	1.66	1.63	1.59	1.56	1.52	1.48
29	1.83	1.78	1.73	1.68	1.65	1.62	1.58	1.55	1.51	1.47
30	1.82	1.77	1.72	1.67	1.64	1.61	1.57	1.54	1.50	1.49
40	1.76	1.71	1.66	1.61	1.57	1.54	1.51	1.47	1.42	1.38
60	1.71	1.66	1.60	1.54	1.51	1.48	1.44	1.40	1.35	1.29
120	1.65	1.60	1.54	1.48	1.45	1.41	1.37	1.32	1.26	1.19
∞	1.60	1.55	1.49	1.42	1.38	1.34	1.30	1.24	1.17	1.00

1. 강병서 · 김계수(2010). 사회과학통계분석. 한나래출판사.

2. 오성삼(2011). 메타분석의 이론과 실제. 건국대학교 출판부.

3. 채승병 · 안신현 · 전상인(2012). 빅데이터: 산업 지각변동의 진원. 삼성경제연구소, 5월 2일, pp. 1–22.

4. 한국보건의료연구원(2013).

5. Cohen, S. & Will, T. A. (1988). Stress, social support, and the buffering hypothesis. *Psychological Bulletin*, **98**(2), pp. 310–357.

6. Duhigg, C. (2012). How Companies Learn Your Secrets. *Newyork Times*, **2**, 16.

7. Hedges, L. V. & Olkin, I. (1985). *Statistical Selection Effect in Meta–Analysis*. New York: Academic Press.

8. Johan Bollen, Huina Maoa & Xiaojun Zeng (2011). *Journal of Computational Science*, **2**, Issue 1, March 2011, pp. 1–8.

9. Orwin, R. G. (1983). A fail safe N for effect size in meta–analysis. *Journal of Educational Statistics*, **8**, pp. 157–159.

http://www–05.ibm.com/de/solutions/asc/pdfs/analytics–path–to–value.pdf

http://zdnet.co.kr/news/news_view.asp?artice_id＝20120401071256

http://www.dcm.com/

http://www.engadget.com/2010/12/25/hedge–fund–using–twitter–to–predict–stock–prices–ok–cupid–to–me/

http://www.idc.com/

http://www.mckinsey.com/Insights/MGI. Big data: The next frontier for innovation, competition, and productivity May 2011.

IBM SPSS Statistics

Package 구성

Premium

IBM SPSS Statistics를 이용하여 할 수 있는 모든 분석을 지원하고 Amos가 포함된 패키지입니다. 데이터 준비부터 분석, 전개까지 분석의 전 과정을 수행할 수 있으며 기초통계분석에서 고급분석으로 심층적이고 정교화된 분석을 수행할 수 있습니다.

Professional

Standard의 기능과 더불어 예측분석과 관련한 고급통계분석을 지원합니다. 또한 시계열 분석과 의사결정나무모형분석을 통하여 예측과 분류의 의사 결정에 필요한 정보를 위한 분석을 지원합니다.

Standard

SPSS Statistics의 기본 패키지로 기술통계, T-Test, ANOVA, 요인분석 등 기본적인 통계분석 외에 고급회귀분석과 다변량분석, 고급 선형모형분석 등 필수통계분석을 지원합니다.

소프트웨어 구매 문의

㈜데이타솔루션 소프트웨어사업부

대표전화 : 02.3467.7200 이메일 : sales@datasolution.kr
홈페이지 : http://www.datasolution.kr

데이타솔루션
Formerly SPSS Korea